JN016554

はじめに

本書は、私どもの雑誌『月刊現代農業』と『季刊地域』で使われてきた用語をまとめた事典です。

おかげさまで農文協は創立80周年を迎え、『月刊現代農業』は８８０号を、『季刊地域』は40号を超えて愛されています。農家や農村に立脚し、そこに生きる人たちとともに作ってきたこの二つの雑誌からは、この間、たくさんの用語が生まれてきました。

たとえば「農家の技術」の用語では、「**ボカシ肥**」（初出１９８５年）、「**への字稲作**」（１９８８年）、「**土着菌（土着微生物）**」（１９９３年）、「**米ヌカ除草**」（１９９８年）。これらの用語は今では農家にすっかり浸透しています。最近では、「**サトイモ逆さ植え**」（２０１０年）、「**ジャガイモ超浅植え**」（２０１２年）などの用語も家庭菜園家も含めて広く知られるようになりました。

「暮らしと経営の用語」にある「**ドブロク**」（１９７５年）は、酒を自給する自由を主張して長期連載を続けている『現代農業』の代名詞のような言葉です。「**名人になる！**」（２００５年）、「**直売所名人**」（２００７年）も『現代農業』らしさが光る用語ですが、今では農村にかなり浸透しているのではないでしょうか。「**田園回帰**」（２０１４年）、「**自伐林家・自伐型林業（小さい林業）**」（２０１５年）といった言葉も、おなじみになってきました。

これらの独特な用語のほかに、本書は基礎用語も多く収録しています。「稲作・水田活用の用語」では「**穂肥**」「**幼穂形成期**」、「土と肥料の用語」では「**pH**」「**EC**」といった、基本的かつ大事な内容を、この機会に改めて読むことができます。わかったつもりになっていても、実際今ひとつよくわからないという用語は意外と多いのではないでしょうか。

本書の編集で改めて感じたことは、身近にある自然の力・地域資源を活用して、肥料や燃料、食べものやお酒などを自給する農家や地域は強いということです。『現代農業』『季刊地域』は、そんな農家農村の自給力・自治力がぎっしり詰まった雑誌です。

本書が、農家の暮らしと経営の一助となれば幸いです。

２０２０年９月

一般社団法人　農山漁村文化協会

目次

contents

「農家の技術」の用語

1 基本の用語

2 稲作・水田活用の用語

【栽培体系】

【育　苗】

【障害・生育ステージ】

3 野菜・花の用語

4 果樹・特産の用語

5 畜産の用語

6 土と肥料の用語

【土つくり・施肥法】

【自給肥料・自給資材】

7 防除の用語

8 機械・道具の用語

9 暮らしと経営の用語

「地域」の用語

1 地域資源の用語

2 地エネの用語

3 農と農家の用語

4 自給力の用語

5 自治力の用語

絵目次

この本の用語は、「**土と肥料の用語**」では土着菌、米ヌカ。「**稲作・水田活用の用語**」では米ヌカ除草、アイガモ水稲同時作のように、テーマ別に探すことができます。

1 テーマから探す

カヤ
薪
皮・角・肉利用
田舎の墓
山
空き家
廃校
石積み
電気自動車
むらに１軒
地あぶら
簡易郵便局
ガソリンスタンド
草刈り動物
草刈り隊
トラクタ
赤トンボとホタルとミツバチ
穴あきホー

イラスト：オビカカズミ

2 関連用語を次々に

と誌面で紹
苗」は水の保温力を借りてん水や換気を
ラクにする技術だし、「**土と発酵**」は微
生物の力を借りて土を耕し変させ、堆肥
つくりを不要にする技術である。「**バン
カープランツ**」は、**土着天敵**の力を借りて
農薬散布を激減させる技術である。

「省力」といってしまうと「力を省いてラクになる」イメージになる。これは機械力（石油力）・農薬力などを使ってその作業だけを単純に省くというときには合っているかもしれないが、自然力に助けてもらう場合は、不思議とその作業がただラクになるにとどまらない。作物が丈夫になったり、味がよくなったり、地域自然が豊かになったりと、「末広がり」になるのも小力技術の大きな特徴である。

ふこうき・はんふこうき

不耕起・半不耕起

本誌に不耕起栽培が頻繁に登場するようになった当初（30年ほど前）は、水田での事例が先行した。トラクタでの耕起・代かき作業が不要という手間減らし効果や、土中に前年までの根穴構造が残ることで、根圏が酸化的に保たれるなどの利点が注目された。また、耕していない土を根が突き破っていくことで稲体内に生じる植物ホルン的な作用が、活力の高い太い根をつくり、茎を太くしたりする効果も確認された。

その後、**米ヌカ**の利用や**土着菌**などの微生物の活用と組み合わさって、不耕起・半不耕起栽培はさらに進化する。半不耕起とは、耕耘・代かきともに表層数センチをごく浅く耕すだけにとどめるやり方で、耕耘前に入れた米ヌカや**ボカシ肥**、それに前年の切りワラ・切り株を、微生物が働きやすい表層に集中させることができる。これは**イトミミズ**を殖やすことにもつながり、半不耕起は**トロトロ層**づくりのためにも重要な耕耘法となった。

近年では、サトちゃんこと福島県の佐藤次幸さんが「稲株がひっくり返る程度」の深さ10㎝以下の浅起こしを推奨。**低燃費・高速耕耘法**と組み合わせることで作業効率も大幅に改善した農家が多い。

畑での不耕起・半不耕起栽培も幅広い展開を見せている。水田同様の手間減らし効果はもちろん、根穴構造が保たれた畑は排水性と同時に保水性もよくなって干ばつにも長雨にも強くなる。また全層に肥料を混ぜ込むことができないため、部分施用となり、肥料も減らせる。部会単位の**不耕起イ**

13

**解説の文中の太字は本書で取り上げた用語です。
関連用語として読むとさらに理解が深まります。**

3 さくいんから探す

**たとえば「浅起こし」は索引で取り上げたキーワードです。
さくいんページから引くと「浅起こし」を含む用語解説ページがすべてわかります。**

各用語に関連する『現代農業』や『季刊地域』の記事は農文協の「ルーラル電子図書館」（会員制）で読むことができます。くわしくは220ページ。

「農家の技術」の用語

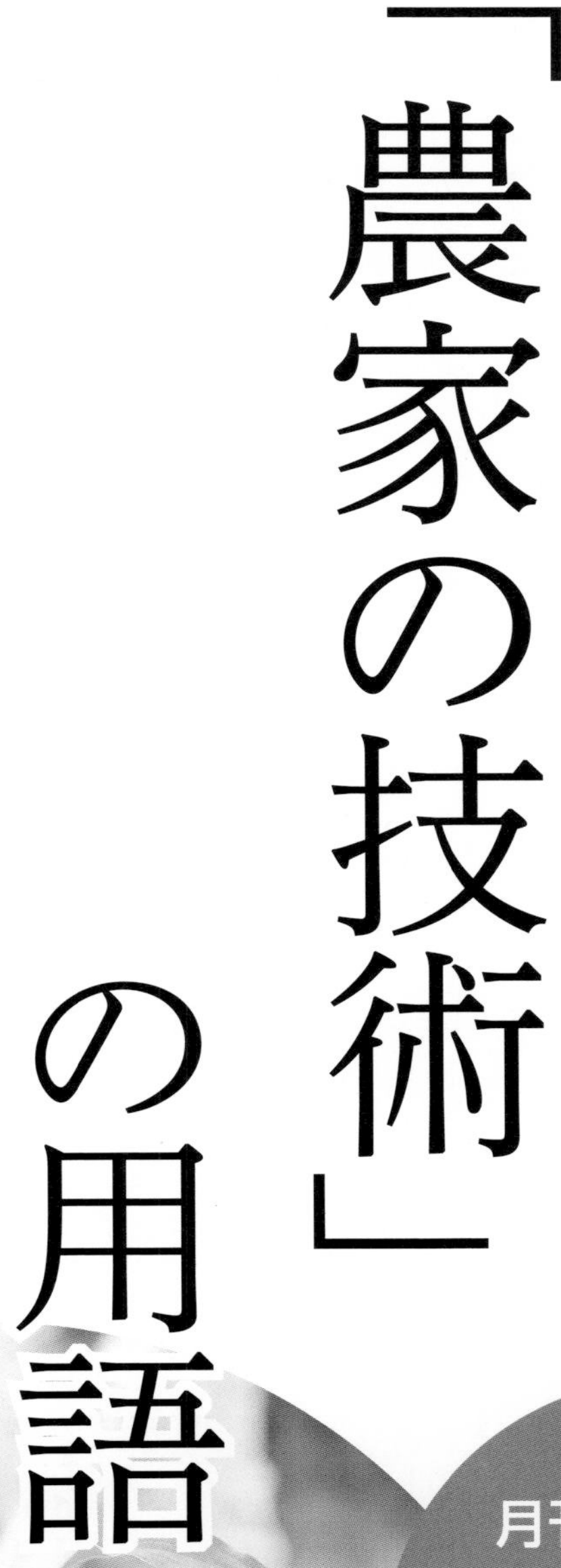

月刊
『現代農業』
の用語

1 基本の用語

技術は惜しみなく公開。交換しながら高め合う

めいじんになる！

名人になる！

『現代農業』巻頭特集などのタイトルとして多用されている言葉。初出は2005年5月号「草刈り・草取り名人になる！」だったが、以後「耕耘・代かき名人になる！」（06年5月号）、「田植え名人になる！」（07年5月号）、「**直売所名人**になる！」（07年、16年9月号）、「発芽名人になる！」（10年、13年3月号）などと続いた。

普通は「○○名人の技」などというタイトルをつければすむところだが、編集部では、そういうタイトルでは記事に出てくる名人と農家読者との間にどこか距離ができてしまうように感じた。わざわざ「名人になる！」としたねらいは、「名人はどこかにいるものではなく、あなたが、農家みんなが工夫して、いっしょに名人になろう」

「サトちゃんと耕作くん」のスタイルも「名人になる！」シリーズで定着した
（倉持正実撮影）

ネギ袋に中玉トマトをタテ詰め
——斬新な売り方を提案するのも直売所名人の役目

という気持ちを込めてのこと。

『現代農業』は、農家どうしが仲間として情報を共有し、技術を交換しながら高め合っていく農家交流雑誌。誌面に登場して技術を惜しみなく公開してくれる農家の記事を、客観的に「高見の見物」的に読むのではなく、自らもそこに参加しながら読む。そしていっしょにその技術について考えたり、検証したり、自分なりの工夫を加えて提案したり……。そうやって全国のいろんな農家が主体的に参加することで誌面がどんどん充実していくのが『現代農業』という雑誌の特徴であり、「名人になる！」はそれを端的に表わしている用語といえる。

直売所名人（ちょくばいじょめいじん）

初めて「直売所**名人になる！**」の特集をした2007年9月号では、以下のように定義している。

「最近は直売所どうしの競合、農家どうしの競合で、ものが売れなくなってきたというが、本当だろうか。値下げを競うのではなく品目を広げる、販路を広げる。地元のお客さんが地元でつくられたものを、よりいっそう食べたり飾ったりできるように、町のお客さんが直売所に通う楽しみをもっと広げられるように、あらゆる工夫を凝らす。そんな農家を『直売所名人』と呼びたい」

つまり、直売所名人とは、安売り競争を軽やかに回避する人のことである。そのために品種・品目・出荷時期・栽培法・荷姿・ラベルやネーミングなどにもいろいろな工夫を凝らす。当然マネする人が出てくるが、そうしたらまた自分は次の工夫を考える。これを繰り返していくと、直売所にはどんどん珍しい品目や美味しい品種があふれ、いつ行っても素敵な荷姿の農産物がズラリとならぶ場所となっていく。

言葉としては「直売名人」のほうが普通だが、あえて「直売所名人」としたのは、こうして直売所という場をも魅力的に育てていく力を持つ人だからだ。

直売所農法（ちょくばいじょのうほう）

直売所出荷に適応するために生まれた自在で多様な栽培技術。常識を覆す裏ワザが次々出てきて、とどまるところをしらない。

大量流通・遠距離流通を目的とする市場出荷では、形や大きさが揃って規格に合っていることが何より大事にされてきた。ところが直売所では見かけよりも味や日持ちが重視される。必ずしも形がきれいでなくてもいいし、どちらかというと小さいサイズのほうが喜ばれたりする。また、なるべく長期間少しずつ出荷、他人と重ならない時期や品目ねらい、なども必要な要素となってくる。

めざす姿が変わると、栽培方法もガラリと変わる。たとえば三重県の青木恒男さんのミニ密植。ミニハクサイやミニキャベツを普通サイズの2倍の密度で植え、短期間で育てて2回どりすることで、同じ面積から4倍の収益を上げる。また神奈川県の長田操さんは、これまで常識だった間引きをやめて「ダイコンの1穴2本どり」技術を

ダイコン1穴2本どり（田中康弘撮影）

考案。

そのほか、少量多品目の畑ならではの**混植**技術や、１株から長くたくさん収穫するための**葉かき収穫・わき芽収穫**、他人とかち合わないよう**早出し**や**遅出し**をねらう**ずらし**なども、代表的な直売所農法だ。

非常識栽培

ひじょうしきさいばい

非常識というとマイナスのイメージにもとれるが、常識にとらわれない、あるいは常識を越えた栽培技術に敬意を込めて命名した用語。作物の圧倒的な生命力に魅せられた農家が次々と新技術を編み出した。

たとえば岡山県の坂本堅志さんが考案したのは、トウモロコシを無限増殖できる「トウモロコ芽挿し」。トウモロコシは樹勢が強いと次々にわき芽（分けつ）を出すが、これを取り除くのがもったいないと感じた坂本さんは、思わず捨てずに挿してみた。すると、どのわき芽も根付いて生長し、大きな実がとれてしまったのだ。そのほか、大きなサツマイモが鈴なりになる「革新甘藷作法」や、エダマメの実がビッシリつく「葉っぱ落とし栽培」、インゲンの収量が倍増する「つるの逆巻き」などがあり、いずれも『現代農業』２０２０年４月号巻頭特集「野菜の非常識栽培」に収録されている。

今の野菜栽培の「常識」は、およそ１９５０～１９７０年代につくられたものが多そうだ。その時代、「産地」が形成され、規格が定められ、市場流通が発達し、日本全国に同じ顔の野菜が出回るようになった。部会ごとに作型図や栽培マニュアルも配られ、栽培にも徐々に「常識」らしきものが形成されていった。ところが、当の作物は、そんな「常識」を長年、窮屈に感じていたのかもしれない。この辺り、「**直売所農法**」にも通じるものがある。

「非常識栽培」は今の常識的な栽培に比べると、手間暇がかかったり、経済性が劣ったりするかもしれない。しかし、野菜のもつ力がめいっぱい引き出される喜びが、農家にも、作物にもありそうだ。今までの「常識」で見落とされてきたものが「非常識」のなかにある。未来の「常識」はここから創られるのかもしれない。

わき芽挿しで育ったトウモロコシ。わき芽を挿して約2カ月で、このサイズに

小力技術

しょうりょくぎじゅつ

「省力」と書くのが日本語としては正しいのだろうが、『現代農業』ではあえて「小力」と使うことが多い。小力技術とは、『自然力』を活用することで、人は『小さい』力しか使わずにすむようになる技術である。

この言葉を初めて『現代農業』誌上で

自然の力を上手に借りる。それが「農家の技術」

使ったのは群馬県のキュウリ農家・松本勝一さん。松本さんは若い頃はがむしゃらに肥料をやって多収をねらって頑張ってきたが、病気をして以来、土やキュウリの潜在力をなるべく発揮させる方向でラクな栽培に変えた。キュウリは株間1mの超**疎植**にして好き勝手な方向に伸ばす「伸び伸び仕立て」に変え、ベッドもわざわざつくり直すのをやめて表層に発酵**鶏糞**を混ぜただけの春夏連続利用にした。以来、日当たりがよくなったキュウリの潜在力がいかんなく発揮され、土も微生物が勝手に耕してくれたせいか、かえって収量も品質も上がってしまったというわけだ。

高齢者や女性が農業の中心を担う時代になった1990年代頃から『現代農業』は農家が次々開発する**小力技術**に注目。次々と誌面で紹介してきた。イネの「**プール育苗**」は水の保温力を借りてかん水や換気をラクにする技術だし、「**土ごと発酵**」は微生物の力を借りて土を耕し激変させ、堆肥つくりを不要にする技術である。「**バンカープランツ**」は、**土着天敵**の力を借りて農薬散布を激減させる技術である。

「省力」といってしまうと「力を省いてラクになる」イメージになる。これは機械力(石油力)・農薬力などを使ってその作業だけを単純に省くというときには合っているかもしれないが、自然力に助けてもらう場合は、不思議とその作業がただラクになるにとどまらない。作物が丈夫になったり、味がよくなったり、地域自然が豊かになったりと、「末広がり」になるのも小力技術の大きな特徴である。

ふこうき・はんふこうき

不耕起・半不耕起

本誌に不耕起栽培が頻繁に登場するようになった当初(30年ほど前)は、水田での事例が先行した。トラクタでの耕起・代かき作業が不要という手間減らし効果や、土中に前年までの根穴構造が残ることで、根圏が酸化的に保たれるなどの利点が注目された。また、耕していない土を根が突き破っていくことで稲体内に生じる植物ホルモン的な作用が、活力の高い太い根をつくったり、茎を太くしたりする効果も確認された。

その後、**米ヌカ**の利用や**土着菌**などの微生物の活用と組み合わさって、不耕起・半不耕起栽培はさらに進化する。半不耕起とは、耕耘・代かきともに表層数センチをごく浅く耕すだけにとどめるやり方で、耕耘前に入れた米ヌカや**ボカシ肥**、それに前年の切りワラ・切り株を、微生物が働きやすい表層に集中させることができる。これは**イトミミズ**を殖やすことにもつながり、半不耕起は**トロトロ層**づくりのためにも重要な耕耘法となった。

近年では、サトちゃんこと福島県の佐藤次幸さんが「稲株がひっくり返る程度」の深さ10cm以下の浅起こしを推奨。**低燃費・高速耕耘法**と組み合わせることで、燃費も作業効率も大幅に改善した農家が多い。

畑での不耕起・半不耕起栽培も幅広い展開を見せている。水田同様の手間減らし効果はもちろん、根穴構造が保たれた畑は排水性と同時に保水性もよくなって干ばつにも長雨にも強くなる。また全層に肥料を混ぜ込むことができないため、部分施用となり、肥料も減らせる。部会単位の**不耕起イ**

チゴ栽培や、「ナス20年不耕起連続栽培！」などの記事が誌面にはよく登場する。

また三重県の青木恒男さんは、多品目の直売所野菜畑で不耕起・半不耕起のウネ連続利用を展開。以前、超粘土質の水田転換畑をフカフカにしたいと何回も深く起こしていた頃は「水を含むとドロドロ、乾くとガチガチ」で扱いづらかった土が、耕すのをやめた途端「水分が安定してしっとりと均一、それでいて排水がいい」土に変わったという。前作の残渣をそのまま**有機物マルチ**や肥料として利用できる、土中に眠った雑草のタネを起こさないので草が生えにくい、なども利点だそうだ。

不耕起や**自然農法**に取り組む農家はたいてい「森林土壌は人が耕さなくてもいつもフカフカ」なことを根拠にする。「上からの土つくり」は、刈り敷き・敷きワラを伝統としてきた日本の農家の実感に沿うものなのかもしれない。

つちごとはっこう

土ごと発酵

たとえば残渣や**緑肥**などの未熟な有機物を土の表面におき、**米ヌカ**をふって浅く土と混ぜてみると、それだけのことで、土はいつの間にか**団粒**化が進み、畑の排水がよくなっていく。田んぼでも、**米ヌカ除草**しただけなのに、表面から**トロトロ層**が形成されていく。――これは、**表層施用**した有機物が微生物によって分解されただけではない。その過程で微生物群が土にも潜り込みながら、土の中の**ミネラル**などをエサに大繁殖した結果。人がほとんど労力をかけなくても、自然に土は耕され、微生物の作り出した**アミノ酸**や**酵素**・ビタミン、より効きやすいミネラルたっぷりの豊潤な田畑に変わる。このことを「土ごと発酵」と呼ぶ。

「土をよくするには一生懸命堆肥をつくり、苦労して運び込んで入れる」というかつての常識を打破。「土ごと発酵」は、外で**発酵**させたものを持ち込むのではなく、作物残渣や緑肥などその場にある有機物を中心に使う「現地発酵方式」なので、ラクで簡単、低コスト。有機物のエネルギーロスも少ない。超**小力**で究極の方法とも思える。

土ごと発酵を成功させるポイントは、①有機物は深くすき込まない。表層の土と浅く混ぜる程度か、表面に置いて**有機物マルチ**とする。酸化的条件におくことが大事。②起爆剤には米ヌカが、パワーアップのためには**自然塩**や**海水**などの**海のミネラル**があるとよさそう。どちらも微生物を急激に元気にする。

このほか、より効果を上げるには、土の水分条件（2週間は雨に当てない他）、施用する有機物の**C／N比**の条件などが重要と考えられている。

どちゃくきん・どちゃくびせいぶつ

土着菌・土着微生物

世の中は菌であふれている。身のまわりの自然――山林や竹林、田んぼなどから菌はいくらでも採取できる。たとえば林の**落ち葉**やササをどかすと真っ白な菌糸のかたまり（これを「ハンペン」と呼ぶ）が採取できるので、これを**ボカシ肥**などのタネ菌として利用する。かつて、さまざまな市販微生物資材が一世を風靡した時代があったが、最近では、その土地に昔からあり、その地域環境に強く、しかも特定なものでなく多様な土着菌こそが大切であるという考え方が広がっている。

土着菌は、採取する場所によって、あるいは季節によって性格が少しずつ違い、その活用には観察眼と技術がいるが、それがまた土着菌のおもしろさでもある。その土地に合っているせいか、市販の微生物資材にはないパワーを発揮することもよくある

竹林の落ち葉の中に見つかるハンペン
（小倉隆人撮影）

し、もちろんおカネがかからないのもいいところだ。

採り方は、山の落ち葉の下に菌糸が見つかればそれを集めればいいが、見つからないときは腐葉土の中へ硬めのご飯を入れたスギの弁当箱を置く。5、6日後にはご飯に真っ白の**こうじ菌**、もしくは赤や青などの色とりどりの菌（ケカビの仲間）が生えるので、それを採取する。秋、イネを刈り取ったあとの稲株の上に、やはり硬めのご飯をつめたスギの弁当箱を伏せて置いてもよい。

採取した土着菌に**黒砂糖**や**自然塩・にがり**など**海のミネラル**を加えてパワーアップさせたり、家畜の発酵飼料に使って糞尿のニオイをなくしたり糞出しを減らしたり、農家の土着菌利用はますます深みと広がりをみせている。

地球上で自分の土地にしかいない菌をわが手で採取・培養・活用できるのが、土着菌の醍醐味である。

海のミネラル

うみのみねらる

海水、**自然塩**、**にがり**、**海藻**、貝殻、海のゴミ……。これら海水や海水由来の**ミネラル**（鉱物元素）を農業利用する取り組みが農家のあいだで広まっている。海水には、地球上に存在する元素のほとんど（一説によると約90種類）が含まれる。ナトリウム・**マグネシウム**・**カルシウム**などは海水に比較的多いミネラルだが、そのほかのごく微量にしか存在しない成分も含めて、海のミネラルには土壌や作物を活性化する働きがあるようだ。

微量な成分が効果を発揮する理由として考えられるのは**酵素**とのかかわりだ。生物のからだのなかではさまざまな酵素がつくられ、あらゆる生理作用を進めるのに重要な役割を果たしている。酵素はタンパク質でできているが、その中心にミネラルが欠かせない。それが、マグネシウム・モリブデン・亜鉛・鉄・銅・マンガンなど、海水に含まれているミネラルなのである。**ボカシ肥**をつくるときに海水や自然塩を加えると発酵が進んだり、作物にこれらを葉面散布すると病気に強くなったりするのも、海水由来のさまざまなミネラルが、酵素の働きを通じて微生物や作物を活性化するからだと考えられる。

微生物に取り込まれたミネラルは、**アミノ酸**や**有機酸**によって包み込まれる（**キレート化・錯体**）ことで作物に吸収されやすくなるという。そのため海のミネラルは、ボカシ肥に加えたり、**米ヌカ**などの有機物の**表面施用**・**表層施用**と組み合わせて施用するのがいっそう効果的なようだ。

えひめAI

えひめあい

材料は納豆・ヨーグルト・イースト・砂糖・水と、すべて食品。誰でも簡単に手づくりできて不思議な効果がある発酵液（**パワー菌液**）だと、全国でブームを巻き起こしている。暮らしのなかでは、台所の汚れ落とし、トイレや生ゴミの消臭、河川や湖

えひめＡＩを葉面散布

沼の水質浄化などに使う人が多い。頑固な換気扇の油汚れがピカピカになったり、風呂の中に入れると半年間、水を換えなくてもサラサラ無臭の湯のままだったりと、驚きの報告も相次いでいる。農業現場のほうでも、作物の育ちをよくしたり、病害虫を抑えたり、牛のエサに混ぜると乳量アップしたり下痢や病気がなくなったり……と各地から報告が日々届く。ちなみに病気を抑制したいときはとくに、納豆を多めに使ってつくるのがよさそうだ。

製造過程では、砂糖をエサにまず**酵母菌**が増殖し、その後酵母菌がつくった**アミノ酸**などをエサに**乳酸菌**や**納豆菌**が殖えると考えられている。乳酸菌が出す乳酸の影響で液体のpHが3～4になったら完成。時間がたつにつれ容器の下にはオリが沈殿するが、これには微生物の死骸（菌体タンパク）や**酵素**、それらが分解してできたアミノ酸、ペプチド、ビタミン、ホルモンなどが豊富に含まれている。オリを畑に入れると、その畑の**土着菌**を元気づけるようで、肥料として使う農家も多い。

効果の秘密は「納豆菌の脂肪・タンパク分解力」や「乳酸菌のアンモニア中和力」「酵母菌が合成するアミノ酸や酵素」など、それぞれの菌の力もあるが、たくさん増殖した菌の死骸が植物の**病害抵抗性を誘導**したり、散布された先にもともといた土着菌を元気にしたりする効果も大きいと考えられる。

開発者の曽我部義明先生（元愛媛県工業技術センター）が「誰でも手づくりして使えるように」と特許をとらない方針だったため、全国各地でオリジナルのえひめＡＩが次々生まれているのも楽しい現象だ。

納豆防除
なっとうぼうじょ

納豆に水を加え、ミキサーなどで攪拌したどろどろの液体（納豆水）を、希釈して作物にかけると、さまざまな病気の発生や進行を抑える効果がある。愛知県の小久保恭洋さんがキクの白サビ病で試験を繰り返して効果をつきとめると、その後花農家を中心に各地で広がり、カーネーションの斑点病や、トマトの葉かび病、キュウリのうどんこ病などのほか、さまざまな病害への効果が報告されている。

納豆に含まれる**納豆菌**（バチルス・ズブチリス・ナットー）が作物上で活躍、病害を抑制していることが推測されるが、そういえば市販の微生物防除剤ボトキラー水和剤やインプレッション水和剤の主成分もバチルス・ズブチリス菌で、納豆菌の仲間だ。バチルス菌は全般にとくに繁殖力が強いので、作物表面で優先的に増殖し、病原菌のすみかとエサを奪っている（静菌作用）と考えられる。またネバネバ物質を出すのも特徴で、そこに含まれる抗菌物質も効果を発揮しそうだ。納豆防除を勧めているジャパンバイオファームの小祝政明さんは、納豆菌が分泌するセルロース分解酵素が糸状菌の細胞膜を分解するとも説明している。

手づくり**パワー菌液**の代表格「**えひめＡＩ**」にも納豆が使われており、とくに農業利用の場合は納豆の量を多めにつくると病気抑制力が強くなると実感する人が多いようだ。また、納豆を患部に巻いてリンゴのフラン病を治したり、バラの根頭がんしゅ病に納豆ボカシをのせておくと治ったり、以前から納豆で病気を治す人はいた。

何せ納豆は、抗生物質のなかった時代、日本海軍でコレラやチフスの「薬」として重宝されていたほどの抗菌力を持つ。O—157も、納豆で消失するほどだ。

パワー菌液

ぱわーきんえき

ボカシが固形の**発酵**肥料だとすると、液体の発酵肥料が「菌液」。**光合成細菌液**・**えひめAI**・**納豆菌液**・**酵母菌液**・**乳酸菌液**など、いろいろ強力な手づくり菌液が登場してきたので、これらを『現代農業』では「パワー菌液」と総称することにした。

液の中では微生物がたくさん殖えて、菌が生み出した代謝産物や**酵素**がいっぱい。効果は多岐にわたることが多い。液肥や生育活性剤、病害虫対策、消臭ほか、使い方はいろいろだ。菌の死骸の細胞壁に含まれるβグルカンが**病害抵抗性を誘導**するという研究も出てきている。

コツさえわかれば殖やすのは簡単。市販の微生物資材や発酵液・酵素液を買うのに比べると、コストが格段に安くすむ。液体なので希釈や混用が自在で、かん水に混ぜたり葉面散布したりと、好きに使えるので農家にとても人気がある。

石灰防除

せっかいぼうじょ

安くて身近な**石灰**（**カルシウム**）を、積極的に効かせて病気に強くする防除法。石灰は肥料であり、農薬でないのに極めて病気によく効いて「究極の防除法」との呼び声も高い。適用農薬が少ないマイナー品目でも気軽に使えて重宝する。

石灰の難点は、施用すると土中の炭酸イオンと強く結びついて作物が吸収しにくくなること。そこで、追肥的に、適期に効かせる方法が次々生まれてきた。

象徴的で斬新だったのは、作物の頭からバサバサと粉状の石灰をぶっかける「石灰ふりかけ」の技だ。福島県の岩井清さんは、花が咲いた頃のジャガイモに粉状**消石灰**をぶっかけて、腐れやソウカ病のない肌のきれいなイモをとる（イモの糖度が増すというオマケ効果もある）。茨城県の大越望さんはイチゴの苗や定植後の株に、粉状苦土石灰をふってすぐかん水するというやり方で、炭疽病を抑え込んだ。

水に溶かして葉面散布する手もある。苦土石灰1000倍液の上澄みを散布してダイコンの軟腐病を抑えたり、**モミ酢**に**カキ殻**を溶かした**有機酸**石灰液を愛用する人もいる。

石灰散布で病気に強くなる理由はいくつか考えられる。

①細胞壁が強くなる……石灰はペクチン酸と結びついて「ペクチン酸カルシウム」として細胞壁を形成している。石灰が吸収されれば細胞壁が強化され、さらに病原菌が出すペクチン分解**酵素**の活性を弱めて病原菌の侵入を防ぐ。

「カルシウムが効けば病気はまず出ない」と、キュウリにカキ殻石灰をふりかける（赤松富仁撮影）

②作物の頭がよくなる……作物体内に石灰が多いと、病原菌からの刺激に対して敏感に反応し、眠っていた**病害抵抗性が誘導**・発現されやすくなる。

③高pHで病原菌を抑制……石灰をふると、葉面・地表面のpHが上昇。強アルカリで病原菌の細胞壁を溶かしたり、糸状菌など高pHが苦手な菌の繁殖を抑える。

　そのほかにも最近の研究では、病原菌（軟腐病菌などの細菌類）が情報交換するときに使う物質（クオルモン）の分解酵素を石灰が活性化して、病原菌が集団になれず、作物に侵入できなくなることもわかってきた。

米ヌカ防除
こめぬかぼうじょ

通路や作物などに**米ヌカ**をふって病気や害虫を防除すること。米ヌカは肥料としてでなくカビを殖やすためにまくので、量は少しでよい。まいた米ヌカにいろんな色のカビが生え、結果として灰色かび病などの病気が減る。

　米ヌカ防除は、水和剤などの農薬散布と違って湿度を高めることがない。耐性菌もつかず、雨の日にも散布できるため、農家に大きな安心感をもたらす。また通路に米ヌカがふってあれば、葉かきした葉っぱをポイ捨てしてもすぐに分解されて肥料になるため、外へ運び出す手間がいらず、**小力**的である。

　米ヌカで病気が減るしくみはまだよくわかっていないが、生えたカビが空中を飛び、作物の体に付着することで病原菌のすみかを先取りしたり、抗菌物質を出したりすることによると考えられる。

　ボトキラー水和剤などの微生物防除剤は、特定の菌で特定の病原菌を抑えることが知られているが、米ヌカ防除は多様な菌でいろんな病原菌を抑えるしくみだといえる。

　最近は、虫への効果を言う人が増えてきた。ナスやコネギのスリップス害が顕著に減って無農薬でもピカピカの野菜になったり、埼玉県の狭山茶の産地では茶樹に米ヌカをまくと難敵・クワシロカイガラムシにカビが生えて死ぬという現象が見られ、地域で米ヌカ人気が急上昇。入手困難になっているほどだという。米ヌカは水で溶いて散布したほうがよく樹にかかるということで、散布機を開発した人もいるそうだ。

酢防除
すぼうじょ

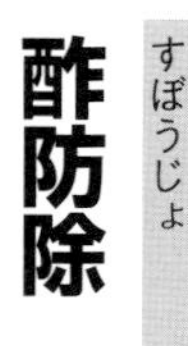

食酢や**木酢液**、**モミ酢**などで防除すること。酢にはそれだけで殺菌作用のあることが知られているが、酢がもつ作物体内の代謝をすすめる働きを利用して、作物そのものを病害虫にかかりにくい体質にすることを「酢防除」と呼んでいる。

　チッソ（**硝酸**）が過剰にたまった作物が病気にかかりやすいことは農家の実感だが、酢に含まれる酢酸や**有機酸**には、葉にたまった硝酸を消化（同化）する働きがある。また、有機酸は**石灰**や**苦土**などの**ミネラル**を**キレート**（カニバサミではさんだ状態）化して、作物体内でのミネラルの移動をスムーズにする働きもある。近年は、酢酸が植物の乾燥耐性能力を上げる遺伝子を活性

化させることもわかってきた。その結果、病気が出にくくなったり、味がよくなったり、乾燥に強くなったりする。「酢をかけるとなんだか作物が元気」という話はよく聞くが、そのわけはじつに深い。

酢防除は**糖度計診断**などの生育診断と組み合わせるのがベスト。作物体内が養分過剰なら酢を単体でかけ、養分不足なら酢＋尿素（または液肥）をかけると、いつも病気にかかりにくいようコントロールできるという農家もいる。

酢は買うと結構高くつく。**柿酢**など家でとれた果物から果実酢をつくり、手づくり防除資材として利用するのもおもしろい。

しぜんのうやく

自然農薬

化学合成した農薬ではなく、自然素材から農家が工夫して作り出した農薬を「自然農薬」という言葉で呼んできた。身のまわりには、ちょっと工夫すれば何らかの効用を引き出せる自然のものがたくさんある。

トウガラシやニンニクはその代表。ヨモギ・ドクダミ・ハーブ類・ニーム・ショウガ・クマザサ・スギ・ヒノキ・マツ・シキミ・スギナ……、**木酢**液や**竹酢**液だってそうだし、**ドブロク**だって牛乳だってキムチ汁だって使える。素材は無限にあるし、虫や病気によく効くものから、作物の健康増進・活力アップに使うものまで、効用もさまざまだ。

なかでも植物エキス利用の自然農薬は、植物がそれぞれ持っている身を守ろうという成分を抽出・活用する方法ともいえる。抽出の方法も人によりいろいろで、水に漬けたり、煮沸したり、焼酎などのアルコールや木酢・食酢、もしくは微生物による発酵抽出に凝っている人も多い。だがいずれも、その植物の持つ成分のうち「効くもの」だけを分離・強化して効かせようという化学合成農薬的な発想ではなく、植物の生命力をまるごと活用させていただくという発想にもとづいた技術といえる。効きはマイルドだが、抵抗性はつかない。

じつに多様で複雑、農家の創意工夫の結晶であるこの自然農薬を、昨今の農薬取締法では規制する動きがある。もちろん「自然由来のものだから安全」とは必ずしもいいきれないが、たとえばトウガラシエキスを飲んだり目に入れたりしたら危険なことは、つくった農家が一番よくわかっている。効果についても、これは第三者に判定してもらうようなものではなく、効かなかったら効くようにまた工夫を重ねればいいだけのことだと思うのだが、どうだろうか？

じかさいしゅ

自家採種

固定した品種（固定種）であるイネや野菜からは自分でタネが採れる。ただ、イネは一つの花（モミ）のなかで受精する（自家受精作物）ので比較的簡単に自家採種できるが、野菜には、アブラナ科のように一つの株の花のなかでは受精できないため、複数の株をいっしょに開花させてタネ採りしなければならない作物（他家受精作物）が多い。また、アブラナ科は交雑しやすいという特徴もあるので、その品種の特徴を維持してタネを採るには、他の品種の花粉が混じらないよう気をつける必要もある。

野菜ではF1（雑種第一代）品種の栽培が増え、昔に比べると自家採種する機会は減っている。しかし、このところ地域の在来種を大事にする運動が各地で起こり、自家採種の技術がふたたび注目されるようになってきた。長崎県の岩崎政利さんは、「タネ採りをすると、野菜づくりの究極の楽しさがわかるようになる。野菜と語れるようになる」と、約50品種を自家採種している。自家採種を繰り返すとだんだんその地に適応したタネとなり、病気や寒さ暑さにも強くなることを実感する農家も多い。

また、最近は購入種子代が高い。コスト減らしも兼ねてF1品種からのタネ採りにも挑戦する人が増えている。「思ったより形質のばらつきは出ない」そうだが、たとえばらついても、そのなかから数年かけて自分の気に入った形質のものを選んでいけば、市場流通向けではないが味のいいオリジナルの品種が生まれたりもするそうだ。

なお、こうした農家の自家増殖は**種苗法**で「農家の特権」（育成者権適用の例外）として認められてきた。しかし農水省は2017年、289品目の植物のうち、品種登録されたものについては自家増殖を禁止。その後も禁止品目を増やし、2020年にはすべての登録品種について農家の自家増殖を原則禁止とする種苗法改定案を国会に提出している。

堆肥栽培

たいひさいばい

堆肥に含まれる肥料成分を計算して施用量を決め、不足成分を化成肥料などで補う栽培を、あえて「堆肥栽培」と呼ぶことにした。

昔は堆肥といえばイナワラなどが主体で、肥料成分を考える必要がない「土壌改良材」の位置づけでよかったが、近年は家畜糞などがおもな材料となることが多く、肥料分リッチな存在に変わっている。2008年、化成肥料の価格高騰を機に、それまで無視されてきたこの堆肥の肥料分に農家の目がいっせいに向いた。そして翌2009年が「堆肥栽培元年」。地域で安く手に入る有機物をメインの肥料とする時代の幕開けだった。

堆肥栽培は、肥効がゆっくりで、気温の上昇とともにだんだん効いてくるというのもいいところ。作物の生長スピードと釣り合うことが多く、とくに**堆肥稲作**では**への字型**生育が実現。**高温障害**にも強くなることが確認されている。

実際の施肥設計の際は、堆肥の中にどのくらいの肥料成分が含まれているか、それが施用した年にどのくらい効くか（肥効率）を計算しないといけない。土壌学者・西尾道徳さんが出している肥効率の目安は、チッソ4％未満（乾物）の堆肥なら、その年効いてくるチッソは全体の30％（10年以上連年施用しているような圃場なら60％）、リン酸は100％、**カリ**は65％とのことなので、あとは土壌診断の数値と考え合わせて施用量を決める。――という具合に数字で計算してみることも大事だが、相手は堆肥。材料によって、**発酵**状態によって、実際の数値はかなり変わってくるはずだ。目安は目安とわきまえて、少しアバウトな気持ちで作物の様子を見ながら自分なりの使い方をつかんでいくことこそが堆肥栽培の要諦だろう。

浅植え

あさうえ

作物は、深く植えるより浅く植えたほうが根張りがよくなると見る農家が多い。野菜のセル苗やポット苗の移植では、根鉢の3分の1とか2分の1が地面から飛び出すくらいの浅植えにしたほうが、根鉢の底から新根が伸び出して活着するのが早く、根が深く張る。逆に深植えすると、根鉢よりも茎から出る**不定根**が優先して浅い根が横に伸びやすくなるようだ。そのため深植えした野菜は、しおれが出やすく、茎が土に埋まることで病原菌にも侵されやすい。

浅植えは作業性がよいのも特徴だ。ホウレンソウやコマツナなどの葉ものでは、指の腹で鎮圧した程度のごく浅い「植え穴」にセル苗を「置くだけ定植」するのがいいという農家もいる。

イネでも浅植えを心がける農家が多い。浅植えのほうが分けつが旺盛になる。それに根量も多くなるようで、暑いときでも肥料や水をよく吸収して**高温障害**に強くなるという見方もある。

月の満ち欠けに合わせたピーマンの作業の例

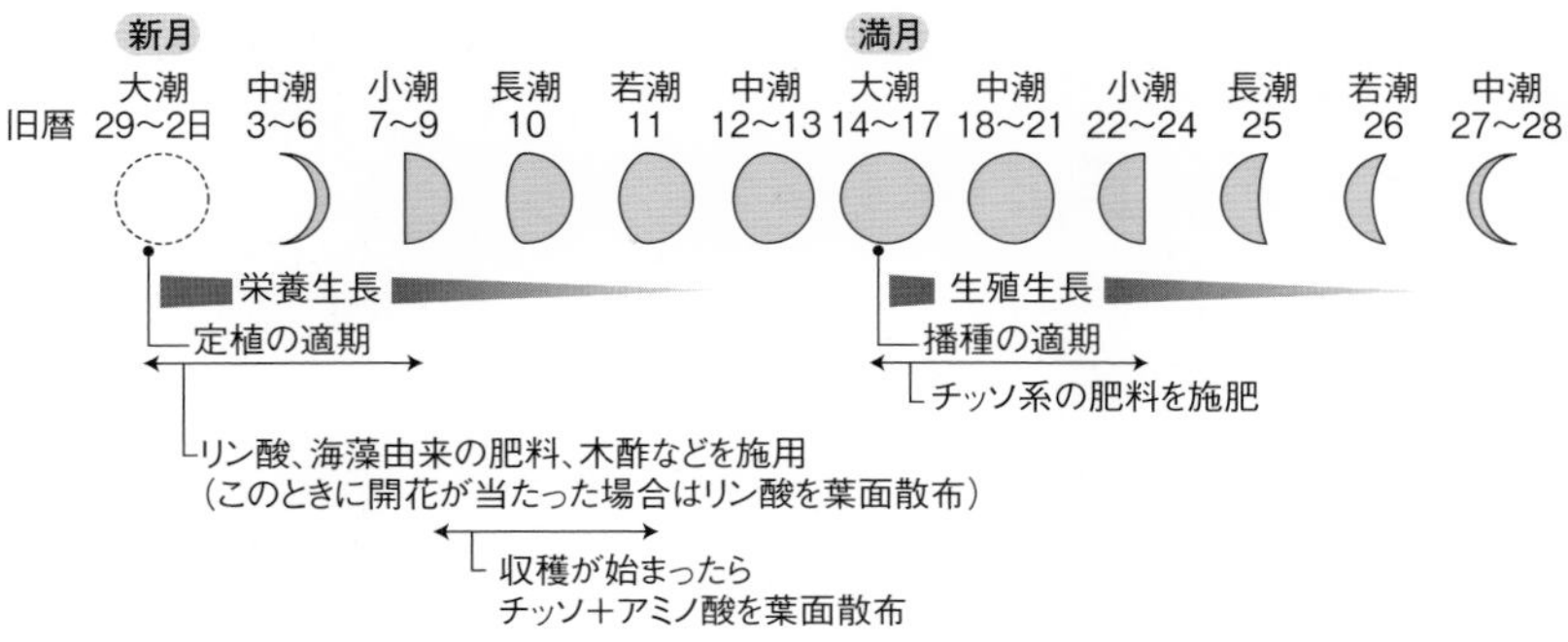

	新月 大潮	中潮	小潮	長潮	若潮	中潮	満月 大潮	中潮	小潮	長潮	若潮	中潮
旧暦	29〜2日	3〜6	7〜9	10	11	12〜13	14〜17	18〜21	22〜24	25	26	27〜28

栄養生長
定植の適期
リン酸、海藻由来の肥料、木酢などを施用
（このときに開花が当たった場合はリン酸を葉面散布）
収穫が始まったら
チッソ＋アミノ酸を葉面散布
生殖生長
播種の適期
チッソ系の肥料を施肥

月のリズム・旧暦

つきのりずむ・きゅうれき

旧暦（太陰太陽暦）の1日は新月、15日は満月にあたる。旧暦の「ひと月」は、文字どおり月が地球を一周するサイクルで、平均して29・5日。そのため1年が12カ月では太陽暦との誤差が生じるので、1年が13カ月になる「閏月」を約3年に一度挿入して調整する。また、旧暦の月名を決める際には、太陽の節目である二十四節気を対応させている。たとえば、旧暦の正月1日は立春にいちばん近い新月の日であり、旧暦の11月には必ず冬至が入るという具合だ。

地球の表面は月の影響を受けていて、満潮と干潮が1日に2回ずつ繰り返されるのも、満月と新月のときに潮の干満差が大きい大潮となるのも月の引力の影響だ。月の引力は生物にも作用するらしく、出産は1日のうち満潮の時間帯に多く、満月と新月の日にも出産数が増えるといわれる。農家のなかには、これを作物の栽培管理に活かす人が少なくない。たとえば、大潮の時期に害虫の卵の孵化が集中するのに合わせて防除する、大潮のときは作物の体質が強まるので追肥やかん水の適期、タネ播きは満月、移植は新月がいい、など。

冷春・激夏

れいしゅん・げきなつ

春先は超低温で来る日も来る日も多雨。夏から秋は記録的猛暑。2010年のあきれるほどの異常気象に、『現代農業』では思わず「冷春」「激夏」と命名した。

被害は甚大だった。茶は春先、凍霜害にやられたというのに、イネは夏の**高温障害**で**白未熟粒**が大発生して「一等米は珍しい」という状況。野菜も果樹も、生理障害・病害虫が激発。まともな大きさに育ったものはほとんどなく、市場値は高騰。日本中の消費者が「高くて買えない」と嘆いた。

事態は深刻だった。しかし、そこは農家、転んでもタダでは起きない。こんなときだからこそ見えてくる事実をつかみ、危機を突破。「異常気象のとき、この品種はこんな底力を発揮する。根が深いタイプだからだ」「この病気は○日雨が続くと出るかをとうとう見極めた！」……。感嘆するような観察が全国から多数寄せられ、誌面を彩ったのが翌2011年だ。「これぞ**農家力**」となるような記事多数。

昨今、異常気象は頻繁である。しかし農家は今後も、したたかにそれを血肉に変えていくだろうと思う。

2 稲作・水田活用の用語

栽培体系

への字稲作

へのじいなさく

　田植え後はさみしい姿、ゆっくりした生育で、出穂40～30日前頃の生育中期にもっとも旺盛になり、収穫期に向けておだやかに色がさめていく――こうした生育パターンを、その文字の形状になぞらえて「への字」稲作と呼ぶ。故・井原豊さんが提唱したイネつくりで、1988年の本誌連載以来、全国にこの名称が広まった。

　当時、指導機関が農家に勧めていたのは、速効性の化成肥料を使っての早期茎数確保型の稲作（V字型稲作）。それに対して井原さんは、化学肥料の元肥チッソゼロ、出穂45日前前後の硫安一発施肥で、必要な茎数は**幼穂形成期**（出穂25日前頃）までにとればいいというやり方を基本にすることを

への字稲作　肥効のイメージ

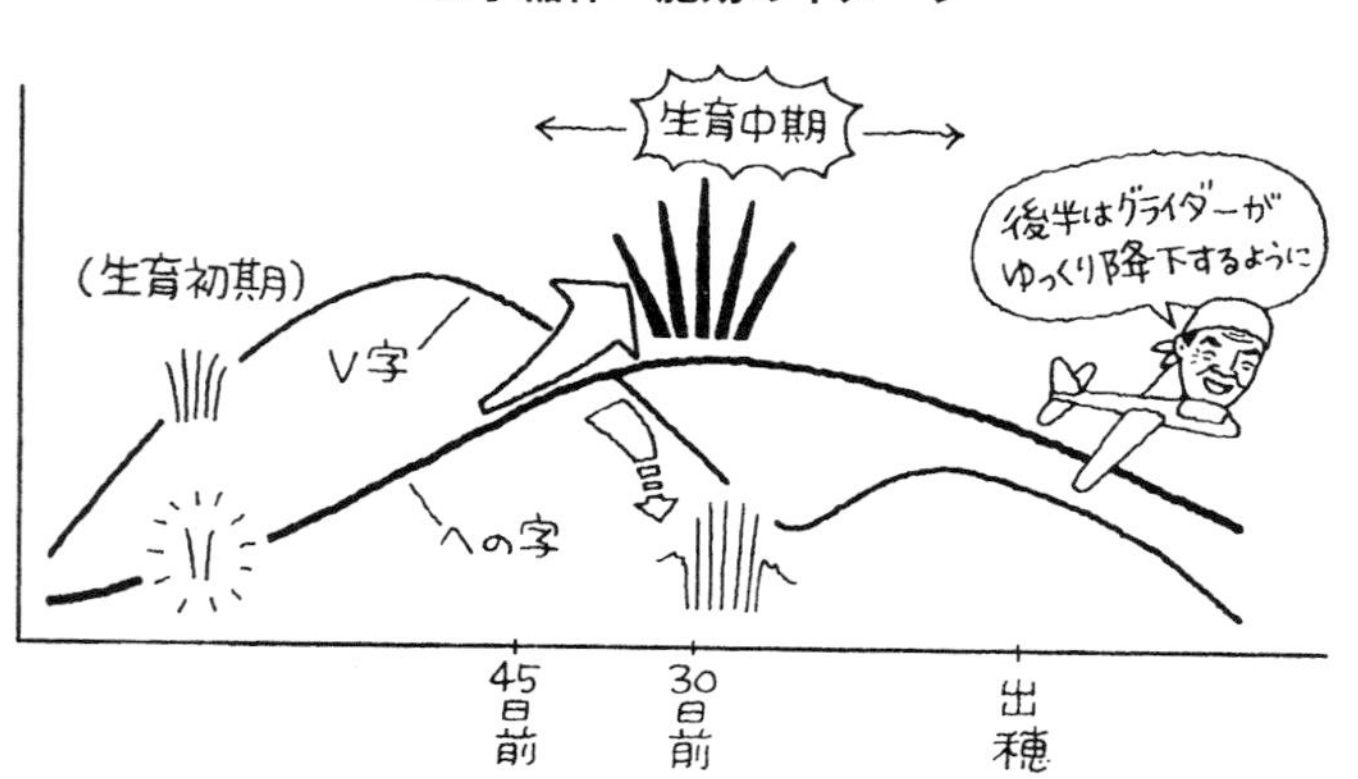

初期はさみしいほどゆっくり生長、生育中期にもっとも元気を出す

提案した。なんといっても肥料代が安くすむこと、しかも病害虫の被害が少ない健康なイネに育ち、倒伏もしにくいということで、とくにコシヒカリをつくる農家に喜ばれた。

あくまでも生育パターンが「への字」であればいいので、施肥のやり方は硫安一発に限らない。気温や地力の低いところでは、元肥に化学肥料チッソを少量やってもいい。また堆肥を元肥として生かす**堆肥稲作**も、「への字」生育の傾向がある。同様に身のまわりで安く手に入る**米ヌカ**・**緑肥**などの有機物を元肥にしてもいい。

への字稲作でつくったお米は**食味**もいいといわれている。

初期はさみしく
中期に太茎、秋には大穂

たいひいなさく

堆肥稲作

堆肥を「肥料」として使い、足りない分を化学肥料で補う**堆肥栽培**の稲作版。

堆肥の肥料分は、時間の経過・気温の上昇とともに分解してジワジワ出てくる。とくによく効いてくるのが6月末以降（暖地ではもう少し早い）と、田んぼの地力チッソが出てくる時期に重なる。イネにとっては出穂45～30日前の生育中期、太い直下根をグイグイ出し、穂づくりの準備に向けてチッソの要求量がぐんと高まる時期にあたる。

この時期、元肥に速効性の化学肥料を多めにやるV字型稲作では、過剰分けつを抑えるために中干しなどでチッソ肥効を抑えたほうがいいとされる。しかし実際には、気温が上がると自然に出てくる地力チッソの肥効まで抑えることは難しいため、分けつ過剰となりやすい。茎が細く倒伏しやすく、穂も小さくなってしまう傾向がある。

堆肥稲作ではあらかじめ化学肥料の元肥は控えめにして、栽植密度を少なくする。すると初期生育は控えめだが、生育中期にかけて肥効が出てきて必要茎数をゆっくり確保できる。過剰分けつが少ない生育となるため太茎大穂となり、登熟もよくて収量が上がる。さらに近年の**高温障害**にも強い傾向にある。

しかも堆肥は、気温が高くて生育が進んだ年には早く効き、逆に低温の年には自然にゆっくり効いてくれる。イネが必要とするときに必要なだけ吸う形に近くなるため、収量・品質が天候に左右されにくい。「元肥なしの硫安一発」**への字稲作**を提唱した井原豊さんも、じつは自分の田んぼでは「**牛糞堆肥4～5t元肥＋疎植**」でタダどり小力への字型有機栽培を実践していた。

ただし、使う堆肥の種類や地域の気温、土質等によって肥効の出方は変わってくる。寒冷地では茎数確保のために化学肥料の元肥を少量補う、西日本では元肥なしでさらに疎植にするなど、出穂45日前に目標茎数の6割程度を確保することを目安に、それぞれの田んぼに合った施用量、栽培方法を見つけたい。

そしょく

疎植

単位面積当たりの株数を多く植えるのを密植、少なく植えるのを疎植という。坪当たり何株植え以下なら疎植か？の定義はないが、地域平均と比べて少なければ疎植といっている場合が多い。

　疎植の優れているところはまず苗箱が少なくてすむこと、そして何よりもイネが健康に育つこと。疎植のほうが下葉まで日光が当たりやすくなるので根張りもよく、イモチ病やモンガレ病も出にくい。草丈が少々伸びようが、茎が太くなるので倒伏に強い利点もある。植える株数が少ないほど単位面積当たりの茎数のとれ方がゆっくりになるので、そのぶんへの字生育をしやすくなるともいえるだろう。ダイズや野菜をつくったあとや**レンゲ**田など、チッソ肥効が高まりやすい田にも向いている。

　以前は、ポット田植え機を買うか、田植え機の植え付け部を改造しないと坪50株未満の疎植は難しかったが、最近では井関農機などから株間30㎝・坪37株植えができる田植え機も販売されている。あるいは、何条かおきに条間を広げて疎植にする**条抜き栽培**もある。

　極端な疎植は、遅れ穂が原因となって青米が増えるなどのマイナスの影響もあるが、疎植ほど、イネ本来の姿が見えてくる。


疎植のイネはのびのび開張する。深水栽培で茎も太くなる（倉持正実撮影）

条抜き栽培
じょうぬきさいばい

田植え機の苗載せ台の一部の条に、苗を載せずに植えるイネの栽培方法。抜いた場所は条間が60㎝以上となり、田植え機で設定できる「植え付け株数」以上の疎植栽培が実現できる。たとえば6条植えの田植え機で2条目、5条目に苗を載せない「2、5抜き」なら、全部載せた場合と比べ、栽植密度が3分の2となる。5条植えの田植え機で真ん中の3条目に苗を載せずに並木植えすると、4条ごとに1条あく栽培となる。田植え機のマーカーを改造し、隣接走行の幅をあける植え方もある。

　条抜き部分のおかげで、日当たりや風通しがよくなって、株が大きく強く育つ。さらに、田んぼの中を歩きやすくなるため、追肥や消毒の作業がラクになる。ただし、気候条件や品種、栽培期間などの条件によっては分けつが確保できず、収量が減ってしまうリスクもある。そして、広い条間には雑草が生えやすいため、対策が必要となる。

　千葉県君津市の鳥海榮之さんは、田植え機の栽植密度を坪37株植えに設定し、さらに「2、5抜き」の条抜き栽培で、坪25株植えを実践している。苗箱は、10a当たりたったの3・8枚。最高分けつ期頃の株は超豪快なバンザイ姿となり、広い条間を埋めるように葉を広げる。強く、太く育ったコシヒカリは台風でも倒伏せず、収量は毎年安定して10俵。なにより、苗の補給がほとんどいらなくなったことで、母ちゃんの苦労が大きく減った。

鳥海榮之さんの、幼穂形成期を迎えた2、5抜きの田んぼ（依田賢吾撮影）

ちょくはさいばい（じかまきさいばい）

直播栽培

種モミを直接水田に播種してイネを育てる方法。「育苗は、稲作作業の70％を占める」という人もいるほど労力のかかる仕事であり、これを省略できれば、忙しい春作業がうんとラクになる。規模拡大も容易になるので大きい農家から注目されることが多いが、苗箱運びなどの重労働からも解放されるので、労力のない小さい農家にも魅力的だ。田植えがない分、植え傷みの心配もなく初期の分けつが生き残りやすいなど、植物生理から考えてもメリットがある。「直播でこそイネ本来の姿を実現できるはず」と熱く語る農家もいる。

だが、実際に直播栽培してみると、「育苗すること」で回避し、安定させてきたはずのさまざまな課題に直面する。出芽率・苗立ちが悪い、カモなどの鳥害・**ジャンボタニシ**による食害、草に負けやすく除草剤が多く必要、雑草イネも多く生える、厚播きになってしまって倒伏しやすい等、うまくいかずにかえって労力やコストがかかってしまうことも少なくない。

国や県は長年、研究に力を入れてきた。湛水直播・乾田直播・**不耕起**直播・条播・点播・カルパー粉衣・鉄コーティングほかいろいろな方式や播種機を開発。最近では、鉄コーティングと違いコーティング時に発熱しないべんモリ（べんがらモリブデンコーティング）、鉄黒（酸化鉄）などの新しいコーティング資材に注目が集まる。また、無コーティングで代かき同時湛水直播する「かん湛！」などの技術も出てきた。直播の面積は確実に増えてきているが、まだまだ研究先行の技術も多いので、自分の田んぼで本当に実践可能か見極める目が必要になりそうだ。

『現代農業』では、おもに農家の工夫により開発された「小力の直播栽培」を紹介してきた。青森県・福士武造さんは水を自在に利用できる「**地下かんがい法**」で、寒冷地では難しいとされるV溝乾田直播でも抜群の出芽率を実現。600kg以上の反収をあげている。岡山県・大森尚孝さんも、「**ひねり雨どい噴口**」を付けた動散で乾田に催芽モミを播き、その後トラクタで浅起こしするやり方で、やはり安定600kg以上の反収をあげている。

ふかみずさいばい

深水栽培

過剰な分けつを抑えたり、倒伏しにくくしたり、はたまたヒエなどの雑草を水没させて抑えるなどの目的で、田んぼの水位を一定期間深く保つ栽培法。水位の目安は、いちばん上の葉の葉耳。するとイネは、酸素を求めて上へ伸びることを優先するため、分けつには養分が回りにくくなる。無効分けつの発生が抑えられるため、1本1本の茎が太くなり、登熟のよい大きな穂が期待できる。また葉耳の位置が水位に合わせて揃うので、分けつの生育が揃い、穂揃いもよくなる。

深水にする期間は、田植え直後から、分けつ盛期から、有効分けつ数決定期からと

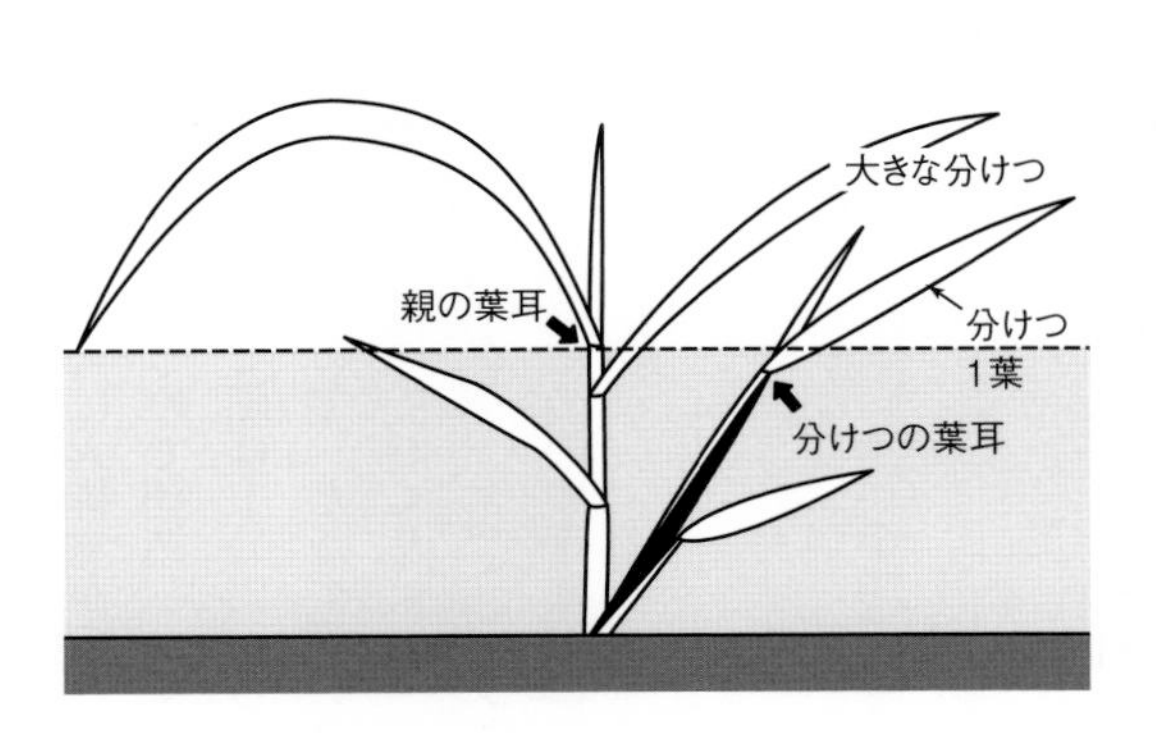

深水の中で出る分けつは大きく、親と分けつの葉耳高が揃ってくる。このため茎揃い・穂揃いがよくなる

人によってさまざまだが、過剰な分けつを抑えることを目的とする場合は、有効分けつ数決定期から最高分けつ期までの「中期深水」が、もっとも短期間で効果が得られやすい。いっぽう草抑えを目的とする場合は、田植え直後からの深水が必須だ。深水栽培は、除草剤を使わないイネつくりの基本技術ともなっている。

　また、**幼穂形成期**から減数分裂期にかけて（**出穂**25日前頃から出穂8日前頃まで）水深を深くして、幼穂を低温から守る**冷害**（障害型冷害）対策としての深水もある。

水根・畑根
みずね・はたね

　水生植物であるイネの根には通気組織が発達する。そのため湛水状態の土中にある根の先端まで酸素を送ることができるのだが、水管理のしかたによって、その通気組織の発達度合いが変わるのではないかという観察が、多くの農家によってなされている。

　一般に、湛水状態では、太くてまっすぐ伸びた根が目立つ。それに対して畑状態では、この根がくねくねと波打っているうえ、枝分かれした細根が多い傾向がある。前者を水根、後者を畑根と呼ぶが、水根は乾燥に弱く、畑根は湛水状態に置かれると根腐れしやすいと指摘する農家が多い。

　イネにとって大事な根は、**出穂**40日前頃から伸びる登熟に働く根である。そこで、この時期からの水管理は、土中の水分をたっぷりに保つか、あるいは比較的乾燥した畑状態を保つ（節水栽培）か、どちらか一貫した水管理を続けて、それぞれ水根、畑根を健康な状態で維持することが大事だといわれている。**冷害**対策で**深水**をするには水根を保ったほうがいい。

溝切り
みぞきり

　田面に凸凹があると、落水しても窪んだところは水がたまり根腐れしやすい。そこで、中干し前の**出穂**40日前頃に、4～10条おきに、深さ10～15㎝、幅約20㎝の溝を切り、枕地もぐるりと切って各溝を排水口に繋げておく。排水だけなら10条おきくらいでよいが、溝に水をためて飽水管理をするには4～6条おきでないと浸透しにくい。動力溝切り機なら能率的だが、ブロックや舟形の角材を引っ張る方法でもよい。

　溝切りをすると用水の少ない場所でも均一かつスムーズに入排水ができ、遅くまで入水しておけるので登熟もよくなる。上方の田んぼのアゼ際は上の田から水が浸透して乾きにくいので、とくに深い溝を切って排水溝につなげておくとよい。溝はメダカやオタマジャクシ、ヤゴ、ドジョウなど、田んぼの生きものの中干し期の避難場所ともなる。

茎肥
くきごえ

　出穂45～40日前に施す追肥のこと。肥効ムラをなくす「つなぎ肥」と呼ばれることもあるが、この時期の追肥は本来もっと積極的な意味を持つ。36～50株／坪の疎植にし、元肥を減肥して初期茎数をゆっくりとり、この頃に目標茎数の3～5割を確保する稲作（井原豊さんの「**への字稲作**」、稲葉光國さんの「太茎大穂のイネつくり」、薄井勝利さんの「**疎植**水中栽培」など）では、茎肥が茎を太くし、あきらかに穂を大きくする。イネの肥料吸収がグンと旺盛になるこの時期の追肥は、無効分けつを少なくし、効率的な光合成態勢、活力ある根群や茎葉をつくるうえで理にかなっている。

　一般に行なわれているV字型稲作では、

この頃までに目標茎数は確保されるので、茎肥は施せない。逆に穂肥まではチッソ肥効を切れ気味にもっていき、中干しして葉色を落とし、無効分けつを発生防止して下位節間の伸長抑制を図ることが鉄則となる。

穂肥

ほごえ

出穂20～10日前に施す追肥。イネは出穂30日前頃の穂首分化期から出穂前後までの期間が一番旺盛に肥料を吸収する。肥料が少ないと分けつが退化したり、幼穂の穎花が分化できなくなったり退化して穂が小さくなってしまう。増収するには、この間の追肥の効果が高い。しかし、出穂30～20日前までは下位節間（第4・第5節間）の伸長期で、早く施すと倒伏を招く。

穂肥の適期は、出穂20日前頃から、葉齢では第3葉（止め葉から2枚目の葉）から第2葉の展葉時であるが、この時期は幼穂長で判断すると確実である。コシヒカリの場合、幼穂長が8㎜（タバコの直径）のときが出穂18日前、19㎜のときが出穂15日前、8㎝（タバコの全長）のときが出穂10日前である。施肥量はチッソ成分で2～3㎏／10aだが、施肥時期、施肥量は、茎数、葉色、葉鞘のデンプン蓄積（ヨード反応）、品種などから判断して決める。

近年は、**食味**（タンパク値）が重視されるなか、穂肥を控える傾向がある。しかし、中期のチッソ不足によるイネの活力低下が、**高温障害**で**白未熟粒**多発の要因の一つと考えられ、穂肥を見直す動きも広がってきた。また、穂肥より元肥多チッソのほうが食味低下への影響が大きいという研究もある。

実肥

みごえ

出穂前後から穂揃い期（出穂10日後くらい）辺りまでに施す追肥のこと。出穂後のチッソ不足は、光合成能力の低下や稲体の老化を招く。その結果、登熟歩合や千粒重の低下、倒伏、いもち病の発生を助長する。

ただ近年は、実肥を施すと玄米のチッソ含量（タンパク含量）が増えて**食味**が悪くなるといわれ、敬遠される。実際には食味はチッソ含量だけでは決まらないし、かえって肥料不足で粒張りが悪くなったり、**白未熟粒**や茶米になって食味が低下することも多い。

根腐れ気味のときや穂数過剰で受光態勢が悪い場合は、実肥をやるとチッソを同化しきれず明らかに食味が悪くなるが、**疎植**・元肥減肥で茎数をじっくり確保した場合や出穂後の天候がいいときなどは、実肥の効果が高い。新潟県の大場睦郎さんは、どんな年でも一等米を多収する篤農家だが、とくに猛暑の年には積極的に実肥をやっている。

また実肥は**リン酸**の多い肥料の効果が高いといわれている。

チェーン除草

ちぇーんじょそう

田植え直後の苗の上からチェーンを引っ張ることで、条間・株間を問わず田んぼ全体の表土をかき混ぜて除草する技術。普通の除草機では入れないほど早い時期（田植え3日後から1週間後）から始められるので、雑草が根を張る前に退治することができる。自然栽培の第一人者・青森県の木村秋則さんの提案をヒントに、宮城県の長沼太一さんらが実用化した。

当初は人力や田植え機でチェーンを引っ張るタイプの除草機が記事で紹介されたが、その後、チェーンを塩ビパイプにつけることで水に浮かせ、軽く引っ張れるようにしたり、田の中に入らずとも畦畔を歩くだけ

除草剤を使わないイネつくりに 百姓の知恵、百花繚乱

で引っ張れるよう工夫したり、チェーンの代わりに竹ぼうきやハウスのビニペットスプリングを使う方法など、より手軽で、かつ除草効果の高い方法を全国各地の農家が同時多発的に考案。進化を続けている。

にかいしろかき
二回代かき

田んぼの雑草発生を減らすための代かきの仕方。ポイントは、1回目の代かき（荒代かき）後、水を張ったまま10日以上おくこと。水温を上げて雑草（とくにコナギ）をできるだけ発芽させる。出てきた草を2回目の代かき（植え代かき）で浮かせる、もしくは練り込む。

この2回目のときに、多めの水で代をかくと、雑草が浮くと同時に土の粒子も浮く。重たい粒子や未発芽の雑草のタネがまず沈み、あとから細かい土の粒子が沈むので、表面には**トロトロ層**が物理的にできてフタをしたような状態になる。直後に田植えすれば、しばらくは雑草が生えてこないので、その間にイネを大きくすることができる。

これは除草剤を使わないイネつくりの基本技術。二回代かきをやったうえで、**米ヌカ除草**や**チェーン除草**など、ほかの雑草対策と組み合わせる人が多い。

こめぬかじょそう
米ヌカ除草

田植え後、水田の表面に米ヌカをまくことで草を抑える除草法。たんに草を抑えるだけでなく、水田の生きものを豊かにしたり、米の**食味**を上げる効果がある。

除草のしくみとしては次のような作用が考えられている。①**米ヌカ**をエサに**乳酸菌**などの微生物が増殖し、発生した**有機酸**が、発芽したばかりの草の根や芽に障害を与える。②水田の表面が一時的に強還元状態になることによる酸欠効果。③強還元状態になることで土中から溶け出した**二価鉄**が草に障害を与える。④増殖する微生物や**イトミミズ**などによって泥の表面がトロトロになり、草のタネがその**トロトロ層**の下に埋没する。

田植え後できるだけ早く米ヌカをまくなどして、有機酸の発生と草の発芽のタイミングをうまく合わせられれば効果は高い。しかし、実際にはなかなか難しく、あとで除草に入る農家も多かった。そこで、除草効果をあげる方法として、**クズ大豆**の散布と組み合わせる方法や、田植え前に**ボカシ肥**などを**表層**に入れ（浅く耕す＝**半不耕起栽培**）、微生物が増殖しやすい環境をつくる方法、**自然塩**や**木酢**などをいっしょに散布して微生物を活性化する方法など、さまざまな工夫がなされてきた。

除草剤を使わないイネづくりの実践・研究を長年続けてきた民間稲作研究所の稲葉光國さんは、発酵肥料の元肥と浅耕、そして田植え前30日間程度の「早期湛水」によって田んぼに藻を発生させることで田面への光を遮り、さらに**二回代かき**であらかじめ雑草を減らすなど、複合的な雑草対策と組み合わせたうえで米ヌカ除草をすることが、成功のコツだと言っている。

とろとろそう

トロトロ層

水田の表層数㎝にできる、文字どおりトロトロの粒子の細かい泥の層。**米ヌカ**などの有機物が水田の**表面・表層**に集中して入ると**土ごと発酵**が起こり、微生物や小動物(**イトミミズ**)が増殖・活性化してトロトロ層が形成される。土壌の粒子が粉々に細かくなるだけでなく、土壌中のミネラル成分、肥料成分が溶け出して、イネや微生物に利用されやすい状態になっているのも特徴。

トロトロ層の中では**乳酸菌**などが作り出す**有機酸**の濃度が高いこと、それに、雑草のタネがこの層の下に埋没しやすいことなどの理由で、抑草にも役立つ。有機稲作農家は草の少ない田をめざしトロトロ層を毎年少しずつ厚くすることに気を配るが、滋賀県の中道唯幸さんは**クズ大豆**といっしょに、**モミガラくん炭**を大量施用(10a100ℓ)するとトロトロ層が一気に厚くなることに気づいたそうだ。炭の微生物活性化効果だろうか?

なお、トロトロ層から水分が抜けていくと、土は一転して**団粒化**が進む。表面はウサギの糞を敷き詰めたようなコロコロした状態で、その下の層はスポンジのように弾力性・保水性に富む。そのため水田の水が切れても長く水分を保ち、イネの根を乾燥から守る効果を発揮する。

田植え約1カ月後。田面はトロトロで1本も草がない(松村昭宏撮影)

水田土壌でのイトミミズ

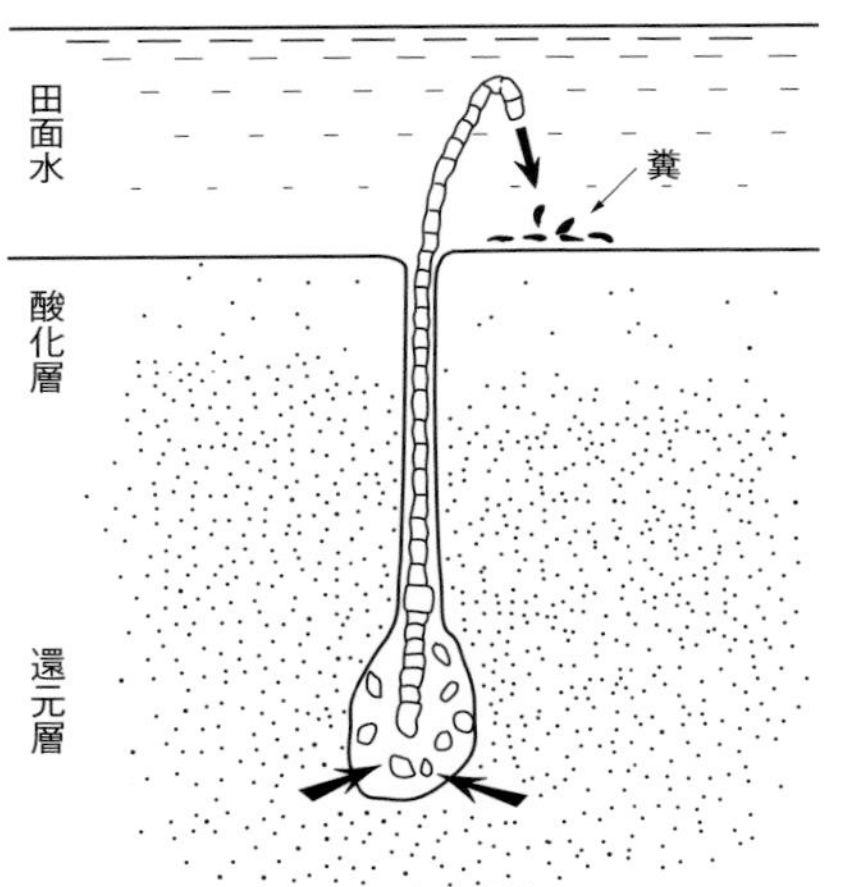

イトミミズは泥の中で頭を下に尾を上にして生息し、泥中の養分を食べて泥の上に排泄する(農業技術大系土壌施肥編より)

いとみみず

イトミミズ

頭を土中に入れ、尾を水中でゆらゆら動かしている水生ミミズの総称。水田でよく見られるのは、水中に突き出した尾の部分に細かい毛があるエラミミズと、毛のないユリミミズ。いずれも体長は10㎝に満たない、細くて小型のミミズ。

水を張った田んぼに**米ヌカ**などをまいて表面が**還元**状態になると、イトミミズは、尾を水中に突き出して泥の表面に粒子の細かい糞を次々に排出していく。これが堆積したものが**トロトロ層**である。土中にあるイトミミズの口に入らない大きさの草のタネは、しだいにトロトロ層の中に埋没する形となり、「草の少ない田んぼ」が実現する。尾を揺らして泥の表面を攪拌することで、芽生えたばかりの草の芽を倒伏させたり浮かせたりする作用もある。

最近の研究では、イトミミズの生息数が多い(1㎡当たり1個体以上)土壌で、地温が5度に達する頃から湛水還元環境を維持できれば、雑草の発芽が始まる15度に達するまでにトロトロ層が形成され、効果的に抑草できそうだとわかってきた。

かみまるち・ぬのまるち

紙マルチ・布マルチ

畑ではマルチを敷いて草を抑えるのは普通だが、これを水田にも応用してしまったのが、元鳥取大学の津野幸人さん。田んぼ全面を紙や布のマルチで覆うと、日光が遮られ、雑草が生えてこない。

先に開発されたのが、段ボールの再生紙利用の紙マルチ。マルチを敷きながらその上に田植えしていく「紙マルチ田植え機」も開発されており、無除草剤稲作を大規模にやるには安定した抑草方法だと評価も高い。紙は50～60日で自然に分解してしまうが、その後も草は生えにくいし、生えてもその時期からならイネには影響が少ない。

最近は、種モミを挟み込んだ布マルチ（クズ綿からつくる）を敷くだけの布マルチ**直播**栽培に取り組む農家も多い。

紙マルチも布マルチも、抑草効果は高いのだが、マルチの価格が高くなってしまうのが、今のところの難点。

布マルチを代かきして落水した田に敷き詰める。山の中の小さな田でもできる方法だ（津野幸人さん提供）

とうきたんすい

冬期湛水

冬の間にも水を張っておく田んぼの管理方法。「冬水（ふゆみず）田んぼ」とも呼ばれる。イネ刈り後、ワラの散らばる田んぼに、**米ヌカ**や**ボカシ肥**、さらに**ミネラル**など、微生物のエサになるものをまいてから湛水する。するとどうやら「**土ごと発酵**」が起きるらしく、春先には土がすっかりトロトロになってワラの上まで盛り上がるのが観察される。田植え後の**米ヌカ除草**などでできる**トロトロ層**よりさらに粒子が細かくなめらかなので、「超トロトロ層」と呼びたくなるほど。耕起・代かきなしでも、必ずしも**不耕起**専用田植え機が必要ないほどやわらかい。今のところ、微生物と**イトミミズ**の相乗作用かと考えられている。

この超トロトロ層の下に雑草のタネが沈んでしまうせいか、田植え後に生える雑草まで少なくなる。また、超トロトロ層は肥料を生み出す力も強いのか、収量が上がる事例も増えている。千葉県で長年、不耕起稲作に取り組む藤崎芳秀さんは、冬期湛水を導入してから年々施肥量が減り、秋に米ヌカを50kgまくだけでも10俵とれるようになった。

また、冬に水をためていると、白鳥やガンなどの渡り鳥が田んぼにやってくるのも大きな魅力。殺風景な冬の景色がガラリと変わり、地域の人たちも喜んでくれる。さらに、鳥の糞のせいか、湛水で**還元**状態になるせいかは不明だが、冬期湛水田は有効態**リン酸**の量が増えるというデータもある。

冬期間は用水が止まり入水できない地域では、春の早いうちに入水して「早期湛水」に取り組む人もいる。気温が上がってくる時期の3～4週間の湛水で、十分なトロトロ層ができるようだ。

ふたやまこうき

二山耕起

秋から翌春にかけて、ロータリの中央に培土板をつけて数回耕し、田んぼの中にウネ（二山）を立てて土を乾かす。青森県で自然農法に取り組んできた故・山道善次郎さんは、このやり方で寒冷地でもワラの分解が進み、田んぼに雑草が生えにくくなることを発見。各地に広まった。

ワラの分解が進み、乾土効果が高まるので、山道さんの米の反収はほとんど**無肥料**でも500kg以上。微生物や小動物の活動が活発なためか、代かき、田植えした後の表層には厚い**トロトロ層**が発達する。自然農法国際研究開発センターの岩石真嗣さんによると、トロトロ層の表面は**CEC**が高く、肥料を吸着・保持する力が強い。山道さんの田んぼは肥料を入れていないこともあり、水中に溶け出して雑草に行き渡る余分な肥料がないことが、草が生えにくい理由として考えられるそうだ。

れんげ・へありーべっち

レンゲ・ヘアリーベッチ

かつて化学肥料が貴重だった時代、春先の田んぼは一面紅色のレンゲの花に覆われていたものだ。マメ科であるレンゲのチッソ固定力はじつに強力で、10㎝の生育でだいたい10a1tの生草重、4～5kgのチッソが供給できる。普通は15㎝や20㎝くらいには育つので、もっと多くなる計算だ。最近は、同じマメ科で同様にチッソ固定するヘアリーベッチを播く人も増えてきた。

レンゲやヘアリーベッチの肥効は、生育の後半にかけて効いてくるので「倒れやすい・難しい」という印象を持つ人も多い。だが、3月頃に数mおきに刈って量を調整したり、イネを**疎植**にしたりしてうまく使いこなせれば、「肥料代ゼロ！放っておいても**への字**生育！」が実現する。

レンゲやヘアリーベッチを抑草に使う人も多い。レンゲやヘアリーベッチが一面生えたなかに**不耕起直播**する「マルチ法」のほか、強力な**有機酸**を出させて雑草を枯らす「アク利用法」を実施する人が多い。注目されているのは、田植え1週間前にヘアリーベッチを**モア**などで細かく砕いて入水、そのまま不耕起で植える「ヘアリーベッチ細断被覆法」だ。どのやり方でも、レンゲやヘアリーベッチがちゃんと生え揃うことが成功の秘訣だが、湿害に弱いのでこれがなかなか難しい。弾丸暗渠・額縁明渠などが成否を分けることもある。

なお、ヘアリーベッチは根から**アレロパシー**物質を出して草を抑える効果もある。レンゲは不耕起だと連作障害が出たり、アルファルファタコゾウムシに食害されたりすることも課題。

なのはないなさく

菜の花稲作

黄色い菜の花を春、田んぼ一面に咲かせ、緑肥としてすき込む稲作。「菜の花男」とも名乗る実践農家・岡山市の赤木歳通さんは、その効果を、①憩いの場が提供できる、②景観は圧巻だ、③見に来る人に米が売れるかも、④抑草効果は絶大だ、⑤究極の「**への字**生育」になる、⑥最強の土づくりになる、とまとめている。

田んぼに人を呼び込む地域おこしにもなることから各地で取り組まれているが、大きな魅力は、やはり抑草効果。草を抑える原理は、**米ヌカ除草**や**レンゲ・ヘアリーベッチ**などと同じだが、とくに菜の花は茎の芯がワタ状になっているせいか、入水したときも水を吸って浮きにくく、分解がゆっくりで長効きし、ガスわきもしにくいとのこと。

また菜の花は、塩害に強いことから東日本大震災の津波被災地でも注目されている。さらに、放射性物質で汚染された土地で育てると、**セシウム**をよく吸い、除染作物の役割をする。福島県南相馬市の杉内清繁さんたちは、そこから「**地あぶら**」を搾って農家経営を復活させている。

アイガモ水稲同時作

あいがもすいとうどうじさく

アイガモを使って、田んぼの除草をする方法として知られている。除草剤がいらなくなることとアイガモの可愛さもあいまって、農家だけでなく、学校や消費者にもとても人気がある。

アイガモとは、カモとアヒルの交雑種。野生のカモのように飛んで行ってしまうことはないし、アヒルより身体が小さくてよく動くのがいい点。だが実際には、カモに近いアイガモ、アヒルに近いアイガモなど、いろいろな種が存在するし、マガモやアヒルで同様に水田除草する人もいる。

苗が活着した頃に幼鳥を水田に放飼する。最大の敵は、アイガモをねらって外から侵入する野犬・イタチ・キツネ・カラスなど。アイガモ田の周りにはネットや電気柵を張り巡らせて、外敵防除するのが普通。

だが、福岡県の古野隆雄さんが提唱した「アイガモ水稲同時作」は「除草効果」だけに終わらない。ウンカなどの害虫や**ジャンボタニシ**まで食べ尽くす「害虫防除効果」、糞が肥料になる「養分供給効果」、くちばしで稲株や根をつついてイネをズングリ開張形に育てる「刺激効果」、足で常に水と泥をかき混ぜながら泳ぐ「フルタイム中耕濁水効果（F効果）」他、じつに総合的な技術である。アイガモが泳ぐことで、イネもよく育ち、生産力が上がる。そして秋、田んぼからの収穫物は米だけでなく、大きく育ったアイガモの肉！　これを古野さんは「田んぼから、ご飯とおかずがとれる」と表現した。

「水田は米だけをつくる場所」という概念を打ち砕き、田んぼを豊かな生命空間・生産空間として提示したことが、アイガモ水稲同時作の最も大きな功績かもしれない。

また古野さんは、地域の農地荒廃を防ぐための大規模化・**小力**化を視野に入れ、近年は「アイガモ乾田**直播**」の技術を磨いている。

「白い根」稲作

「しろいね」いなさく

ジャパンバイオファームの小祝政明さんがすすめているイネつくり。真っ白な根が特徴的なことからこう呼ぶ。小祝さんは、白い根＝根のまわりに酸化鉄の膜ができないので、ミネラルも肥料分も吸いやすい状態、と見る。秋落ちしにくく、**食味**がよく、タンパク値も低いイネができる。

技術の柱は大きく二つ。

①秋のワラ処理をしっかりやっておく。イネの生育中にワラが分解して**還元**状態になると、土中の鉄やマンガンが溶け出してきて赤い根になってしまう。また、硫化水素がわきやすくなり根傷みの危険が高まる。そこで、秋のできるだけ早いうちにチッソ分を施し、浅く秋起こしして、ワラの分解を進める。

②元肥に**石灰**や**苦土**を入れて土壌**pH**を6～6・5に調整する。この程度までpHを高めることでも鉄の溶出が防げ、酸化鉄がつかないから根が白い。石灰は細胞を硬くし白く長く太い根をつくるのに役立つ。苦土は葉緑素の材料であり、光合成能力を高める。

浅水さっくりスピード代かき法

あさみずさっくりすぴーどしろかきほう

その名のとおり、土が8割以上見える「浅水」状態で、何度もかいたり深く強くかきすぎずに「さっくり」仕上げ、時間をかけず「スピーディ」に代かきする方法。

一般的に代かきというと、水をしっかり入れてトロトロになるまでじっくり砕土し、植え床を整えるイメージがある。前年のワラも深水で丁寧に代かきしたほうがうまくすき込めるような気がする。しかし、実際は反対で、深水代かきだとワラが浮きやすい。丁寧にかきすぎると土の中の**団粒**構造が完全に壊れて、田植え後のイネが酸欠状態になることがある。以前はロータリや手押しの管理機などで代かきしていたが、近年は高性能で砕土性の高いドライブハローが一般的になったことも、やり方の転換を促す要因。

浅水で代をかくためには、土自体が水を十分に含んでいることが前提となる。代かき前に水のたまっていない場所の土を長靴で踏んでみて、水が表面近くまで湧き出てくるくらいが理想だ。うまくいくと、代かき時にはハローの通った場所だけ、帯を引くように水の道ができる。

浅水で代かきすると、ワラがすき込みやすいだけでなく、水が見えるかどうかで均平が判断しやすくなり、高低直しもラクになる。また、流出する濁水も大きく減るため、滋賀県や鳥取県などでは、湖・海の汚染防止の観点からも浅水代かきを推奨している。

ちかかんがい
地下かんがい

田んぼの暗渠を利用し、排水はもちろん、用水を引き込むことで地下から水を供給できるようにする仕組み。入水時は水が暗渠管を通って田んぼの隅々まで速やかに広がり、逆に落水時は暗渠から排水路へと速やかに抜けるので、入排水が画期的に速くなる。水口・水尻に水位調節装置をつけることで、水田の水位調節はもちろん、転作畑として使う際には地下水位まで調節することができるので、田んぼを水田としても畑としても自在に使えるようになる。青森県の農家・福士武造さんが考案した「自分でできる地下かんがい法」と、農村工学研究所と㈱パディ研究所が共同開発した「FOEAS（フォアス）」が代表的な例。

とくに福士さんの地下かんがい法は、**バックホー**1台あれば農家自身が施工できる方法なので安価。その田んぼを知り尽くしている強みを活かし、湿りやすい部分を狙って暗渠を入れるなどの応用が利くので効果が高い。

福士さん自身は、この地下かんがいで、V溝乾田**直播**イネとダイズの1年ごとの田畑輪換体系を確立。直播イネは、自在な水位調節による抜群の出芽率と**深水**による雑草抑制で毎年600kg以上の収量を確保。ダイズも、驚異的な出芽率と生育揃いに加えて開花時のかん水なども実施し、無農薬でも約300kgの反収を上げている。

地下かんがいのイメージ図

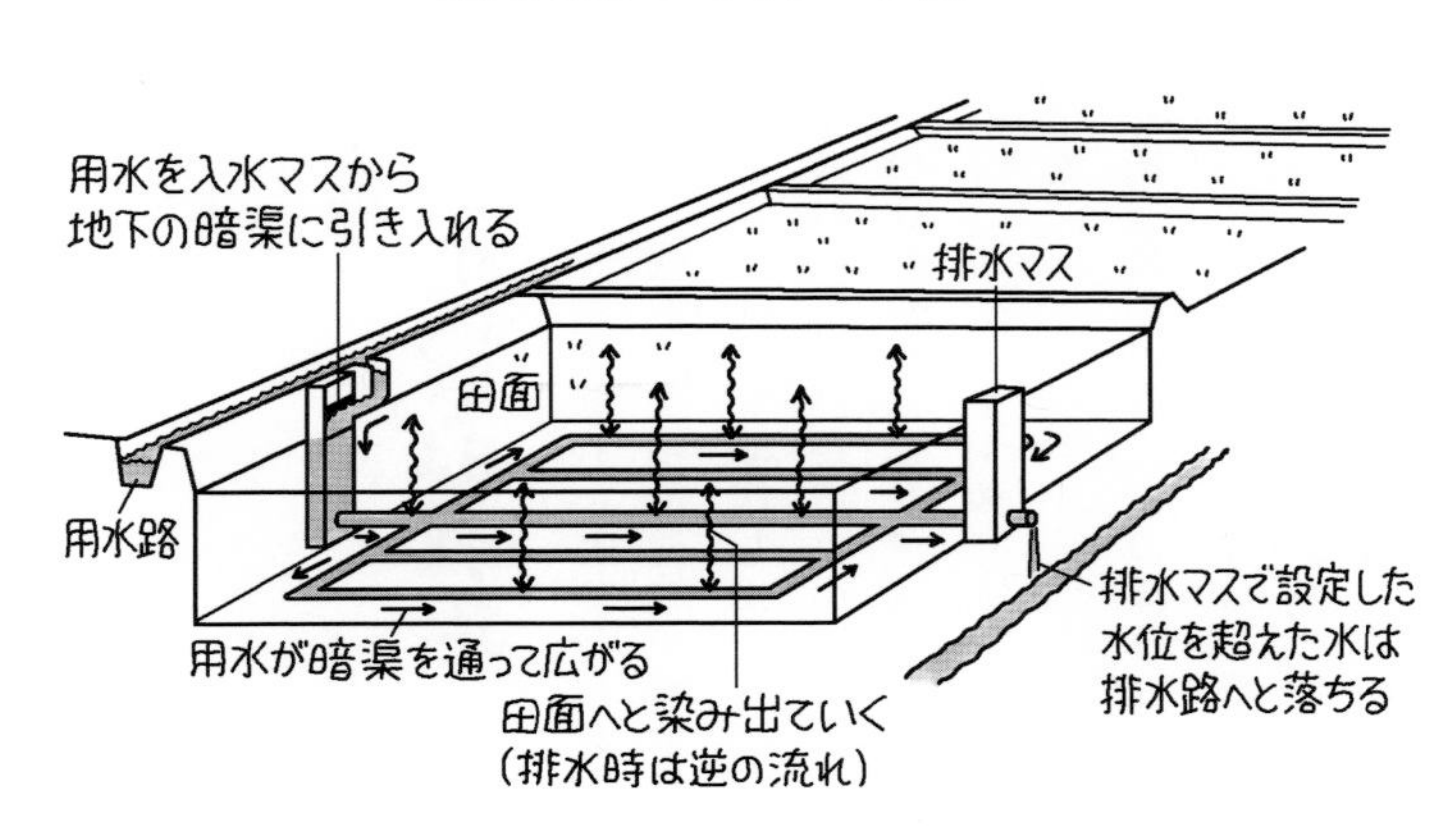

こうねたて

小ウネ立て

耕耘と同時に高さ10㎝ほどのウネを立てながら播種すること。小さいウネを多数立てることで、転作作物が生育初期に受けやすい湿害を回避することができる。幅の狭い小さいウネは、幅の広い大きいウネよりも、ウネの上面に水が停滞しにくく、タネの周囲の排水性がよくなるからだ。

小ウネ立て播種は、ドライブハローまたはロータリと、30馬力程度の**トラクタ**があればできる。東北のダイズ畑で広がっているのが、岩手県が考案したドライブハローの耕耘爪の向きを並べ替えてウネを立てる方法。いっぽう大分県では、ドライブハローやロータリの均平板に簡易ウネ立て器をいくつか取り付け、小ウネを立てる方法が広がっている。

小ウネ立て播種のしくみ
（耕幅280㎝の代かきハローの場合）

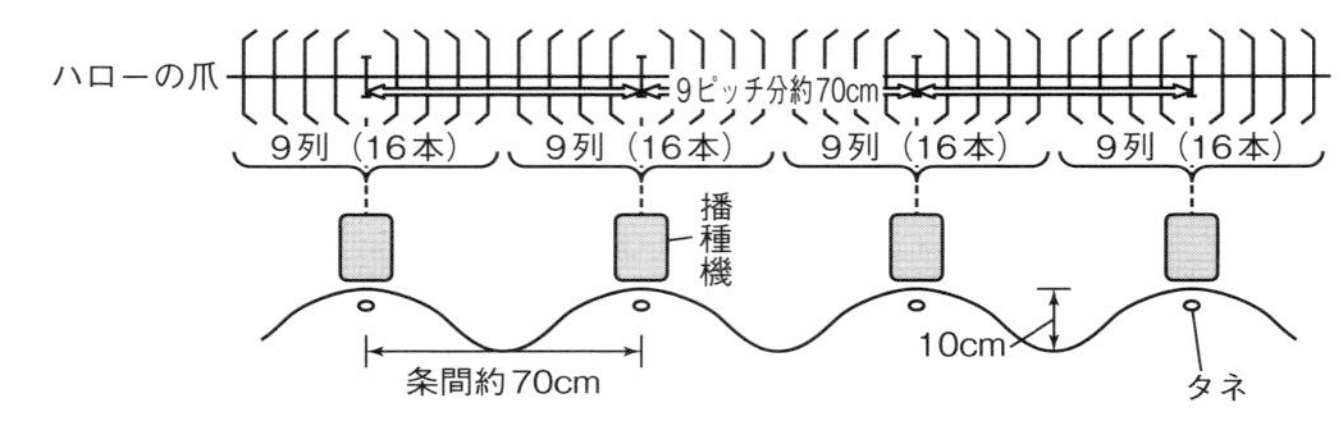

ダイズでの小ウネ立て播種4条。ハローの爪の向きを入れ替えることで、高さ10㎝ほどの小さなウネが立つ。長さ15㎝のチゼル爪を付けて、ウネ間に切れ込みを入れると排水効果がさらに高まる（岩手農業研究センター提供）

だいずのてきしんさいばい

ダイズの摘心栽培

ダイズの生長点を摘むことで分枝を増やし、多収する栽培方法。着莢数が増えるとともに茎が太くなって倒伏しにくくなり、収穫ロスも減らすことができる。

摘心のやり方やタイミングはさまざま。自家用のダイズやエダマメでは、本葉4～5枚出た頃にハサミや手で生長点を摘む方法が広く知られている。いっぽう大面積の転作ダイズでは、やや遅めだが開花期頃までにコンバインの刈り刃や茶刈り機を改造した摘心機で摘む農家もいる。

千葉県の故・岩澤信夫さんは、初生葉の摘心（子葉のすぐ上で摘心）と断根挿し木、多肥を組み合わせた「ダイズの超多収栽培」を実践。早めに摘心することで主茎が2本立ち、着花数が倍増。ダイズが肥料を求める開花期に大量のチッソを追肥するが、このやり方だとツルボケせず、花が確実に莢になって超多収を実現できる。

育苗

種モミ処理（たねもみしょり）

化学農薬で種モミを消毒する「種子消毒」に対し、薬剤以外の手段で病原菌を抑えたり、活力アップさせる農家の創意工夫技術を「種モミ処理」と呼んできた。種子消毒の廃液処理に困るJAの育苗センターなども増加しており、**温湯処理**や微生物処理などが、だんだん当たり前の技術になりつつある。

酵母菌酵素液に浸けるやり方もその一つ。モミの周りにいる「ただの菌」や酵母菌が増殖し、病原菌の栄養と着生場所を奪って繁殖を抑える。さらに酵母菌はイネの一生にわたって根と共生し、生長に不可欠なサイトカイニン様物質をつくりだすとのことで、酵母菌処理したイネの根はいつまでも白く、長く伸びる。

また、催芽後のモミを5～8度の冷水や冷蔵庫の中で5～30日おき、寒さにあてて鍛えるという「ヤロビゼーション」も種モミ処理の一つ。太い芽が出て、低温でも生育が進むようになり、その後も一生にわたって寒さに強く、ガッチリした体質に育つといわれる。

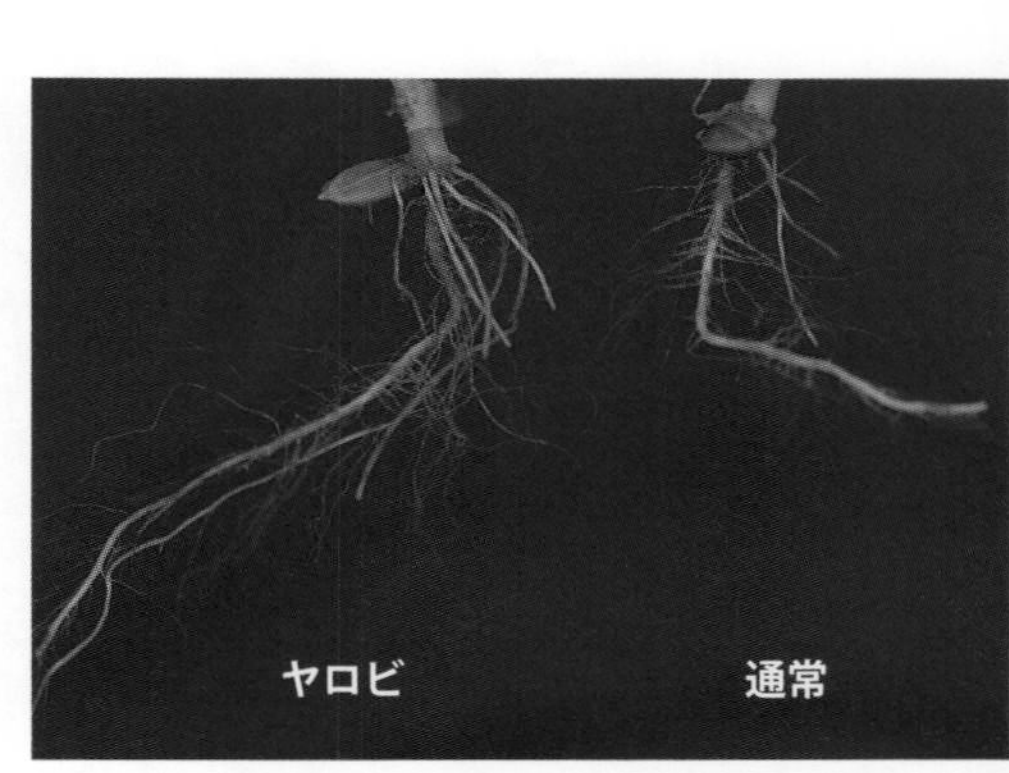

播種10日後。ヤロビ苗は本葉1.2葉、通常苗は1葉と差はあるものの、ヤロビ苗のほうが根量が多い

このほか、**えひめAI**、**天恵緑汁**、**ドブロク**、食酢、**木酢**、**竹酢**、**海水**、**光合成細菌**、**土着菌培養液**などに浸ける種モミ処理も広まっている。

温湯処理（おんとうしょり）

従来は「60度前後のお湯に種モミを約10分間浸ける」という方法が推奨されてきたが、近年、「65度10分」の**種モミ処理**で効果が高まることが実証されている。この場合、事前乾燥で種モミの水分を10％未満に落としておくと、発芽率も落ちない。モミ枯れ細菌、バカ苗、苗イモチ、苗立枯細菌、シンガレセンチュウなどに対して、化学薬剤以上の消毒効果がある。

塩水選と、どちらを先にやるかも重要。水に浸かった**モミガラ**や種皮には水の通り道ができており、この状態で湯に浸けると湯がその通り道を通って、すばやくモミの内部に達し、発芽**酵素**を不活化してしまう。これを防ぐには、①温湯処理後に塩水選、②塩水選後完全に種モミを乾かしてから温湯処理などの方法をとるとよい。

薄播き（うすまき）

種モミを粗く播くことを薄播きという。手植え苗を苗代育苗した時代の播種量は1㎡当たり100g以下（育苗箱に換算すると約20g以下）であった。田植え機稲作になってからは育苗箱（30×60㎝）当たり、稚苗（不完全葉を含まぬ葉齢2・2）で200g、中苗（葉齢3～5）で100～180g、成苗（葉齢5～6）で40～60gが

自然の力をうまく借りて

小力育苗

標準とされている。

　厚播きするほど箱数も少なくてすみ欠株も少なくなるが、徒長し下位分けつが退化しやすい。また1株の植え込み本数が多くなるせいで本田でも密植となり、穂が小さくなって秋落ちイネになりやすい。そのため、最近では稚苗でも150g以下の薄播きが一般的となってきた。条播きにすれば60g以下の薄播きも可能で、成苗まで育てることができる。また、**プール育苗**をすれば、薄播きでも根がらみがよくなり欠株も少なくなる。

みっぱ・みつなえ

密播・密苗

育苗箱1箱当たり、乾モミ250～300gと通常の2～3倍の量の種モミを播くことで、使用する育苗箱の枚数を減らせるイネの低コスト育苗・移植技術。ヤンマーの「密苗」やクボタの「密播」、イセキの「**密播疎植**」など、メーカーごとに呼び名が違う。密播疎植の名前からもわかるように、密になるのはあくまで育苗箱の中で、決して密植するわけではない。育苗箱の中の苗数が多いので、田植えの際は太植えにならないよう、細かくかき取ることのできる田植え機を使用する。専用の田植え機もあるが、自分でキット（専用の爪など）を取り付けたり、または設定を変えたりして対応する人もいる。

　高い密度で生えた苗は、通常苗より老化・徒長しやすい欠点があり、植え付け後の活着や生育に悪影響が出ることもある。基本的には2週間程度でのコンスタントな播種・移植が前提条件だ。ただし、忙しい春にスケジュールどおりに植えるのはなかなか難しく、複数回の播種も大変。そこで、なるべく腰の低い苗に育てようと、**苗踏み**を取り入れる、早めのハウス開放や**露地プール育苗**を導入してなるべく温度をかけない、生育抑制剤を使用する、といった工夫も生まれている。

　福島県泉崎村の兼子広志さんは、乾モミ300g播きの密苗に変えたことで、40haに植える育苗箱数が6000枚から3000枚に半減した。田植え時にはアゼ際での苗の補給が大きく減ったため、兼子さんも補助員の奥さんも体力的な余裕ができ、春の夫婦の会話も「密」になった。

催芽モミ375g播き（左）と130g播きの苗（依田賢吾撮影）

ひらおきしゅつが

平置き出芽

種モミを播種した苗箱を地面に平らに並べて被覆シートをかけておき、出芽させる方法。育苗器に入れて加温する方法や苗箱を積み重ねてシートでくるんでおく方法とは違い、苗の積み下ろしや上下入れ替えをしなくていいのでラク。そしてなにより、比較的低温で発芽するので徒長しにくく、根優先に育つ。第1葉鞘高が低く、茎が太く、ガッチリした苗ができる。低温育苗でも作物の力を引き出し、ラクにいいものができる、代表的な**小力技術**だ。

ただ、低温出芽なので出芽まで時間がかかり、不安だという声もある。地域ぐるみで平置き出芽を推進しているJA盛岡市では、①苗箱を並べた後2時間ほどは被覆せず、太陽熱で床土を温めてからシートをかける、②シートを二重にする、などの工夫で、寒地でも安心の技術を確立している。また浸種に20日以上の時間をかけ、すべての種モミに水分をたっぷり含ませてやる方法も、出芽をスムーズにする一つの手。

急な好天でシートの下の芽が焼けるという事故も心配されていたが、これは反射シート（太陽シートなどのアルミ蒸着フィルム）を使えば大丈夫。熱のもとになる赤外線をほとんど通さないので、ハウスの中がどんなに高温になってもシートの下は35度以下に保たれる。ハウスの換気はいっさい不要。しかも弱光は通すので出芽直後から芽が緑色で徒長しない。保水力も高いのでシートをはぐまでかん水もしなくてよい。

レーザー式水準器を使って高低差5㎜以内にした真っ平らなプール（依田賢吾撮影）

プール育苗・露地プール育苗

ぷーるいくびょう・ろじぷーるいくびょう

木枠とハウスの古ビニールなどで水をためられるプールをつくり、その中で育苗する水の力を生かした**小力技術**。おおかたの苗が1・5葉になったら入水し、以降、水をためっぱなしにする。水の保温力があるので、ハウスで育苗する場合は入水以降はサイドを開けっ放しでいい。毎日のかん水・換気作業から解放されて育苗がうんとラクになるうえ、低温育苗でいい苗ができ、根張りも抜群。1週間くらい田植えが遅れても、苗が老化しにくい。さらに、育苗箱の上まで水位を上げれば好気性の病原菌が生きられず、苗の病気が出にくい。無農薬育苗する人には必須の技術となっている。

注意点は、根張りがよすぎて苗箱の下で根がからむ場合もあること。根切りが大変なので、底穴が小さくて根の出にくい苗箱を使うか根切りシートを入れる。また、水を吸った苗箱を運ぶのは重いので、田植え日よりちょっと早めに落水しておくのもコツ。なお、育苗床の均平をとるのが大変だといわれるが、高低差が大きい場合はプールの中に仕切りを入れるとよい。40mのプールの端と端で高低差が6㎝あるとしても、仕切りを2カ所に入れて3ブロックに区切れば、一つのブロックの中での高低差は2㎝に減る。

近年では温暖化もあり、ハウス内のプールは水温を保ちすぎて苗が徒長気味になる傾向も出てきた。ハウスなしの露地でもプール育苗の成功事例が続出し、取り組む農家が増えている。受託面積が年々増加する大規模農家も、ハウスへの投資なしで育苗面積を増やせる技術だ。

くん炭苗はこーんなに軽々（倉持正実撮影）

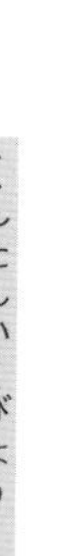

くん炭育苗（くんたんいくびょう）

モミガラくん炭（モミガラを炭にやいたもの）を、育苗培土として使う育苗法。苗箱を軽くすることができる。培土に混ぜる割合は人それぞれだが、宮城県の石井稔さんが、100％くん炭の培土でも問題なく苗ができることを実証した。この場合、苗箱の重さはかん水後で約1・5kg（市販培土使用の4分の1程度）となる。

くん炭の割合を増やすほど、「水もちが悪いのでは？」「炭なのでpHが高いのでは？」と心配になるが、**プール育苗**や折衷苗代など苗代に水をためる育苗方式にすれば障害は出ないというのが、多くの実践者の意見。むしろ、くん炭に含まれる**ケイ酸**の効果で丈夫な苗ができる、炭でプールの水が浄化されるので水換え回数が減り、根張りがよくなる、などの声もある。

水を入れて重くしたローラーで苗踏み（倉持正実撮影）

苗踏み（なえふみ）

育苗期間中の苗を、足や板、ローラーなどで踏みつけること。徒長を抑える、生育が揃う、茎（葉鞘）が太くなる、根張りがよくなるなどさまざまな効果がある。

踏むと苗の葉は折れるが、イネの生長点は土の中（種モミの胚付近）にあるので問題ない。むしろ刺激を受けてエチレン（発根を促進したりする植物ホルモン）が出るためか、根張りがよくなる。いっぽうで葉の伸びは抑えられるため、葉齢が進んでも苗丈は高くならない。

早い人で出芽直後、芽が0・5〜1㎝の頃から踏み始める。その後は、一葉伸びるごとに踏む、5日ごとに踏む、毎日踏むなどやり方はさまざま。苗の伸び具合を見て踏む頻度を決める。

苗踏みした苗は田植え後も徒長しにくく、倒伏に強いという意見も多い。

ポット育苗（ぽっといくびょう）

448個（14×32穴）の区切られた播種穴がある育苗箱（大きさ30×60㎝）で育苗する方式。

田植えはみのる式（共立式）ポット苗田植え機で行なう。1穴1〜3粒まきにすると、1箱15〜40gの**超薄播き**となり、茎の太い成苗を容易に育苗できる。しかも、1穴で育った苗を土ごと抜いて植えるため根傷みがなく、非常に活着がいいので1号分けつから確実に発生する。そのためポット苗は、**疎植**・元肥減肥で目標茎数をゆっくり確保し、**出穂**45～40日前の**茎肥**で生育中期を旺盛に育てる太茎大穂のイネつくりに適している。

また、第6葉が展葉した草丈20～25㎝の成苗は、田植え直後から10㎝以上の深水管理が可能となる。深水管理はヒエなどの抑草効果が高く、分けつ発生を抑制し茎を太くする効果がある。福島県の薄井勝利さんは坪33株1～2本植えで、茎肥を施すまでは水深30㎝もの「水中栽培」で多収を実現している。

乳苗
にゅうびょう

葉齢0・8～1・5の、まだ胚乳が50%前後残っている苗。胚乳が残っているため、水温が多少低くても活着しやすく、冠水にも強く、分けつ力も強い。200～250g播きができるので、10a当たり10～16枚の箱数ですむ。また加温育苗器で5～7日育苗すればできるため、育苗箱を並べるハウス等は必要ない。さらに一般の田植え機で移植できるという**小力**低コスト育苗である。

根がらみをよくするため、底にロックウールマットを敷くのが一般的。田植え機の植え付け精度を高めるには苗丈を7～9㎝以上にする必要があるので、育苗器内で90%遮光下において「イエロー苗」で移植することが多い。ところが最近は、土の培土で育苗したり、**平置き出芽**を組み合わせて緑化した乳苗を植える人も出てきた。ポット乳苗をつくる人も現われ、乳苗の世界も少しずつ変わってきているようだ。

乳苗の旺盛な分けつ力を生かせば、元肥ゼロの「**への字稲作**」や**疎植**にも合う。現在、アジア各国に広まっているSRI（低投入稲作増収技術）も、乳苗を使う技術。1本植え・疎植・間断かんがいとの組み合わせで慣行栽培の1・5～2倍の収量をあげている。

育苗終了時の乳苗の姿

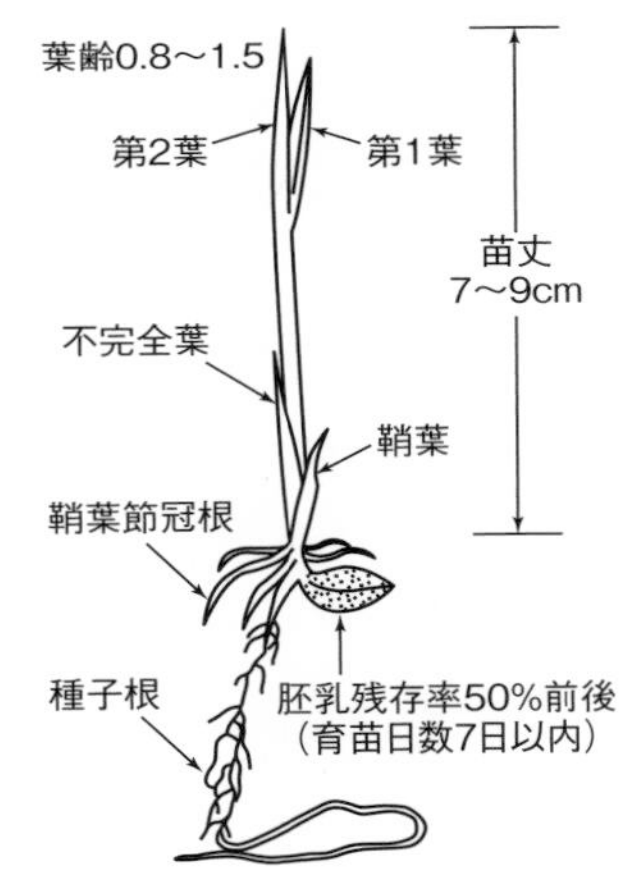

障害・生育ステージ

高温障害
こうおんしょうがい

登熟期間中の高温の影響で、登熟歩合が低下したり、**白未熟粒**が発生したりすること。とくに**出穂**後20日間の平均気温が27度を上回るような年には、イネのデンプン生産能力が登熟に追いつかず、高温障害が発生しやすいことが知られている。記録的な猛暑となった2010年には白未熟粒が多発し、全国の一等米比率が64・4%と低迷して大きな問題となった。

高温障害を防ぐには、遅植えなどで登熟期をずらし、高温を回避するという方法もあるが、一番肝心なのは、猛暑でもバテない（デンプン生産能力の落ちない）イネつくりであろう。

一般に、早期茎数確保型の稲作では大量の無効茎が出るうえ、**幼穂形成期**頃にはすでに受光態勢が悪くなってしまい、デンプンもたまりにくい。ところが、暑さに負けずに一等米をとり続けている農家はたいがい「中期茎数確保型」。元肥を控えめにして生育中期の肥効を高め、必要な茎数を幼穂形成期までにゆっくり確保するやり方なので、無駄になる茎が少なく、受光態勢もいい。出穂期には茎にたっぷりデンプンを蓄えた状態。根も元気なので出穂後のデンプン生産能力も落ちにくく、登熟力が高い。たとえば気温の上昇とともに生育中期に出てくる肥効を活かす**堆肥稲作**などは、この中期茎数確保型になりやすく、高温障害に強いことが知られている。

　また、**穂肥**や**実肥**を積極的にやったり、登熟期に効く緩効性肥料の割合を多くした施肥設計で後半にイネをバテさせず、高温障害対策に成果をあげている例もある。猛暑時に根の活力を落とさないためには、かけ流し、夜間かん水、飽水管理など水管理も工夫したい。さらに最近は「にこまる」など高温耐性品種の導入も着々と進んでいる。

白未熟粒（しろみじゅくりゅう）

　受精したモミはまず細胞分裂し、その後、細胞ごとにデンプンが詰まっていく。この時期に高温や日照不足などの強い影響を受けると、デンプンが詰まりきらないうちに登熟が終了してしまう。デンプンの詰まらなかった細胞には空気の隙間ができ、これが光を乱反射して白く見える。この白く見える粒を「白未熟粒（シラタ）」と呼ぶ。

　白濁する部位によって、玄米の中心部が白く濁る「乳白米」、背の部分や胚付近が濁る「背白米」「基白米」に分けられ、それぞれで登熟不良が起こる時期や原因が違う。たとえば、乳白米は**出穂**4～20日後、背白・基白米はそれよりも遅く、出穂16～24日後の高温が引き金になって起こる。

　直接の原因は気象条件だが、活力の落ちたイネほど発生しやすい。乳白米は、穂揃い期までに茎や葉にため込んだデンプンが少なく、それに対してモミ数が多すぎた場合に多発する。背白・基白米は、生育後半のチッソ栄養不足で葉の光合成能力が落ちた場合に起こることが多い。そのため、白未熟粒のなかでも乳白米が多い場合は穂肥過剰、背白・基白米が多い場合は**穂肥**不足の可能性も考えられる。

白未熟粒が発生するしくみ

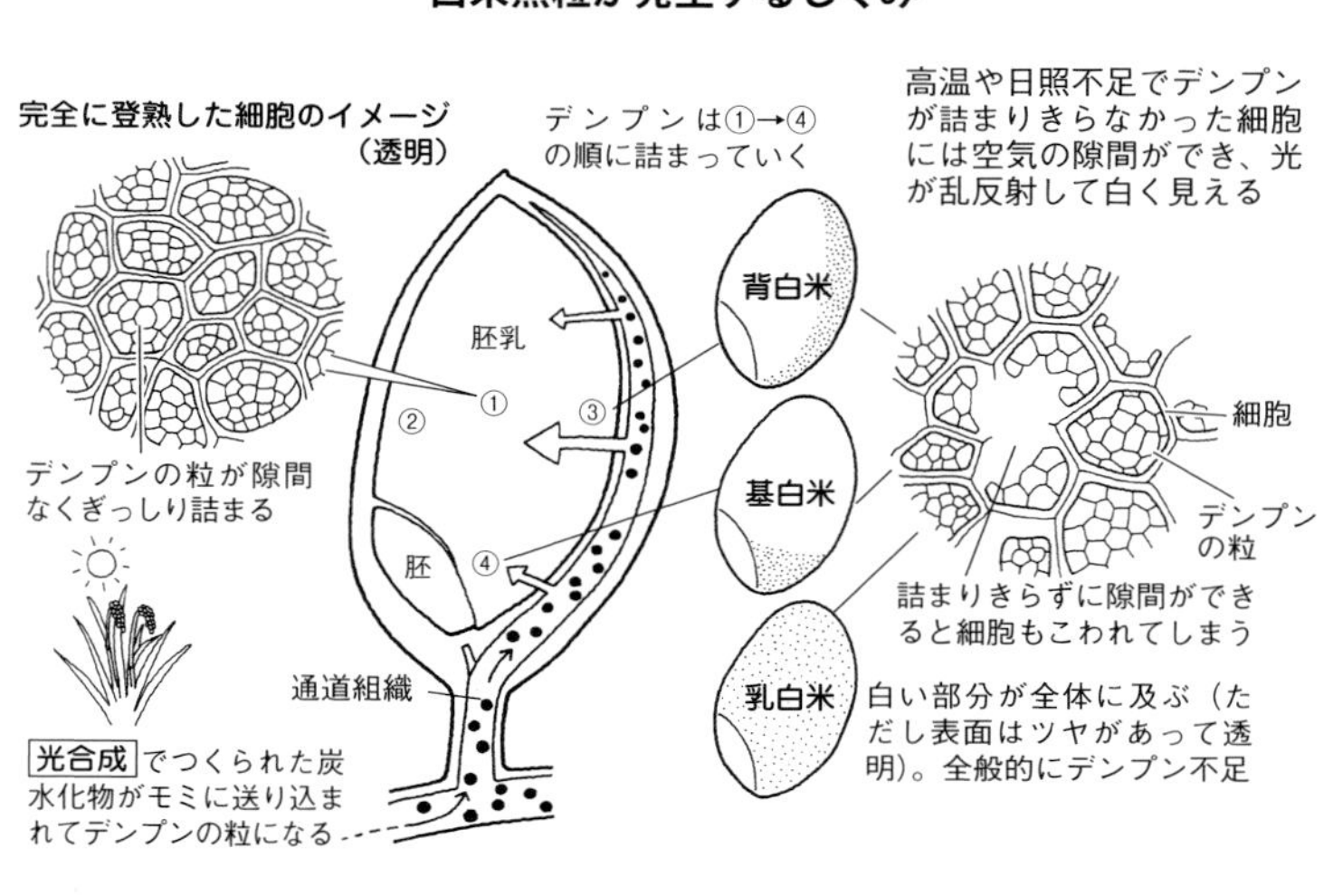

斑点米（はんてんまい）

玄米が変色したものを着色粒と呼ぶ。このうち、**出穂**期以降にカメムシ類の成虫または幼虫が吸汁した跡が残ったものを斑点米と呼んでいる。米の等級を決める検査規格では、0・1%以上混ざるだけで一等米と認められないため、カメムシ防除をするのが一般的になっている。

しかし斑点米は、わずかに混ざる程度では見た目にもわからず、もちろん**食味**にも影響しない。また集荷の段階でも色彩選別機にかければ簡単に取り除ける。そのため検査規格自体の見直しを求める声も多く、カメムシ防除をしない農家、防除をなるべく控えるよう呼び掛けるJA等も出てきた。

上の列は登熟初期にカメムシに吸汁された。下の列は後期に吸汁された。「下のくらいならオレはきつい精米かけて消すかな」という農家もいる（新井眞一撮影）

合わせて農薬を使わないカメムシ防除の工夫も進んでいる。カメムシ類はとくにイネだけを好むわけではなくイネ科植物全般の穂が好物なので、アゼの二回草刈りなどでイネ科雑草が穂を付けないように管理する、もしくは**高刈り**やハーブ植栽などでイネ科以外の草が優占するアゼにするなどの方法が有効だ。春先、火炎放射器で田の周囲の越冬卵を焼いておく、乳熟期にイネに**木酢**を散布する、イネのモミ割れ（割れたところからカメムシが口吻を刺す）をなるべく防ぐなどの対策もある。

ジャンボタニシ（じゃんぼたにし）

熱帯、亜熱帯の淡水性の巻貝で、スクミリンゴガイともいう。雑食性で食欲旺盛。1981年頃、食用に輸入されたものが野生化、その後各地に広がり、関東以南の各県で発生・イネへの被害がみられている。

だがこの困った生きものを上手に使って、ジャンボタニシ除草に取り組む農家が九州を中心に増えてきた。ポイントは均平な代かきと田植え後10日間ほどの水管理。イネの苗がもろに標的となる田植え直後は水張りをゼロとし、タニシを眠らせる。その後は、1日1㎜の目安で水深を上げながら雑草の芽を食べさせ、10日後にどーんと5㎝の深さにする。この頃には株元が固くなったイネよりも、生えてくる柔らかい雑草を好んで食べてくれ、除草剤なしの栽培が可能になる。

ジャンボタニシをおびき寄せる好みのエサについても各地から報告がある。タケノコやナス、茎レタスや段ボールなど、さまざまなエサのトラップで、各地の農家が捕獲に励んでいる。

冷害（れいがい）

冷害には遅延型と障害型がある。遅延型は、田植え後から長期間低温になり生育が遅れ、**出穂**が出穂限界よりも遅くなり、十分に登熟する前に初霜がきてしまう冷害。障害型は、**幼穂形成期**から出穂後穂揃い期までの低温で、花粉などの生殖細胞が障害を受け、不稔モミが多発する冷害である。

障害型冷害の危険期は、第1期は幼穂形成期後の穎花（えいか）分化期（出穂25～15日前）、第2期は花粉などの生殖細胞ができる減数分裂期（出穂14～8日前）、第3期は出穂後の開花受精期（出穂から10日前後）の3期。このうち第2期の低温がもっとも深刻な障害となる。また、冷害年にはいもち病も発生しやすく、複合型の冷害になることが多い。

障害型冷害が心配されるときには水の力で幼穂を保温してやる**深水**管理が有効だ。本来は30㎝ほどの深水が望ましいが、可能なアゼはそう多くない。第1期に5～10㎝、第2期からは10㎝以上の深水にする「前歴深水管理」でも効果がある。

そのほかに①田植えを遅らせて出穂をずらし、危険期を回避する、②元肥を減らし根を深く張らせ分けつをゆっくり確保する、③危険期に肥料不足になると低温抵抗性が低下するので、**穂肥**を効かせる、④とくに穂首分化期から出穂期に**リン酸**追肥をする、などが冷害対策として効果が高い。

冷　害

障害型冷害の危険期と深水のやり方

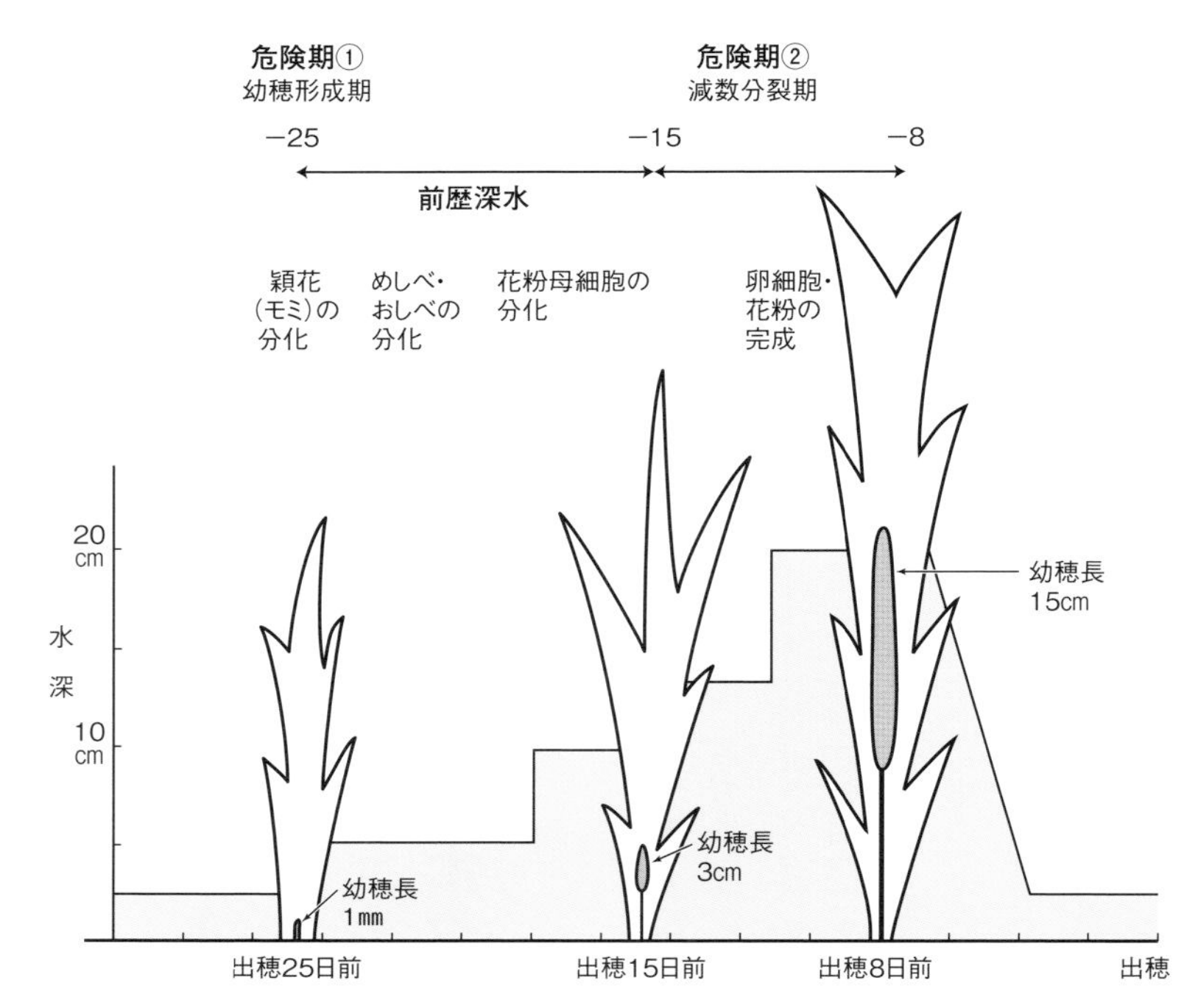

幼穂形成期

ようすいけいせいき

イネの穂は通常、**出穂**30日前頃に穂首分化し始め、出穂25～20日前（幼穂長1～2㎜）には1次・2次枝梗や穎花が分化し終わる。その後、出穂18日前（幼穂長8～15㎜）には花粉が分化し始め、出穂12日前（幼穂長8㎝）には減数分裂を開始する。

この幼穂の分化・発達過程のなかで、枝梗・穎花が分化し幼穂長が肉眼で確認できる1～2㎜の時期を幼穂形成期と呼んでいる。**穂肥**の適期や量を判断するうえでこの幼穂形成期や幼穂長の診断は重要である。さらに、**冷害**対策もこの時期を境に重要になる。

出穂

しゅっすい

止葉が抽出し始め減数分裂が始まってから15日前後で穂が出始める。出穂期とはおよそ半数の茎が出穂した日をいい、すべての穂が出た日を穂揃い期といっている。出穂期は品種、作期、天候、苗質、栽植密度などによって異なるが、出穂予定日は追肥適期を判断したり水管理を変えていく目安となる。

　健全なイネは出穂後葉色が濃くなり次々に開花・受精し、10日もすると穂が垂れ始め、出穂20日後にはほぼモミの中の玄米は肥大し終え、40～50日後には登熟して収穫期となる。この登熟期間の積算温度は品種にもよるが900～1000度とされる。

　2003年の**冷害**では出穂期の早いイネに障害型冷害が発生した。また近年は出穂期の早いイネほど登熟期の**高温障害**が深刻になっており、遅植えなど、温暖化や気象変動のなかでの出穂時期・作期の再検討が求められている。

葉齢（ようれい）

イネの生育ステージを主稈（親茎）の葉の枚数で表現したもの。学術的には葉身のない不完全葉を第1葉としているが、一般的には葉身のついた本葉を第1葉と呼ぶことが多い。葉齢調査は、5～7日おきに出る最上位の葉に油性マジックで印を付けながら記録する。

　イネの主稈の枚数（総葉数）は品種によってほぼ決まっているので、葉齢によって追肥時期などを判断することができる。たとえば**穂肥**時期直前となる**幼穂形成期**は「総葉数マイナス3」といわれる。

　ただし総葉数は、**疎植**にすると1枚多くなったり、異常気象の年は増減したりする。三重県の青木恒男さんは、細植え（植え込み本数を3本以下）にすると、**出穂**40日前頃に出る葉が、それまでの葉と比べて明らかにヒョロンと長くなることを観察している。ヒョロン葉が出た以降は、ほぼ正確に10日に1枚ずつ4枚の葉が出て出穂に至るため、このヒョロン葉が田んぼの中でチラホラ数枚見られるようになった時期を出穂約45日前と判断。**への字**追肥を施す目安にしている。

　また葉齢の進むテンポに注目する農家もいる。天候が悪いと1枚が展開するスピードが遅くなることから、**冷害**予測に役立てている。

食味（しょくみ）

収穫した米に誰しも求める「おいしさ」のこと。品種、土地・気象条件、栽培法や精米法、保存法によって食味は変化する。

　よくタンパク値で食味が判断されるが、本当は同じタンパク値でもその組成によって食味が違う。食味計は、うまみ成分であるグルタミン酸やアスパラギン酸なども「タンパク」として測ってしまう。食味計で測れるのは米のおいしさの一部でしかなく、官能検査の結果と違うことが往々にしてある。

　食味を上げるには、登熟期のイネの活力を高く維持し、チッソを完全に消化（同化）して完熟させ、千粒重の大きいお米に仕上げることが肝心。チッソ不足で活力・登熟力が弱いイネでは、タンパク値が低くても小粒となり、おいしい米にはならない。**リン酸**や**ケイ酸**、**石灰**、**苦土**などの**ミネラル**を中期以降に効かせることも食味向上につながり、**海水**など**海のミネラル**の食味向上効果が注目されている。**米ヌカ**などを活用して**土ごと発酵**した微生物リッチな田んぼでは、**アミノ酸**、ミネラル、ビタミンなどが豊富でおいしい米になる。

　精米の仕方も大事。米のうまみ成分であるミネラルやグルタミン酸、ショ糖、マルトオリゴ糖（上質の甘味をもつ）などは、白米の表層部分に多く含まれており、精米のときに白度をあげようと搗きすぎては、せっかくのうまみが詰まった層を、ヌカといっしょに削ってしまうことになる。白すぎる米は味を落とす原因になる。

3 野菜・花の用語

少量多品目の農業が増えてきて「野菜の常識」に変化あり

ずらし（はやだし・おそだし）

ずらし（早出し・遅出し）

以前から野菜や花では促成栽培や抑制栽培が産地ごとに行なわれてきたが、直売所が当たり前になってきた昨今、農家一人一人の自由な発想での「早出し・遅出し」ずらし術が次々と新しく開花中だ。

トウモロコシを例にすると、宮城県の佐藤民夫さんはまわりの人より1カ月早出しする。3月20日頃に播種して育苗し、まだ他の人が播種すらしていない4月20日頃に定植。秘密は深さ10㎝の植え穴に苗がすっぽり隠れる**穴底植え**。その上に透明マルチを張り、苗上のマルチに少し切り込みを入れるだけ。霜にやられることもなく生長も早くなる。土の保温力を活用した巧みな技だ。

いっぽう9～11月に収穫する遅出しのトウモロコシが直売所で人気だ。熊本県の中村辰弘さんは、7月下旬～8月下旬に播種して育苗。夏植えだと生育が早く、収穫期は寒さに当たっておいしくなる。早出しだとハウスやトンネル資材を何重にも使う人も多いが、遅出しはただ播種時期を遅らせるだけなので、コストや手間がかからないのもいい。だが「台風が来たら一発で終わり！ハハハ」というリスクも伴う。

「穴底植え＋マルチ」のやり方

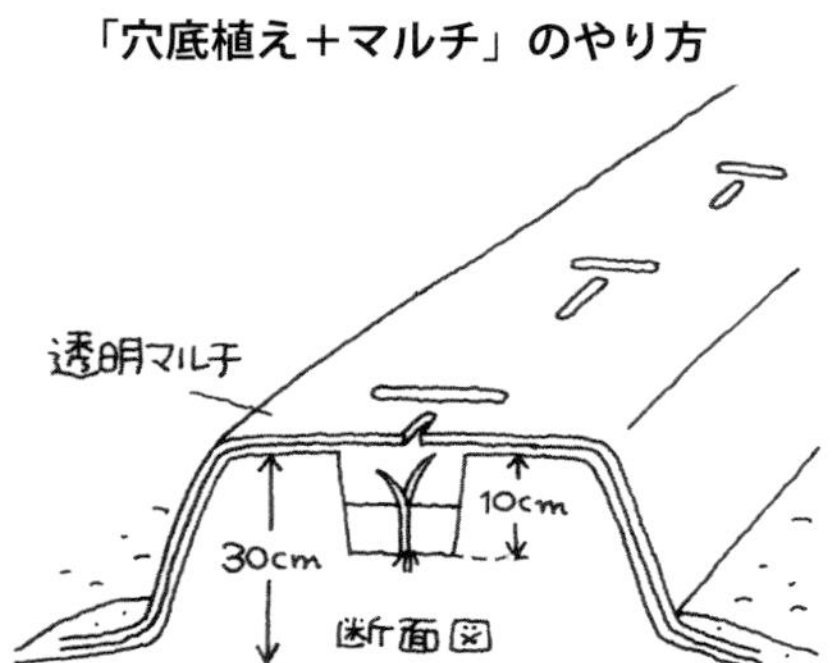

サラダセット（さらだせっと）

　サラダに使う野菜数種類をセットで1袋に入れ、直売所やレストランに販売する野菜の新しい売り方。袋を開けたらすぐに食べられる手軽さ、農家だからこそ可能な豊富な種類、農家一人一人が考えたオリジナルの組み合わせで生まれる味で、お客さんを虜にできる。

ホウレンソウやレタス、ワサビナのほかに漬物用のタカナも入れたサラダセット

　秋田県の古谷せつさんの場合は、メインにボリュームがあってクセの少ないサニーレタスやリーフレタス。そこに少し苦みのあるチコリ、ピリッと辛みのあるカラシナやタカナ、パリパリとした食感のエンダイブ、ゴマの風味のルッコラなどアクセントになる野菜を組み合わせる。また同じサニーレタスやチコリでも、葉が緑の品種と赤い品種の両方を入れるなど、彩りも豊かにして見た目にもおいしそうにするのが売り上げアップのコツだそうだ。

　またサラダセットに使う葉物野菜は、一口サイズのベビーリーフ。大きくなってきた葉から順々に摘む「**葉かき収穫**」なので、1株丸ごと収穫するのに比べて切れ目なく長期間収穫・出荷できるのも強み。

葉かき収穫・わき芽収穫（はかきしゅうかく・わきめしゅうかく）

　レタスやチコリなどは何カ月もかけて育て、結球したものを株ごと収穫するのが普通だが、展開してきた若葉（ベビーリーフ）をその都度ちぎる「葉かき収穫」という方法もある。直売所に毎日のように新鮮な**サラダセット**を持っていく農家には必須の技術。一度植えた株から1年近く、ひたすら葉かき収穫したとしても見かけの株は大きくならず、これまで抱いていた野菜の形態イメージが覆される。

「わき芽収穫」も革新的。ブロッコリーやシュンギクなどの収穫後に出てくるわき芽は、市場向け出荷ではこれまでまったく価値を持たなかったが、直売所ではこの「わき芽の袋詰め」こそが、調理のひと手間が省けると人気商品なのだ。**非常識栽培**の一つともいえる。

　どちらも「一度とったら終わり」でなく、1株からできるだけ長く切れめなく稼ぐ**直売所農法**。野菜のほか、ストックやキンギョソウなど花のわき芽も、短めのブーケにしたりするとよく売れる。

サトイモ逆さ植え（さといもさかさうえ）

　九州などではもともとやっていた人も多いらしいが、誌上では長野県須坂市の大島寛さんによって初めて紹介され、その後またたく間に全国に広がったサトイモの**小力・多収栽培法**。

　サトイモはふつう、種イモの芽を上にして植え付ける。種イモから出た芽が親イモになり、そこに子イモ、孫イモが上へ上へとつく（図）。そのため土寄せをしてイモの太るスペースをつくり、青イモ（日焼け）を防ぐ必要がある。

ところが逆さ植えすれば、この土寄せも追肥もいっさい不要となる。芽を下にして植え、土を戻したらおしまい。超小力的であるうえに青イモが減る。逆さ植えだと深植えしたことになり、深い位置の親イモから出た子イモや孫イモもふつうより深くなるせいだろう。イモの太るスペースが縦に広がるせいか「イモ数が増えた」という農家も少なくない。

ただし、地中深いところから芽を出すため、発芽には時間がかかる。このあたりがガマンのしどころといえる。

サトイモの植え方

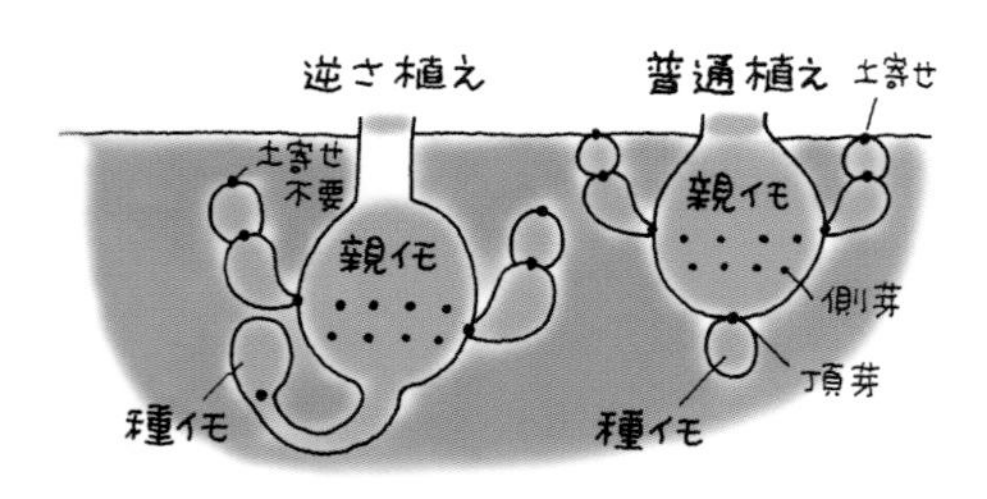

ジャガイモ超浅植え

じゃがいもちょうあさうえ

福井市の三上貞子さんが考案した、ジャガイモの超**小力**栽培法。

種イモがかろうじて埋まる程度に浅く植え付け（頂芽は下向き）、黒マルチをかけたら、追肥も土寄せもしない。収穫は拾うだけ。これでジャガイモがゴロゴロとれる。「土寄せの頃は田んぼが忙しいから、このやり方はとっても助かる」という声多数で喜ばれている。

ジャガイモは種イモの上につく（図）ものなので、土寄せは必須かと思われていたが、黒マルチで暗くしてしまえばイモは地表面でもつくということのようだ。イモが土の中に埋まっていないせいか、この栽培だとソウカ病が少ないという農家もいる。

浅植え栽培では、地上部が枯れてから収穫するとマルチに日が当たってイモが日焼けするので、葉がまだ青いうちに収穫するのがコツ。

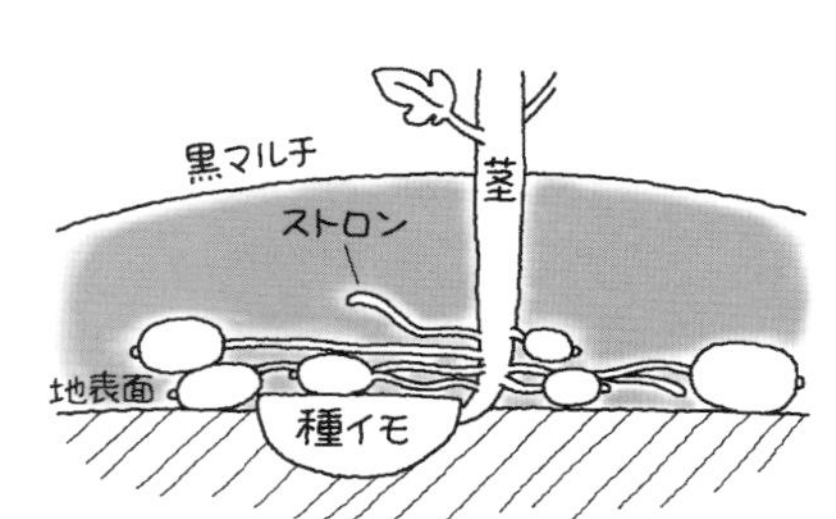

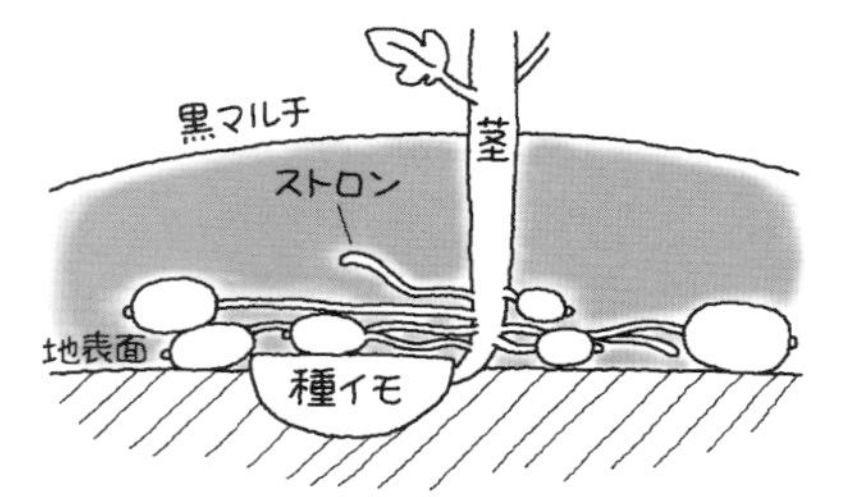

ジャガ芽を見せる
坂本堅志さん（依田賢吾撮影）

ジャガ芽挿し・サト芽挿し

じゃがめざし・さとめざし

岡山県赤磐市の坂本堅志さんが「自由な発想」で生み出した、常識はずれのイモの

技術は現場から生まれる

栽培方法（「**非常識栽培**」の先駆けともいえる）。ジャガイモもサトイモも、種イモではなく、種イモからいっぱい出てくる芽を植える。本来なら、かきとられる運命にある「ジャガ芽」や「サト芽」をムダなく使い、どんどん増殖するのだ。

手順は、種イモを土に埋めて芽出しをし、地上部が5〜10cmの高さになったら掘り出して、根を付けたまま1本ずつもぎとる。それを苗として移植。種イモを再び埋め戻しておけば、2番芽、3番芽もとれ、一つの種イモから合計20本以上の苗（芽）ができるという。

これなら種イモ代の節約になり、芽かきも不要。移植から2カ月あまりの短期間で収穫でき、クズイモが少なく、形のよい手頃なサイズの「同級生イモ」が揃う。しかも、深植えするので、土寄せは1回ですむ。密植するので、イモがたくさんとれる。記事の反響はとても大きく、真似する人が続出した。

坂本さんによると、親（種イモ）と子（芽）を早い段階で切り離すと、それぞれが自立し、種イモは次の芽を、芽は新たなイモをと、すぐに子孫を残そうとする。ジャガ芽挿しとサト芽挿しは、植物の能力を最大限に引き出した栽培法といえる。

ふこうきいちご

不耕起イチゴ

一度立てたウネを崩さず何年もつくり続けるイチゴの栽培方法。ウネ崩し、ウネ立て作業をしないのでとにかくラクで**小力**だ。

収穫を終えた株は引き抜かず、根だけを残してクラウンから上を鎌で刈り取る。地中に残った根が分解されると根穴ができる。根穴のおかげで中はすき間だらけ。水の浸透がいいので糖蜜**還元消毒**とも相性がよい。根穴は微生物の恰好のすみかにもなる。

平均年齢70歳を超える徳島県阿南市の部会では、14人全員で不耕起イチゴに取り組んだ。水はけがよくなったので雨の中でも適期定植、水もちもよくなったので活着も抜群。元肥半減（12kg）でも肥料の効きがよく、果梗は割り箸並みで花びらが6枚つく。「大玉ばかりになったのでパック詰めがラク。パートを雇う必要がなくなった」「年とったから面積減らしたのに同じ収量」。単価も収量も急上昇して、みんなニコニコが止まらない様子であった。

るんるんべんち

るんるんベンチ

農家が考えだした低コスト**小力**のイチゴの高設栽培方式。ハウス用パイプで架台を作り、その上に波トタンを曲げて栽培槽とし、おもに**モミガラ**を培地として栽培する。立ったままでできる苗の植え付け作業がそれまでの土耕に比べてあまりに楽しくるんるん気分であったことから、愛媛県宇和島地区の赤松保孝さんたちが命名した。

イチゴの高設栽培の多くは重装備・高価で、補助事業でようやく経営が成り立つような方式が多いのに対し、るんるんベンチは安く、簡単に自作できるのが最大の特徴。約１００万円の経費で手作りできる。培地量は1株当たり8ℓと多く、元肥施用方式なので、高度な培養液管理がいらず、収量

果実肥大の変化

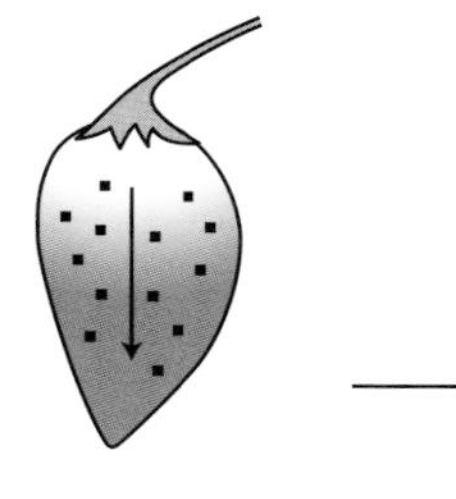

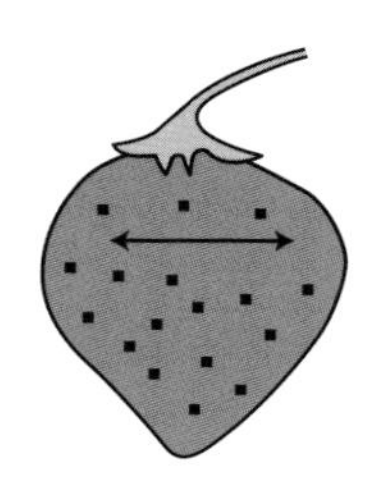

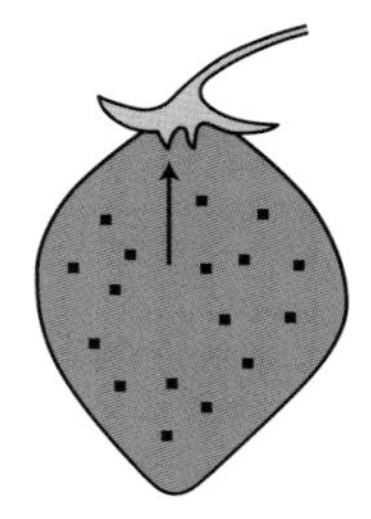

も土耕に比べて劣らない。

各地で「るんるんベンチ全国大会」も開催され、農家主体で全国に広がった。

なで肩イチゴ

なでがたいちご

イチゴの果実はまず縦に伸びて、次にヘタの肩部が横に伸びて、三角のイチゴになる。そこからさらにヘタ下が伸び、紡錘形となった完熟イチゴが、なで肩イチゴである。甘みが強くてコクがあり、ヘタ下までとろけるようにウマい。

ふつうのイチゴの場合、三角形になった時点で果頂部が熟してしまうので、なで肩に肥大するまで待つことができない。ところが福島県須賀川市の小沢充博さんは、初期生育を抑えて根を張らせ、**C／N比**が高い生殖生長の樹をキープするせいか、イチゴがなで肩に肥大するまで待つことができる。

元肥を入れない**不耕起**ベッドに定植することで、細根が肥料を求めて伸び、先端で**ミネラル**を溶かしながら吸収、C／N比が高い樹になる。また、**炭酸ガス**の日中施用で光合成が促進され、光合成産物が確実に実に転流し続けるようになったことも、なで肩イチゴの割合を増やした、と、小沢さんはいう。

トロ箱栽培

とろばこさいばい

トロ箱（発泡スチロール）やプランターなどに少量の土を入れ、簡単な給液装置を使って、野菜や切り花を育てる養液栽培。もともとは滋賀県農業技術振興センターが開発した「少量土壌培地耕システム」だが、誌面では「トロ箱栽培」と呼ぶことにした。

狭い限られた根域で育つのだが、生育が早く、日持ちもよくなり、根量まで多くなる。「一輪咲きのはずの品種のバラが5輪咲きのスプレーになった」など、作物の眠っている能力を発揮させる力まであるようで、作物にとって根域とはどういう意味を持つのだろう？と考えさせられてしまう技術だ。

「培地には田んぼの土を使うように」とされているところも興味深い。土が持っている力（緩衝能）が活かされるため、従来の養液栽培のような肥培管理のトラブルは少ない。病気も減る。だがこの土の量は、少ないほうが目詰まりの危険が減る。

初期投資をかけずに気軽にできると人気が高い。滋賀県では花農家のほか、**集落営農**でイネの育苗ハウスを有効利用し、トマトやメロン、イチゴなどに取り組む事例も増えている。

土中緑化（どちゅうりょっか）

健苗づくりの工夫の一つ。発芽の途中、発根して子葉が見え始める頃、覆土を除いて日光を当てる。すると葉緑素がつくられて胚軸や子葉が緑色に変わる。こうして、あらかじめ緑化させてから、再び覆土して発芽させた苗は、体質が違う。根の数が多く、病気にも強くなる。接ぎ木しても活着が早いという。

この技術、かなり前から各地の農家がいろんな形で実践してきた。発根を確認したら覆土を**モミガラくん炭**に替えるとか、光を通す**竹パウダー**を覆土にして発芽させるなどの方法も、土中緑化をねらったものだといえる。

土中緑化のさまざまな効果はウリ科でとくに高いといわれるが、ナス科、マメ科など多くの品目でも効果が確認されている。**摘心栽培**と組み合わせたダイズの超多収技術は誌面上でも話題となった。

土中緑化育苗のやり方

播種したら不織布を被せ、その上に覆土。発根を確かめてから不織布を持ち上げ、覆土を剥ぎ取って日光に当てる

根上がり育苗（ねあがりいくびょう）

鉢上げのとき、セル苗などを、ポットの床土の上に乗せる程度に浅く仮植する。ポットにかん水するたびに、上にとび出した部分の土が流れ、根が洗われ出てくる。山形県村山市のスイカ農家、門脇栄悦さんが考えだした方法。

ねらいは、**不定根**を出させず、種子根である**直根**をなるべく深く土の中へ入れること。不定根とは、本来根の出る茎元からでなく、土に埋まった茎の部分のどこからでも出る根のこと。「不定根が多いと定植しても活着がよく初期生育も旺盛だが、上根型生育になりやすく途中で病気や天気に負けやすい」というのが門脇さんの見方。不定根を出させず、浅根型植物といわれるスイカ・メロンなどのウリ類の根を深く張ら

根上がり育苗のやり方

ぬれた土

乾いた土

プラグ育苗したスイカを9㎝ポットに鉢上げするとき、浅植えする

鉢上にとび出していた土は、かん水のたびに洗い流されて鉢上には根が見えてくる

いじめて、鍛えて、強くする

せることができるのが、根上がり育苗の醍醐味といえる。同様の理屈で、本圃に**浅植え**することを「根上がり定植」とも呼ぶ。

門脇さんは茎と根の境目を「命根」と呼び、人間でいう脳の働きをすると見る。「この部分が地上部に出ている作物は元気」とのことで、これとまったく同じ理屈で病気に強くする方法が**根洗い**である。

根洗い

ねあらい

定植後に果菜類を病気に強くする方法。やり方の基本は、あらかじめ**浅植え**した株元を定植後45～50日頃にホースの水で強く洗い流し、根を露出させるだけ。こうすると根に光が当たるので、しばらくして白い根が緑色の根になる。根を洗いだされた作物は生命の危機を感じて踏ん張ろうとするのか、樹幹下はものすごい細根の量になり、株元はコブができたように太り、生育中の病気や枯れが少なくなる。**不定根**をなるべく出させず、**直根**を張らせるための技術であり、原理は**根上がり育苗**にも通じるものだ。

一般に苗を浅植えすると乾燥するため初期生育が不良になりやすい。だが、病気の発生が少なく、着果性がよい。反対に深植えすると初期生育はよいが、病気が多発し枯れることも多い。根洗いはこうした浅植えの特性を生かした先人の知恵である。

根洗いは、特にトマト、ナス、ピーマンなどのナス科に効果が高いといわれている。

直根・不定根

ちょっこん・ふていこん

直根とはタネから発生した種子根が土中で垂直方向に伸びたもの。不定根とは土に埋まった茎部分のどこからでも出る根。

一般に、直根が優先すると根域が深く広くなる、生育が旺盛になる、環境の変化に強くなるなどの利点がある。とくにもともと直根性の作物（ホウレンソウやレタス、エダマメ、スイートコーン、トルコギキョウなど）で違いが出やすい。福島県の湯田浩仁さんは、トルコギキョウの「**直播**の根」に理想を置き、固化培土に播種後、セルの底から種子根が出る直前の稚苗で定植

根洗いをしたピーマンの根。なぜか株元にコブができる（赤松富仁撮影）

している。セル育苗でも直根を活かすための工夫だ。

不定根は勢いがあり活着も早いが、その強さのぶん不定根が出ると直根が伸びなくなる。全体に上根型の根形になってしまい、環境の変化や病気に弱い傾向がある。**根上がり育苗**（定植）、**根洗い**、**浅植え**などは、不定根を出さないための農家の工夫だ。

だが、その不定根の強さをうまく利用する方法もある。スイカは断根挿し接ぎが主流だが、中山淳氏が開発した「改良断根接ぎ木」は、台木を胚軸で断根せず、根を2～3㎝残して切る。すると胚軸と根の境目付近から力のある不定根が発生するが、この根は普通の不定根と違って上根にならず、垂直方向に伸びる性質があり、ホモプシス根腐病などのしおれ症状を緩和する効果が注目されている。

ねまき（ねづまり）

根巻き（根づまり）

根がポットやセル（プラグ）など育苗容器の壁面に沿ってグルグルと巻き、ビッシリ壁のように張った状態のこと。根巻きした部分が障害になり、定植後伸びてきた新根が容器の形より外に伸びられず、生育停滞・収量低下の原因になる。容器が小さいセル苗はあっという間に根が回ってしまうので、じつは結構大きな被害をもたらしているのだが、気づかない農家も多い。

かといって、ある程度の根鉢ができていないと、容器から苗を取り出すときに土が崩れて根を傷める。そこで、根張りを確保しながら根巻きを防ぐため、根巻き防止剤、スリット（切れ込み）が入った育苗容器、網ポット、そのまま植えると分解して根が容器を突き破って伸びるペーパーポット、根鉢の形成が不十分でも崩れない固化培土などが開発され、利用されている。

長年、本誌でトルコギキョウの連載をしていた八代嘉昭さんは、容器の半分の高さまで根が張った状態での定植を推奨し、根巻きしたときは底の部分の根を切り取って植えるとよい、と述べている。

しおれかっちゃく

しおれ活着

千葉県横芝光町でハウスメロン―抑制トマトを栽培している若梅健司さんの造語。

トマトは第3果房開花頃までは節水し、根を深く張らせることが肝心。そのためには前作のメロンにワラを深く溝施用しておき、定植の数日前に十分にかん水し、表層はカラカラに乾くまで待って8月に抑制トマトを定植する。定植時に多少、葉水程度にかん水する程度で、しおれてもかん水はしない。このようにしおれ活着させると、根は水分や養分を求めて深く広く張っていくが、暴れることなくスムーズに着果し、後半までスタミナが強い生育となる。セル苗など樹勢が強くなりやすい若苗ほど、しおれ活着が重要だという。

トマトにかぎらず節水管理をすると根の伸長・発達がよくなる。活着を早めようとかん水を繰り返すと根群が発達せず、後半にスタミナ切れする生育となる。

すーぱーせるなえ

スーパーセル苗

ブロッコリーやキャベツなどのセル苗を、通常の育苗（25～30日程度）の2倍以上の期間、追肥をせずに水のみで維持した苗のこと。セル苗は移植適期が短く、天気の都合などでなかなか植え付けができないとすぐに老化してしまうことが問題だったが、この苗は徒長しないので、いつまでも置ける。水だけかけていても新葉はゆっくり展開するのだが、そのぶん下葉が落ちるので葉数は変わらず、長期間同じ姿のままに見える。

みずみずしい緑の通常の苗に比べると色褪せていて見た目は悪いが、最終的な収量や品質には影響しない。胚軸は硬く締まるため、定植直後の乾燥や強風にも強く、立枯病などの病気にもかかりにくい。モンシロチョウやコナガといった害虫、シカやイノシシといった獣害の被害も受けにくいことがわかり、まさに「スーパーな」セル苗ということで、この苗の試験を続けた徳島県の試験場がスーパーセル苗と名付けた。

ぽっとごとうえ

ポットごと植え

ポットを付けたまま野菜の苗を定植する

ポットごと定植したトマト苗
（提供：佐藤正樹）

方法。とくにトマト農家のあいだで広まっている。育苗ポットの底には事前にキリで穴をあけたり、ハサミで切り込みを入れておく。定植後に根がポットの底から下方へ伸びていくので、上根にならずに地中深く張るようになる。

果菜類、とくにトマトは一般に、初期に樹勢をつけすぎてしまうと栄養生長型の生育となり、いい花や実がつきにくい傾向がある。ポットごと植えは初期の上根を制限して養水分の吸収を抑え、樹を暴れにくくすることでこの課題を解決。さらに、根の基部がポットで守られているせいか、土壌病害にも強くなる。自根栽培でもセンチュウ害や根腐萎ちょう病が出なかった、という農家もいる。

神奈川県農業大学校の校長を務めた児玉政廣氏が、ポットのまま放置したトマトの余り苗が見事に生育したことから考案した。トマト以外にキュウリやナスで取り組む農家も出てきている。

わかなえ

若苗

育苗日数の短い苗を若苗という。若苗ほど根の活力が高いので、養水分の吸収力が高く、生育後半まで草勢が強く多収しやすい。反面、暴走し、トマトなどでは異常茎が出やすく、花しぼりが大きくなるなどの欠点がある。大苗は落ち着いた生育をし、花芽も着果も安定するが、根は若苗に比べておとなしい。老化苗は、育苗容器の大きさに対して育苗日数が長すぎ、**根巻き**を起こした状態なので、定植後の健全生育は望めない。

セル苗は、ポット苗よりかなり小さい容器で育苗されるので、そのまま植えるとかなりの若苗定植になる。トマトなど果菜類では、暴走して栄養生長型になりやすいので、セル苗をポットに移植してある程度の大苗に育てて（二次育苗）定植する方法が一般的である。これに対し、定植後の節水など管理で暴走を抑え、セル苗の活力を上手に生かす、直接定植の技術も志向されている。

じかざし

直挿し

キクの**小力**技術。挿し床で育苗せず、発根していない穂を直接、圃場に挿し穂するというもので、作業効率が格段に上がる。生育もよくなる。冬至芽も揃いよく生えてきて、二度切りも揃うなど利点は多い。

愛知県の河合清治さんが、圃場に捨てたわき芽が活着して花まで咲かせたことにヒントを得て始め、全国に広がった。最初は輪ギクで確立された技術だが、スプレーギクなどでも取り組まれるようになっている。

技術の要は発根にある。河合さんは通常より大きめの穂（10cmほど）を用いて、冷蔵処理で発根を促す。圃場に挿したあとはポリフィルムをべたがけし、湿度を上げて発根しやすい環境をつくる。

重油が高騰した年、河合さんはハウスの暖房代を減らすために、さらに大きな穂（大苗、長さ20cmほど）を直挿しするようになった。大苗は生育が早いので、本圃での生育期間を10～20日短縮できる。親株から採穂するまでの期間が5日ほど多くかかるので、露地を中心に親株床の面積を増やして対処した。

ちんあつ

鎮圧

鎮圧ローラーやトラクタの車輪などで、定植前や播種の前後に土を踏み固めること。埼玉県のトマト農家・養田昇さんらが基本とした技術。

鎮圧ベッドのいいところはおもに二つ。一つ目は土壌湿度が安定すること。土の表面からの蒸散が抑えられ、また、土をしめたことで地下水と毛管水がつながって、水分が安定的に供給される。二つ目は地温の安定。地下水温の影響が強くなるので冬季は高く保たれ、夏季には反対に低く保たれる。

かん水しなくても下から適度な水が上がってくるので、水を控えた栽培をしても作物が枯れることはない。上からのかん水が少ないぶん根張り優先生育になるので、最後までバテない糖度の高いトマトやメロンができる。鎮圧で土は硬くなっているが、ストレスを感じながら根を伸ばすことで抵抗力もつくようだ。

タマネギやニンジンなどもタネ播きのあと、床を足で踏んづけると発芽がよくなる。タネの周りの水分量が一定になるからで、これも鎮圧の効果。

みぞぞこはしゅ・あなぞこうえ

溝底播種・穴底植え

畑に溝を切り、その底に播種して被覆資材をべたがけしておくだけで、真冬でも葉物がスクスク育ってしまうという画期的な技術。畑の足跡に播いたタネはほかよりも生育がよかったという体験から、元東北農試の小沢聖さんが考案。播種機の後ろにソロバン玉状の**鎮圧**具をつければ、播種しながら溝がつくれる。

溝は5cm深程度だが、たった5cmのこの溝が作物に快適な環境をつくり出す。まず地温が変わる。溝底では、昼は地温が低くなるが、夜間は、昼に溝上の土に蓄えられた熱がべたがけ下で放出されて高くなる。昼夜の地温が安定するので、発芽と初期生育が順調に進む。保湿の効果も大きい。溝上は乾燥していても、溝底の湿り具合は目で見てわかることもあるほど。また、水分の蒸発は溝上で多く溝底では少ないので、**塩類集積**の被害を回避する効果もある。

溝底播種

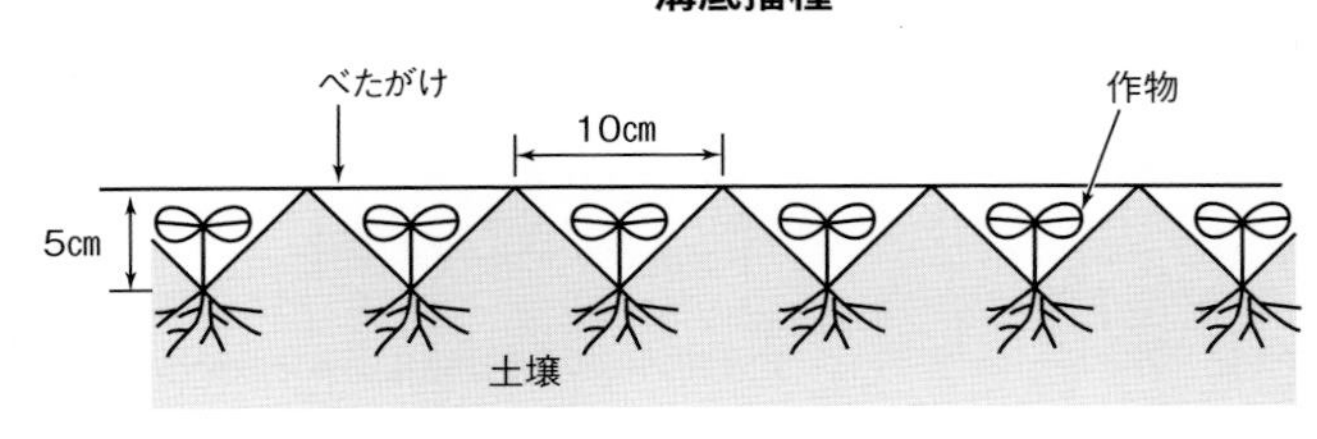

野菜・花

いっぽう夏の暑い時期にも溝底播種は効果を発揮する。夏はもちろんべたがけは不要だが、溝上に比べて溝底は涼しく、湿度も保たれることから、ニンジンなどの発芽がよい。

　この原理を応用して、最近は穴底植えが流行中。保温効果に加え、たとえば長ネギは穴をあけて苗を放りこんでおくだけで、土寄せいらずで生長する。最初からマルチをかけられるので草にも負けない。収穫までほったらかしで、女性でも片手でラクラク抜ける、といいことずくめ。トウモロコシやサトイモなど、作目も広がり実践者が激増している。

マルチムギ

まるちむぎ

秋播き性のムギは冬の寒さにあうことで穂をつくり始める。そのため秋播きムギを春に播くと穂が出ず、長いこと青いまま。この性質を利用して、カボチャ、スイカなどのウネ間に春播きする。すると、生えたムギは雑草抑制や泥はね防止といった、マルチのような役をはたしてくれる。

　敷きワラ代わりになるので、ワラの確保や敷く作業が省けて助かる。さらに、マルチムギと混植したカボチャやスイカは、葉が小さくロート状に立ち、収穫が早まり、3番果、4番果とツルが長持ちして長くとれる。糖度が上がり、病気も出にくい。

　コンニャク産地では、ムギの根が排水をよくするせいか根腐病が減り、土壌消毒剤半減という成果に結びついている。オクラではムギが残肥を吸うせいで初期の花落ちが減ったり、ムギが**バンカープランツ**になりアブラムシが少なくなって減農薬につながったりしている。

　回収・廃棄処理が面倒なポリマルチとちがい、マルチムギはいわば生きた「**有機物マルチ**」。近頃話題のリビングマルチの先駆けだ。そして、枯れてからも土をよくしてくれる。

ゴロ土ベッド

ごろつちべっど

雨が降ったあと、畑がまだ少し湿っているときにロータリをかけるとゴロゴロの土になる。このゴロ土を盛って作ったベッドにはさまざまな機能があり、レタスやブロッコリー、カボチャ農家など、愛用者が多い。

　まずは排水性と通気性。ゴロ土の土塊と土塊の隙間のおかげで大雨が降っても水がたまらず、酸素たっぷりの状態が維持されて、長雨・湿害に極めて強い。雨で土が流亡しやすい傾斜畑でも、土塊の隙間を水が流れて流亡しにくいという効果もある。

　保水性もいい。まわりが乾いてもゴロ土の土塊内には水分が保持されており、干ばつにも強い。

　ハウス栽培でもゴロ土は人気がある。トマトの長段どり栽培では、**鎮圧**したところにゴロ土を盛った「ゴロ土と鎮圧の2層ベッド」にすると、かん水なしでも生育が安定する。吸水根と吸肥根が役割分担するようになり、味ものる。

ゴロ土と鎮圧の2層ベッドの断面

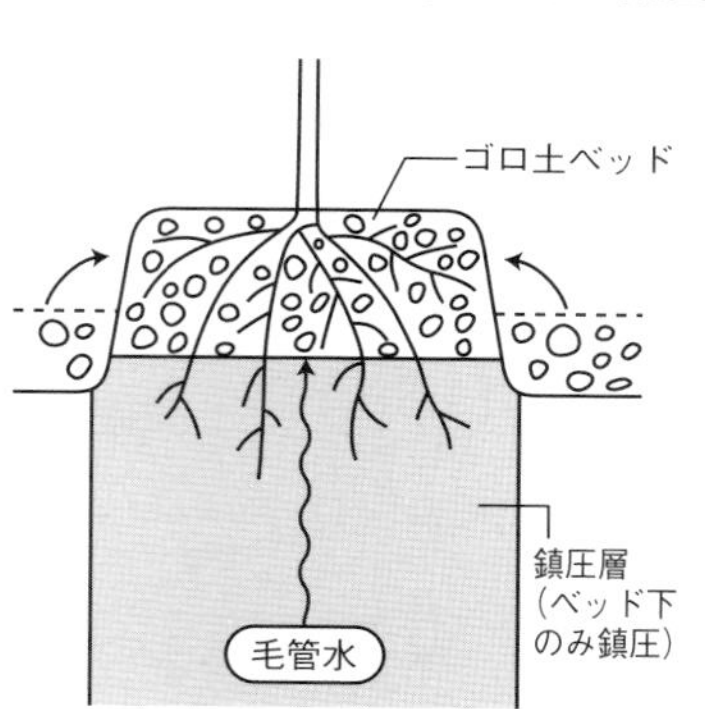

水分コントロールが難しいトマトをほとんどかん水せずにつくれる

「限界突破」が次々実現　施設園芸に革命

環境制御（かんきょうせいぎょ）

ハウス内の温度や湿度（**飽差**）、光、**炭酸ガス**濃度や養水分などを調節し、作物の生育に最適な環境にする技術。日中の換気や夜間の変温管理なども含め、昨今はオランダ由来の新しい技術をさして使われる言葉。

作物の光合成量を最大にするのが目的であるため、もっとも重要視されるのはその材料となる水（**積極かん水**）と炭酸ガス（**日中ちょっと焚き**）。また、光合成のエネルギーとなる光が1％増えると収量が1％増えるという「光1％理論」がオランダで浸透していて、それにもとづいた新しい仕立て方や摘葉技術も広がりつつある。

「環境を制御する」というと、植物工場のような人為優先の農業のイメージを伴うが、この技術はそうではない。飽差をなだらかに変化させるとか、午前より午後を高温管理するとか、むしろハウス内の環境をいかに自然状態に近づけるかに腐心する。自然に学び、作物の可能性を最大限に引き出す技術なので、むやみやたらに暖房したり換気していた頃に比べ、大幅にコスト増になるようなこともない。

たった5年間で収量が約2倍になったトマト農家やバラ農家など、環境制御によって限界突破した農家が続出。いつの世も、増収は農家を燃えさせる。斉藤章氏（誠和）の連載などをきっかけに、燎原の火のごとく全国の農家に拡大中の技術だ。

環境制御の第一歩はハウス内の温湿度や炭酸ガス濃度を測ること。また、成果を確認し軌道修正するためには、生育調査も欠かせない。

炭酸ガス施用（たんさんがすせよう）

冬場、ハウスを閉めきると、炭酸ガス（CO_2）濃度が外気（約３８０ppm）より低くなって光合成が鈍る。そこでＬＰガスを燃焼させるなどして積極的に炭酸ガスを施用する技術。コストがかかるので、家庭用のガスコンロを使ったり、暖房機兼用の発生装置を自作する農家もいる。

炭酸ガス濃度を高めて植物の光合成能力が向上するのは１５００ppmくらいまでというのが通説だが、じつは４０００ppm以上にすると葉裏の気孔が大きく開くとか、９００ppmにするとコカブの根部重が20倍になるという研究もある。これらをヒントに高知県の雨森克弘さんは、トマトのハウスで８０００ppmの超高濃度施用をしたところ、収量が倍増した。

装置などいらない有機物炭酸ガス施用も注目だ。和歌山県のバラ農家・山本賢さんは、せん定枝などの有機物を通路に置き、その上から米ヌカをふって分解を促し、ハウス内の炭酸ガス濃度を１２００ppmまで上げている。「堆肥を入れると収量が上がる」とよくいわれるが、これもじつは有機物炭酸ガス施用効果が主なのかもしれない。堆肥材料には木材チップなど**C／N比**の高い有機物を入れると、炭酸ガスの効果が持続する。

炭酸ガスのちょっと焚き

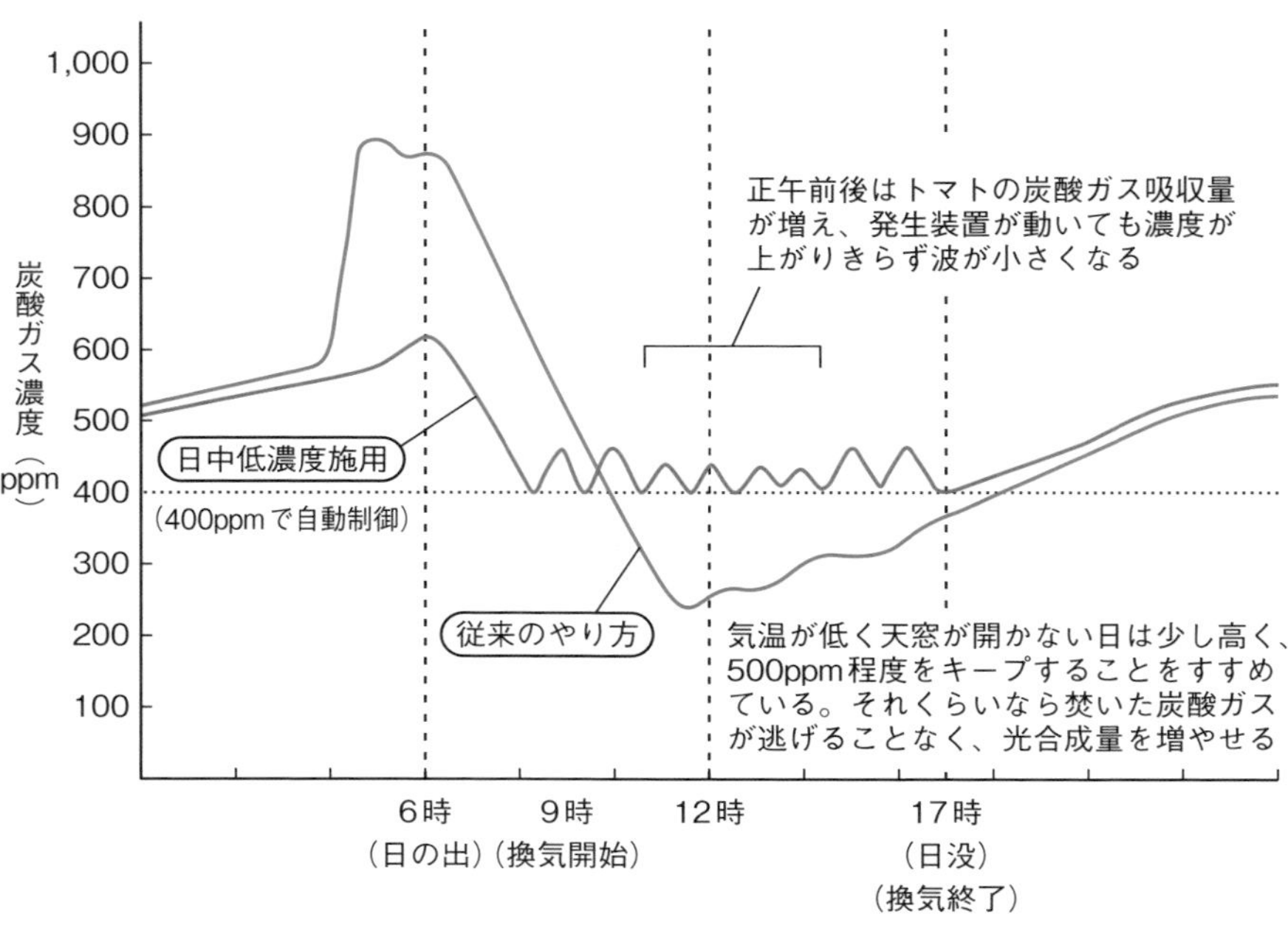

日中ちょっと焚き（にっちゅうちょっとだき）

炭酸ガス（CO_2）を日中、約400ppm（外気の濃度）キープするように焚く方法。

従来は明け方に2～3時間、1000～1500ppmを目安に焚いて、換気を始めたらやめるのが一般的だった。しかし日中、光合成を行なっている作物は炭酸ガスを大量に消費する。換気開始後もハウス内の炭酸ガス濃度は減り続け、たとえば収穫期のトマトでは、200ppm程度まで下がってしまう。光合成の材料不足である。

逆に明け方のハウスは、作物が夜間に吐き出した炭酸ガスで満たされており、焚かなくても十分な量がある。

そこで、明け方は炭酸ガス施用せず、日中、換気を始めてから少しずつ焚いてやる方法が注目されている。長時間施用でも低濃度のためコストは上がらない。トマトやイチゴでは2割増収に結びつく事例も多く見られる。

最近は手応えを感じた農家が炭酸ガス発生装置を自作したり、**米ヌカ**を定期的にまいて、有機物炭酸ガス施用に挑戦し始めていたりする。

ただし、せっかく炭酸ガスを焚いても、作物の気孔が閉じていては吸われず、炭酸ガスが吸われても水が足りなければ光合成はできない。炭酸ガスの日中ちょっと焚きは、適切な**飽差**管理や**積極かん水**とセットのほうが効果を発揮しやすい技術である。

飽差（ほうさ）

ある温度と湿度の空気に、あとどれだけ水蒸気の入る余地があるかを示す指標で、空気1㎥当たりの水蒸気の空き容量をg数で表わす（g／㎥）。植物の水分状態は、相対湿度よりもこの飽差に強く影響を受ける。

植物の生長にとって最適の飽差は3～6g／㎥とされている。飽差が6以上だと水分欠乏の危険を感知して気孔を閉じ、蒸散はされなくなる。逆に飽差が3以下になり空気が湿り過ぎると、植物と空気に水蒸気圧差がなくなり、気孔は開いていても蒸散は起こらず、水が運ばれない。

ただし、温湿度がなだらかに変化すれば、飽差が7を超えても気孔は閉じない。逆に、ミスト装置などを駆使して常に飽差3〜6をキープし続けると、植物が怠けるようになり、蒸散量が減ってしおれやすくなるなどの弊害もある。理想の飽差値を外れてもいいので、一日のなかでなだらかに変化させるのが大切。

飽差とは —— ある温度と湿度において、水蒸気が飽和するまでにどの程度の水蒸気の量が必要かを示す

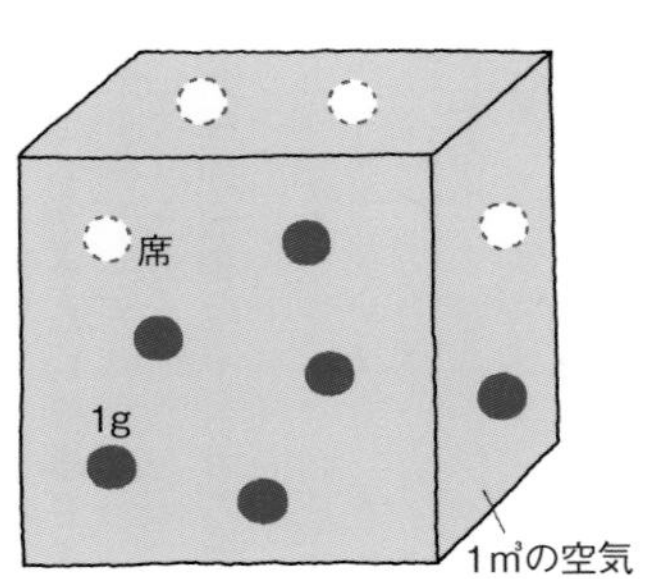

飽和10g/㎥で水蒸気量6g/㎥の場合、水蒸気1gの席が4つ余っているので、飽差4g/㎥

露点温度（ろてんおんど）

気体中の水分が飽和に達して結露する温度、つまり、湿度100%のときの温度をさす。ベト病、灰色カビ病やスカビ病などの病原菌は、作物に付着した露を媒介に侵入するため、ハウス内の結露状態が長いほど発病しやすくなる。だが、露点温度を知り、結露をコントロールすれば病気も防げる。

宮崎県都城市のバラ農家・矢野正美さんは、露点温度算出表という露点温度が一目でわかる表をハウス内にぶら下げ、もっとも結露しやすい初秋から初冬、また春先にはつねにチェック。露点温度と暖房のセット温度が近くて結露しやすいときには、天窓を少し開けたまま暖房したりして結露を防ぎ、ベト病や灰色カビ病を激減させている。

積極かん水（せっきょくかんすい）

作物に思う存分、蒸散させる技術である。蒸散量に見合うかん水量があると、水といっしょに**カルシウム**が引っ張られて果実の尻腐れや葉焼けが減る。また、気化熱によってハウス内も涼しくなり、日焼け果なども減る。

逆に水不足になると葉は気孔を閉じて蒸散を減らそうとする。気孔が閉じれば、せっかく**炭酸ガス**を焚いても吸われない。

植物体の約90%は水で、光合成の材料としても欠かせない。最近は**環境制御**に取り組む農家が、かん水量を大幅に増やして増収している。ミニトマト農家の岡本直樹さん（愛知県）は、環境制御導入3年で反収12tから17tに大増収。かん水量は通常の2〜4倍量に増やしている。以前は遮光で対応していた春先のしおれも、かん水を増やしたら解消してしまった。これまでトマトではとくに、かん水を控えてつくるのが当たり前だったが、その常識に一石を投じた格好だ。

かん水量は日射量に応じて増やすのが基本。たとえば1月上旬と比べて3月上旬は日射量が2倍に増えるので、かん水量も2倍に増やす。また、少量多かん水が望ましく、一日のなかでも日射量が増える正午のかん水量を増やす。

かん水量を増やすと作物が水ぶくれ（軟弱徒長）するのでは？とも思えるが、これは、肥料も同時に増やすことで防ぐことができ、糖度が落ちるようなこともない。

かん水には、夏場の地温低下や土壌中へ酸素を供給するなどさらに積極的な意味もある。

いっぽう、排水性が悪くて、積極かん水をやりたくてもできない圃場もある。耕盤の破砕や暗渠・明渠の設置など、積極かん水と土の物理性改善は不可分の技術である。

寒じめ（かんじめ）

冷たい空気に野菜をさらすことを寒じめと呼び、これによって甘みが増し、ビタミンC、ビタミンE、β―カロテンのいずれも増加する。野菜が寒さに耐えるために葉の水分を減らし、糖を増加させるためである。ビタミンも糖から作られるので増加する。いっぽう**硝酸**は減ることがわかっている。葉は厚く、姿は開張型になる。

やり方はきわめて簡単。ホウレンソウを例にとると、平均気温がおよそ5度を下回る時期に出荷可能な大きさに育つようハウスに播種する（盛岡なら9月下旬頃以降）。施肥や管理は通常どおり。温度が低くなれば**溝底播種**し、べたがけをして生育させる。収穫可能な大きさに育ったら、ハウスの両サイドや出入り口を開放し、外の冷たい空気が自由に吹きぬけるようにする。この状態のまま何もせず昼夜かまわず放置すればよい。ホウレンソウはおよそ5度より低くなると伸長を停止するので、3月上旬頃までいつでも収穫できる。

青ものが少ない冬場に栄養タップリの野菜をつくり、地元の人々の健康づくりに役だてよう、そんな気持ちをもった東北農試の研究者が生んだアイデアである。ホウレンソウ以外にもコマツナやレタスなどでも効果がある。またニンジンやキャベツの雪下野菜や、雪室で貯蔵した野菜の糖度が増すのも同じ原理だ。

タネの向き（たねのむき）

タネは土に播く（挿す）ときの向きによって、発芽率が大きく左右される場合がある。たとえば三重県の青木恒男さんが実践するのが、トウモロコシの「とんがり下播き」。発芽率はほぼ100％になってよく揃う。ソラマメは、オハグロを下向き、かつ胚のある膨らみが垂直になるよう土に挿すと、やはり発芽率は100％に近くなる。どちらも、芽と根になる胚が地面に対して垂直になるような向きで播くのがポイント。芽は地上へ、根は地下へとまっすぐ伸びられる。向きを気にせずバラバラに播くと、芽がタネに邪魔されて出芽できなかったり、根が曲がって生育が遅れてしまったりする。

ほかにも、ダイズはへそを横向きに、ウリ類は縦一文字に土に挿すなど、とくに形がハッキリわかる大きめのタネは、向きを揃えて播くと発芽もその後の生育も揃う。


トウモロコシはタネの向きで発芽の仕方が変わる

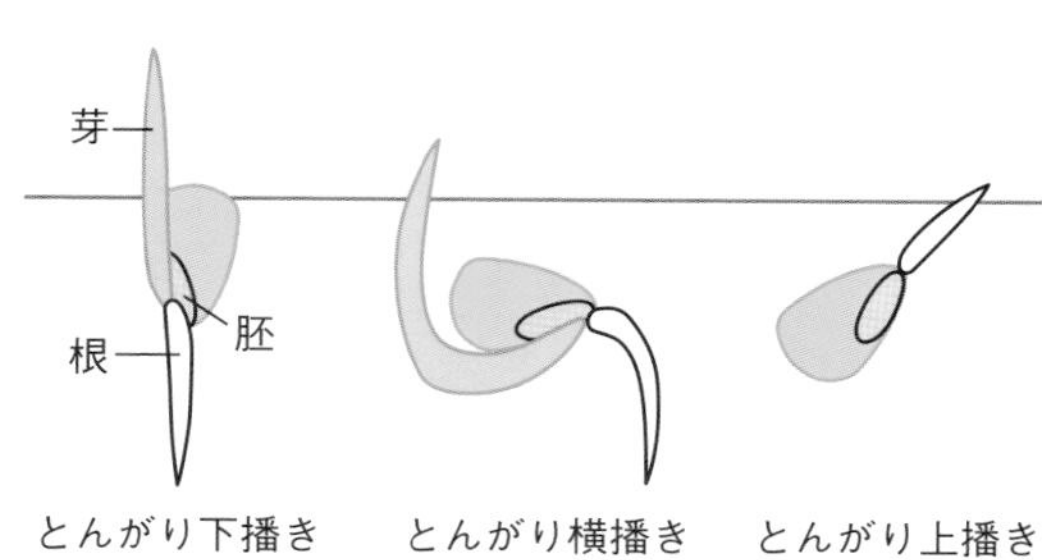

じねんばえ

自然生え

人が播種するのでなく、落ちた実やタネから自然の力で生えてくる現象。こぼれダネから生えたものは、その地の環境に合っているということなのか、病気や気象変化にとても強いことが観察されている。このことに学び、㈶自然農法国際研究開発センターは、誰でもできる自然生え**自家採種**のやり方を紹介している。

まず、トマトやキュウリなどの果実を樹上で完熟させる。秋にもいだらそのまま溝切りした土の上に1坪5～10個ほどならべておいて腐らせる。平均気温10度を切る頃になったら土をかぶせて埋める。翌春、1果から20～30本の芽が出てくるが、勢いの弱い株は淘汰されるため、実をつけられるのは1坪5～6株程度。そのなかから自分の気に入ったおいしい実のなる株を見つけ、また果実を完熟させる。そうやって5～6年も自然生えを繰り返すと、形質がだんだん揃ってくる。

タネを採ったり乾かしたりする労力がいらないので気軽にできる。畑は**無肥料**でやったほうがいい。固定種からもできるが、雑種性の強いF1品種を素材にすると、次世代にいろいろな形質が出てきて強いタネが残る可能性が大きい。

トマト果実をそのまま埋めて自然に生えさせる
（提供：中川原敏雄）

4 果樹・特産の用語

生涯現役を叶える樹づくり

夢のような仕立て

ゆめのようなしたて

『現代農業』果樹コーナー1月号の定番テーマ。作業がラク、成園になるのが早い、多収、品質アップ……ほか、農家の夢を実現させた、魅力あふれる樹形のこと。

果樹は、農家のねらいによって、イネや野菜より大胆に姿形を変えられる。たとえば、1本の樹を上下に2分し、2品種同時に着果させる「ミカンの2段式結実法」は、極早生（上部）の収穫が早生（下部）に対して後期重点摘果、また同時に樹冠上部摘果となり、高糖度をねらえる。100歳の現役農家が生み出した「ブドウのやぐら仕立て」は、従来の平棚栽培とは似ても似つかず、1本まっすぐ立った主幹から、無数の結果枝が伸びている。樹形が単純なので作業性がよく、構造上、雪にも絶対負けない。そのほか、**低樹高**仕立て、一文字仕立て、垣根仕立てなどなど。農家はねらいを持って、独創的な方法で、果樹の可能性を引き出している。

低樹高

ていじゅこう

樹種を問わず、各地で樹を低く抑えるラクラク仕立てが広まっている。

たとえば、わい性台木を利用して樹をコンパクトにする「リンゴの**わい化栽培**」や、骨格枝を低く開く「モモの**大草流**」や、樹と樹を連結する「ナシの**ジョイント仕立て**」などは、苗木からのスタートとなり、早期多収の技術としても注目されている。

いっぽうで、今ある老木を低く切り下げ、自分好みの高さに樹形改造する人も多い。その場合、反動で樹が暴れてしまいがちなのをいかにコントロールするかが鍵となる。徐々に樹高を下げて反発させない、**徒長枝**を利用して養分のはけ口とする、下枝を確保して牽制する、**摘心**で勢いを抑える、など、農家は巧みにこの問題に対処してきた。

いずれにせよ、低樹高だからといって、決まった型はない。樹高40～50㎝の「またげるリンゴ」や、「地べたに座ったまま収穫できるカンキツ」など、現場からはじつに多様で、個性豊かな小力仕立てが次々と生まれ続けている。樹高を低く抑えれば、せん定、受粉、摘果、収穫など、すべての作業が格段にラクになる。日当たりや風通しもよくなり、品質アップ。

低樹高とはつまり、農家の「生涯現役」の気概が詰まった栽培技術である。と、同時に新規就農者や従業員にも取り組みやすい樹形といえる。

85歳の鳴川亀重さんは地べたに座ったまま収穫できるよう晩柑を超低樹高に仕立てている（田中康弘撮影）

わい化栽培（わいかさいばい）

わい性の台木を使い、樹を小型に仕立てる方法で、リンゴから普及した。

リンゴでは当初、樹高を2～2・5mに抑え、最下位の側枝は長さ85cmで切り返して、円錐形の主幹形（細型主幹形）に仕立てる方法として定義され、それを目標に栽培された。しかし、この樹形で安定多収するのは難しく、樹高を3～3・5mと高くする、樹形は円錐形にこだわらない、わい性台を従来のマルバ台と品種の間にはさむ中間台方式などの工夫が生まれた。こうして樹勢を強く維持しながら、夏季せん定や誘引、ねん枝、スコアリングなどで小枝を増やし、花芽をつけることで、作業性の改善とともに早期多収が実現し普及した。

しかし当初のねらいどおりにはいかず、わい化栽培のリンゴは導入後10年ほどで樹高が抑えきれなくなり、日陰部分が増えて品質低下に悩まされている。現場では、高くなりすぎたわい化樹を心抜きし、間伐もして、開心形に樹形改善するなど、巨大化した樹をコンパクトにする試みが各地で工夫されている。

リンゴの高密植栽培（りんごのこうみっしょくさいばい）

リンゴを10a当たり300本以上密植する栽培法。樹間は0・7～1mと狭く、樹高は3～3・5mと高い。従来の密植栽培（150本／10a）はクリスマスツリーのような樹が1本ずつ列をなして並ぶのに対し、高密植栽培は細長い樹が隙間なく植えられ、1枚の壁ができたようなイメージ。

リンゴの高密植栽培が盛んなニュージーランドの「多軸仕立て」。樹間3mに10本程度の主枝を立たせるため、主枝間隔は30㎝幅と狭い。人物左が考案者のスチュアート・タスティン博士（小池洋男提供）

作業性がよいだけでなく、栽植した翌年から収穫でき、5年ほどで光合成量を最大化させて反収6tもの早期多収が可能となる。

成功させるポイントは若木の段階から「カームツリー」と呼ばれる、落ち着いた樹をつくることだ。まず、わい化効果の高い自根の台木で、穂木から横枝（フェザー）が発生した苗木を植える。定植後は側枝（横枝）をすべて下垂誘引し、切り返しなしの間引きせん定で樹勢を抑える。

こうして育成されたカームツリーは、樹づくりでなく、実づくりに多くの養分を分配し、光合成量のじつに60%を果実生産に回すとされる（一般的なマルバ樹の場合は35%程度）。他方、主幹や側枝は細いままで、樹体を支えるためにトレリスの設置が必須となる。

発祥はイタリアのチロル地方。先進地のニュージーランドではイチジクの一文字仕立てに似た「多軸仕立て」で反収13tをめざす研究も進む。細い樹体に鈴なりの実がぶらさがる光景は、さながら「果樹の野菜化時代」の到来を告げるかのよう。光合成量を最大化させて収量の限界突破を図ろうという姿勢は「野菜の**環境制御**」を思い起こさせる。

大苗移植（おおなえいしょく）

苗畑で1～2年養成した苗木を本畑に定植し、翌年から即生産に入る、というやり方。既存樹に接ぎ木する高接ぎや本畑で1年生苗木から育てていく従来のやり方より、成園化までの時間が大幅に短縮できる。果樹経営の大きなネックだった改植、新植がよりスムーズに行なえる。

品種の更新サイクルが短くなるなか、未収益期間をできるだけなくして経営をつないでいくには、いつでも成績不良樹と交替できる大苗を用意しておくことは重要。5年ぐらいの長期に養成する場合もある。

早期成園化をねらって導入がすすむ**ジョイント仕立て**などでも、大苗移植が一般的になっている。育成中に黒マルチをかけて苗を早く大きくしたり、遮根ポットごと植えて花芽着生を促進させたりと、現場では多くの創意工夫も生まれてきている。

ジョイント仕立て（じょいんとじたて）

神奈川県農業技術センターが開発した仕立てで、ナシの樹をとなりどうしでつなげて1本にしてしまうやり方。ナシの平棚栽培では、樹の若さを保つために主枝の先端を強く維持するという面倒な管理があるが、この仕立てなら主枝先端がなくなり、樹勢維持は樹が助け合いながら勝手にしてくれる。しかも、側枝は主枝の両側にムカデの足状に規則正しく並ぶので、作業性もすこぶるいい。2年生の**大苗**で密植すれば5年目には3tとれるという「早期成園化」が売りとあって、現在多くのナシ農家がこの仕立てに取り組む。

樹体ジョイント仕立て
（つなげる直前の状態）

主枝の方向
つなげる
約40cm間隔
側枝1.5m
側枝1.5m
主枝基部
主枝先端部
株間2mの密植
列間3m

「つなぐと樹どうしが助け合ってくれる」という発想は多くの農家の心をとらえ、現在、ウメやリンゴ、モモ、イチジク、サクランボなどにも取り組みが広がっている。もっとも、ジョイント仕立てが発表される前から樹と樹をつないでいる農家は各地にいたことも確認されている。

摘心栽培
てきしんさいばい

新梢の先端を早い時期に摘むこと（＝摘心）で、**徒長枝**を抑え、節間の短い小さな枝と花芽を多くつけ、果実が成りこむ樹に変える栽培法。摘心によって、強くなる新梢の生長が抑制され、先端部の芽から小さい枝が数本伸び、その枝には花芽がよくつくので、枝全体が落ち着き、コンパクトな成りこみ型になる。また、節間の短い枝や花芽（花そう葉）が多くなるので葉数が多くなるとともに、樹冠内に日光がよく入り日陰になる葉が少なくなる。したがって、同化養分の生産が多く、消耗の少ない、果実生産力の高い樹になる。

摘心は、新梢が小さいうちにするが、摘心後伸びてくる枝が強い場合は、枝が落ち着くまで繰り返し行なう。摘心栽培導入当初は摘心回数が多くなるが、2～3年で樹が成りこみ型になれば、回数も少なくなる。

なお、徒長枝がなくなるので、冬のせん定量は格段に少なくなり、ハサミによる結果枝や側枝の更新程度でラクになる。

摘心で枝はどう変わるか

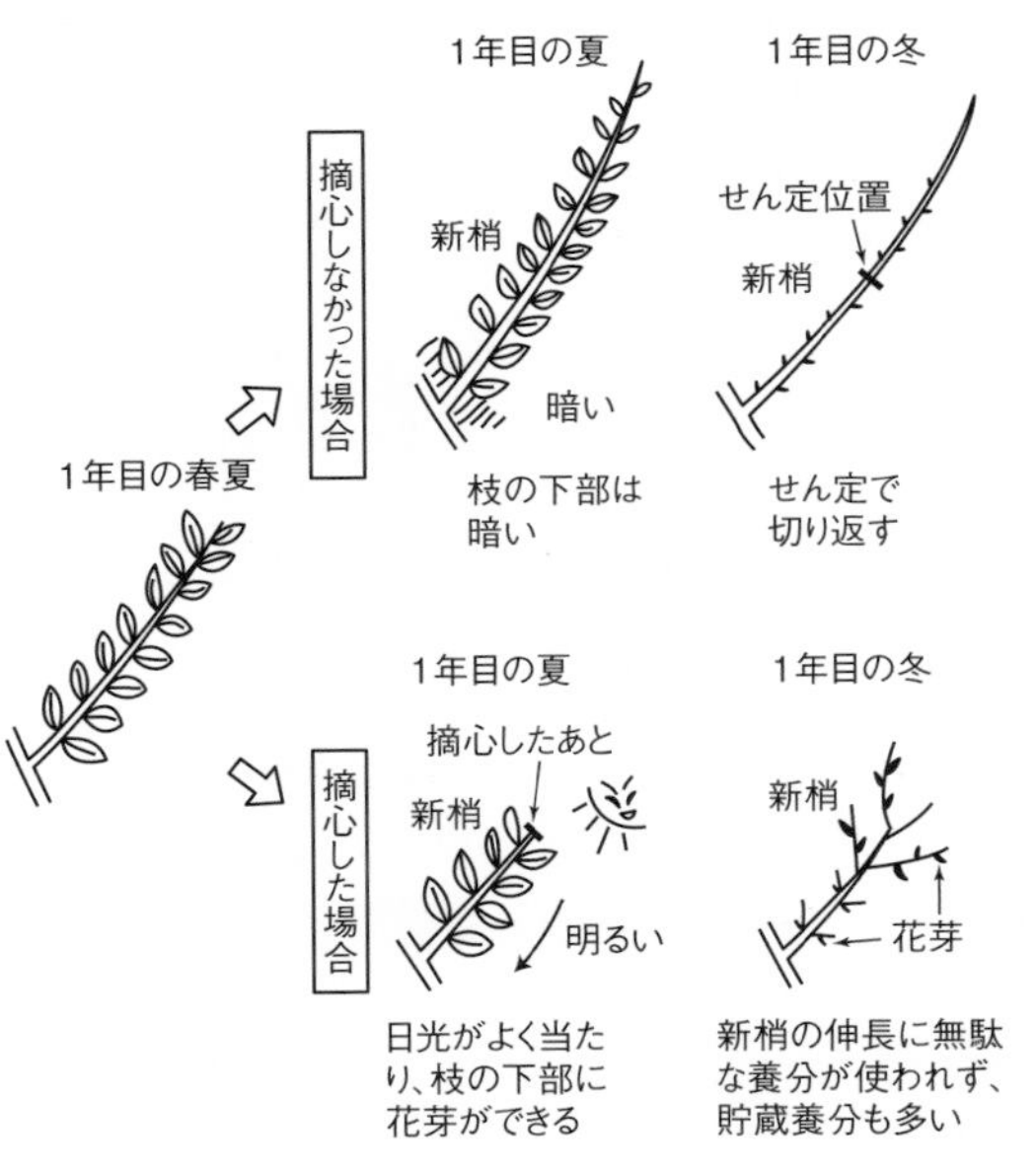

花芽のつきを安定させながら、作業しやすいコンパクトな樹形にできるので、高品質・多収をねらうベテランはもちろん、定年帰農者や新規就農者に向いた技術といえる。

また、摘心の繰り返しで光合成盛んな「働く葉」を量産し続ける、ブドウの早期成園化術なども生み出されている。

新短梢栽培

しんたんしょうさいばい

山梨県の小川孝郎氏が開発したブドウの**小力**栽培方法。従来の短梢せん定では、樹勢に応じてせん定量の加減ができない、新梢を棚下へ垂らすため作業性が劣る、新梢が損傷しやすく空間を補いにくい、誘引作業に手間と技術を要するなどの欠点があったが、新短梢栽培は、①樹の更新を10年とする、②密植で作業は単純・省力化する、③植え付け2年目から収穫を始め4年で成園化する、④**草生栽培**を行ない元肥は施さない、など早期成園化と作業の単純・小力化に特徴があり、高齢者や女性でも容易に取り組める栽培方法として普及している。

樹形は、副梢を主枝にして左右に伸ばした一文字型で、主枝から伸ばす新梢（結果枝）はすべて1～1.2mで**摘心**して下垂させない、などの特徴がある。

ブドウの新短梢栽培の樹形イメージ

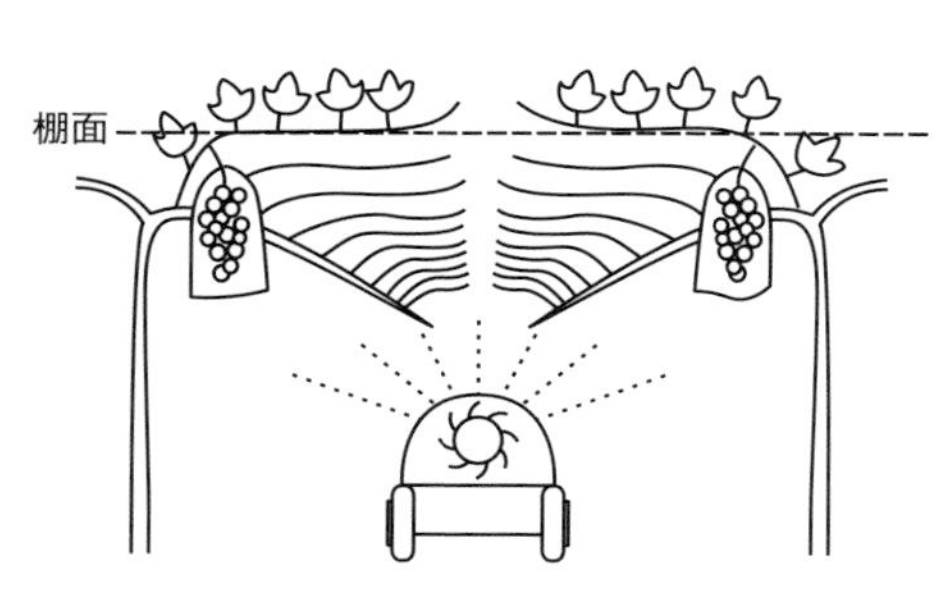

SS、草刈り機、トラクタなどによる作業がラクにできる

大草流

おおくさりゅう

山梨県韮崎市大草町の矢崎保朗・辰也さん父子が考えた**低樹高**・多収のモモ**小力**栽培法。低い位置から分岐した主枝に竹を添えて低く誘引するので主枝先端でも高さ3.5～4.0mほど。骨格枝が低く開いて、八方に長く伸びているので傘や富士山をひっくりかえしたような樹形をしている（図）。低樹高・小力化というと小型樹を密植するやり方が主流だが、大草流では骨格枝を開いて10a7～9本植えの**疎植**にする。樹冠下まで作業車（軽トラック）が入るので収穫作業の効率化がはかれ、受光態勢もよいため、高品質・大玉生産も可能。

この樹形にすると背面から強い**徒長枝**が出てくる。そこで重要なのが春から秋にかけて行なう新梢管理、なかでも**摘心**処理で、開花後60日頃と収穫10～15日前、そして収穫後（品種により8月下旬～9月上旬）に行なう。従来の「せん定・樹形管理は休眠期に行なう」という果樹栽培の通説と異なり、冬季は添え竹や枝吊りなどがおもな作業となる。

また、福島県の「多主枝低樹高仕立て」など、大草流を下地にした栽培方法が各地で広がりを見せている。

大草流の樹形のイメージ図

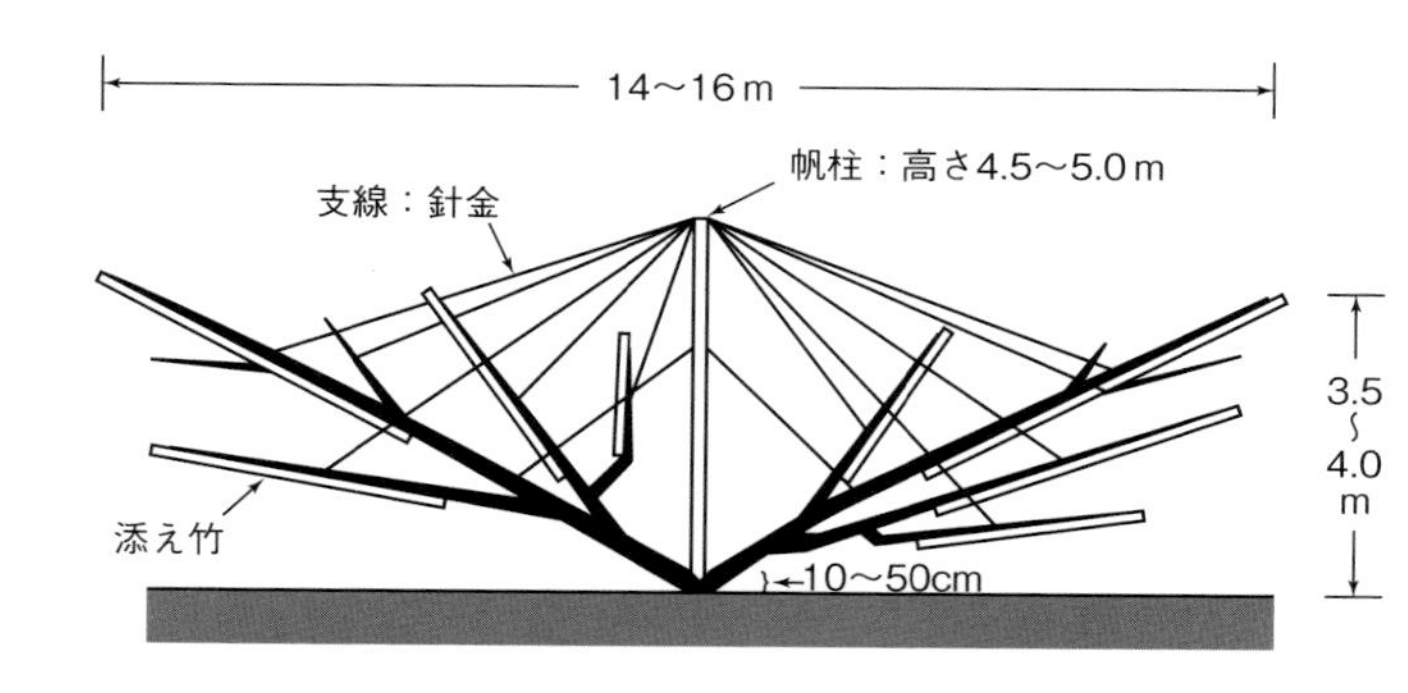

とちょうしりよう

徒長枝利用

「徒らに長く伸びた枝」として切って捨てるのでなく、樹が自身の樹勢調節のためにやむなく出した枝と見て積極活用していくこと。とくに主枝や亜主枝など太枝上に立った枝を活かすことが多いので、秋田のリンゴ農家の佐々木厳一さんらは立ち枝（直立枝）利用、と表現している。

太枝の直上にびゅーんと立った枝を見ると、どうしてもせん定で落としたくなるが、あえて残すことで樹勢のはけ口ができ、樹は柔らかい小枝を多く出せる。こうした小枝はこなれた結果枝になりやすく、いい果実をつける。また立ち枝は根から養水分を引き上げるポンプ役として、樹勢の維持にも役立つ。

さらに、徒長枝そのものが年次を経るにしたがって果実をつけるようになり、生産性を高める。果実の重みで枝が垂れるようになったら、近くの立ち枝と更新する。そうしたサイクルで樹勢の維持をはかりながら安定生産につなげていく。邪魔者変じて宝の枝に。ここに連年結果のカギもある。

きりあげ・きりさげせんてい

切り上げ・切り下げせん定

枝の切り方の二つのタイプ。立ち枝を残して切るのを「切り上げ」、立ち枝は切り、残す枝が横に寝るように切るのを「切り下げ」という。

せん定で難しいのは、外へ伸びる樹の勢いは維持しながら、内部へ成り位置を戻すこと。従来は切り下げのほうが樹勢を落ち着かせ、よい成り枝を作るとされたが、見た目と違い、実際は果実の品質も上がらず、発育枝が立たないので**隔年結果**を招くことが多かった。逆に、立ち枝で切り上げたほうが樹勢も上がるし、花芽もよくつき、安定着果に結びつくことが多い。

発育枝の着生から根量が増し、養水分の上がりがよくなるとともに、サイトカイニンなどの花芽着生のホルモンの流通が促されるためとされる。

枝の切り方の2つのタイプ

ここで切る

切り下げせん定

切り上げせん定

まきづるのほうそく

巻きづるの法則

茨城のブドウ農家、茂呂初太郎さんが発見したブドウの生理法則。ブドウの節には巻きづるがある節とない節があり、巨峰の場合は「あり」「あり」「なし」と並んでいる。そして、「あり」の節の芽は翌年の枝の伸びが弱く、「なし」の芽は強いというもの。

この法則を利用すれば、冬季せん定で「なし」の節で切ることで新梢の伸びをよくしたり、挿し木では「あり」の芽を先端にすることで、じっくり生育させることができる。また骨格枝をつくるときに、第1主枝を「なし」、第2主枝を「あり」にすると、第1主枝が第2主枝に負けないそうだ。さまざまな場面で、樹のコントロールに利用できる。

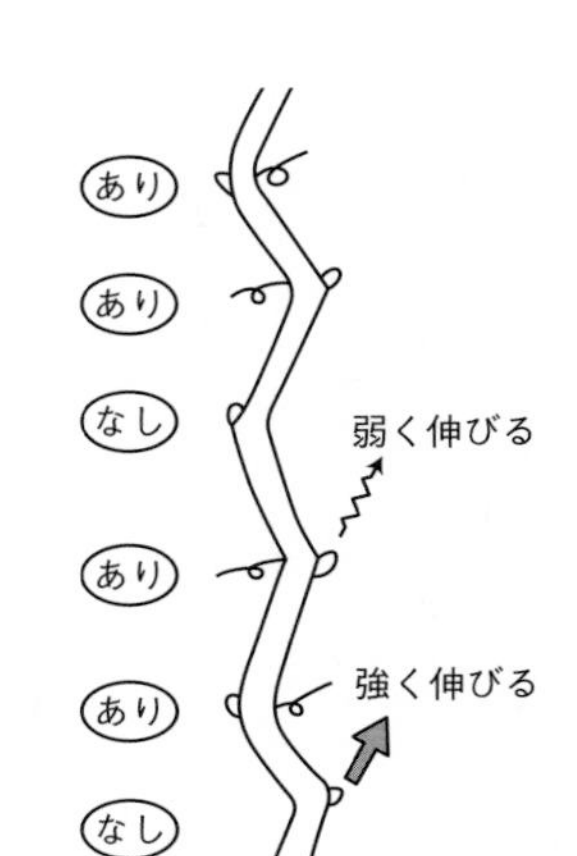

実際には巻きづるは生育中にかきとるので、つるの跡でありなしを判断する

果樹・特産

これっきり摘粒

これっきりてきりゅう

徳島県のブドウ農家、宮田昌孝さんが開発した摘粒法。摘粒とは、結実後にブドウの粒を間引く作業のこと。果粒を肥大させ、見た目をよくするために重要だが、肩より高く手を上げて長時間やるので、とてもきつい。だが、これっきり摘粒なら、普通は3回に分けてやる摘粒がたった1回ですむ。

宮田さんはブドウの果房を観察して、無数についた粒の並びに法則があることをつきとめた。3つの粒が1セット、それが3セットで「1車」（図1）。車はらせん状に並んで、3車で1周（1段）。これっきり摘粒はこの法則を利用して、摘粒をルール化したものだ。

やり方はまず開花前の花穂整形で、房を4段12車にする。普通は3〜4㎝と長さで見るところを、車の数で見るのがポイントだ。そして結実後の摘粒では、図のようにそれぞれの車に何粒残すか決めておく。これであとは一切手を触れずとも、きれいな房に仕上がるというのだ。

パートさんにもわかりやすいし、余分な粒を早めに落とすことで粒の肥大もよくなる。2013年7月号で発表されると大反響を呼び、全国各地から宮田さんの畑に視察者が訪れた。そして2016年、粒揃いがよい改良型「シャイン2果摘」が発表された（図2）。

図1　3対（9花）で1車

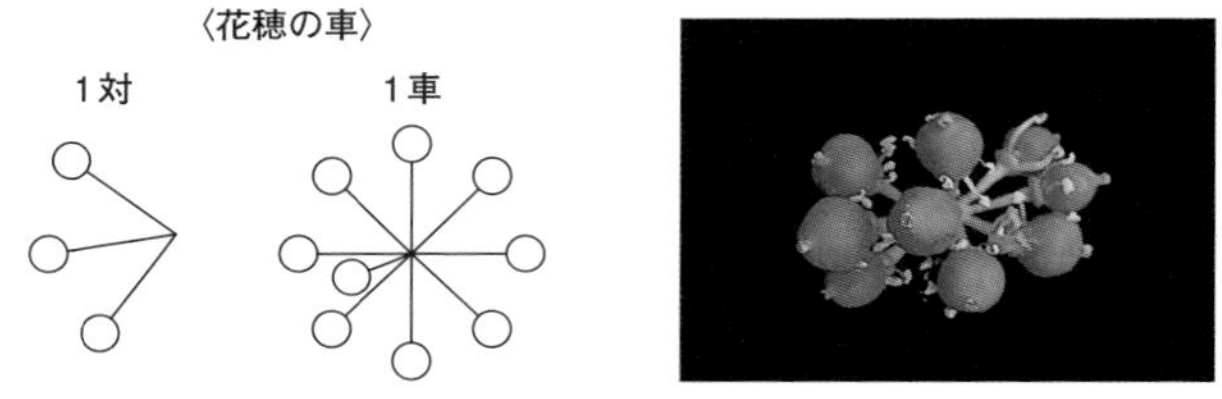

〈花穂の車〉

1対　1車

3花で1対

3対（9花）で1車
3車で1段

1車。実（花が咲き終わったあと）が9粒ついている

図2

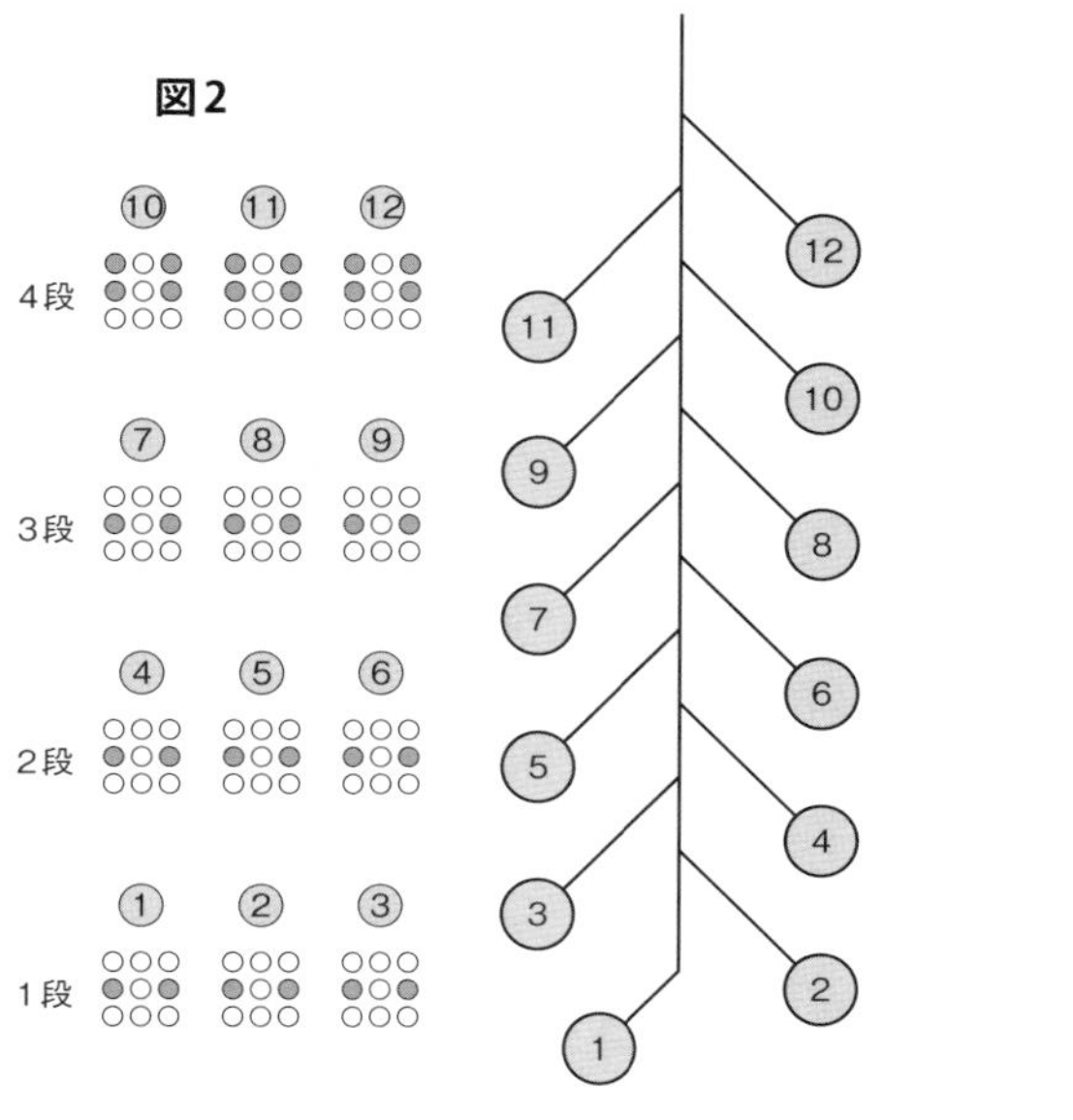

4段　3段　2段　1段

1つの車（支梗）9果粒あると仮定し、図の●を残すように摘粒すれば1回ですむ。2果粒残す車が多いことから「シャイン2果摘」と呼ぶ。1房30粒600g（1粒20g）、10a 2,500房で1.5tが理想

夏肥

なつごえ

カンキツの施肥時期を示す用語で、正確には夏元肥。静岡県柑橘試験場場長を務めた中間和光さんが、カンキツ樹の光合成が光の強さより温度と日長に支配されることをふまえ、その条件をもっとも満たす夏季にこそ、必要な養分も供給すべしとして提唱した。

中間さんの試算では、年間チッソ施用量20〜24kg（収量4tとして）のうち6割を夏肥として、二次生理落下のすんだ6月下旬に施す。また秋10月に残り4割を追肥し、春は施用しない。

連年結果のサイクルにもちこむ

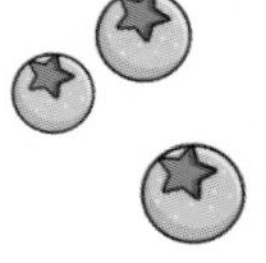

この体系は、それまでの春に元肥をやり、秋には礼肥、夏はせいぜい春肥の補いとして必要ならやるという施肥法を大きく変えるものとして多大な反発を呼んだが、樹勢の安定に伴う**隔年結果**の解消、春芽の充実に連動する高品質生産の実現といった現場での成果が上がるにつれ、認知されるようになった。また、熊本市みかん実験農場（当時）の飛鷹邦夫さんの一連の施肥試験もその普及に力を貸し、普通温州ミカンや晩柑類にはあてはまっても、収穫時期の早い早生種や極早生種では着色の遅れや品質の低下があるのではという不安を払拭した。「肥料などいつやっても樹は勝手に吸収する。それより大事なのはせん定」という果樹農家が多かったなかで、その盲点を衝いたこの夏肥技術はミカンのみならず、リンゴやそのほかの果樹でも施肥について見直す契機をつくった。

ちょぞうようぶん

貯蔵養分

果樹が、翌年の生育のために蓄える養分のこと。前年の夏から秋の養分蓄積期に蓄えられ、おもに炭水化物、そしてチッソ化合物、無機養分などからなる。

1年生作物とちがって永年作物である果樹では、その年の果実収量をあげる養分と同時に、翌年の生育に向けられる養分を蓄えておくことが大切だ。とくに春の展葉や開花、発根のためのエネルギー源は、おもにこの前年の貯蔵養分であり、貯蔵養分の多少が春の展葉のよしあし、ひいては収量・品質を左右する。**隔年結果**させず安定多収している農家ほど、この貯蔵養分をいかに増やすかと浪費を防ぐかに気を配っている。

貯蔵養分を増やすには、葉を秋まで健全に保つことが重要である。また**摘心栽培**は蓄えた貯蔵養分を浪費させない方法であり、摘花・摘果なども浪費を防ぐ意味をもつ。

かくねんけっか

隔年結果

1年おきに豊作不作を繰り返す現象で、ミカンやリンゴ、カキなどで顕著に見られる。豊作年を表年、不作年を裏年ともいう。収量の増減は20～30％の範囲だが、ごそっと半分減収することもあり、果樹農家の経営を圧迫する要因となっている。

近年、ミカンの場合だと、高温、干ばつ、長雨、寒害などの環境的要因、成らせ過ぎや過度の水ストレスなどの栽培的要因、品種選択や労力不足などの経営的要因で、隔年結果がますます激しくなってきている。

解決策のひとつとして、結実管理が挙げられる。たとえば、愛媛県で開発された「後期重点摘果」は、仕上げ摘果を9月まで遅らせて、色づきはじめた果実を一気に落とす技術である。光合成産物をひきつける果実を遅くまでたくさん残しておいたほうが葉が活発に働く。しかも、その活力は摘果後も維持されるので、果実の糖度がぐんぐん上がり、根や枝にも養分が蓄積されて花芽形成にも役立つ。

実際、佐賀県の新宮剛宏さんは、春芽を確保するため（花をつけすぎないため）のせん定と、遅い摘果を組み合わせながら、毎年、高品質高糖度ミカンを生産している。

また、熊本市の飛鷹邦夫さんのように**夏肥**を施用し、**貯蔵養分**をきちっと回復させて連年結果にもちこむ視点も忘れてはならない。

草生栽培
そうせいさいばい

果樹園に下草を生やす園地管理法。除草剤や中耕で草を枯らすと細根が傷み、果実の味が悪くなるなどといわれ、下草を生やさない「清耕栽培」は減る傾向にある。土壌流亡の防止、有機物の補給などが主目的の草生栽培だったが、最近は草で草を抑える、作業性改善、**土着天敵**涵養など、ねらいが多様になってきている。

草種としては、春先に旺盛に伸びて5～6月に倒れるナギナタガヤがかつて注目されたが、ほかにもヒメイワダレソウやクローバを増やしたり、自生の草も上手に見極めながらコントロールする果樹農家が増えている。

心配される養水分競合は、草を刈る時期や回数などを調整することでクリアできる。ミカンでは「春に刈ると草はかえって元気になって、ミカンがいちばん栄養をほしがる7月に養分競合が起こる」との観察から、じゃまになる旺盛な草だけを引き抜き、あとの春草は刈らないという農家もいる。刈らなくても6月には自然に倒れてほかの雑草を抑えてくれるし、そのほうがミカンは味がのるという。また、すべての草を無差別に刈ったり（非選択的除草）、地際で刈ったりすると草はかえって増えるという研究もあり、草の刈り方はまだまだ今後の追究テーマである。

ＳＳ受粉
えすえすじゅふん

農薬散布機のＳＳ（スピードスプレーヤ）を使った、なんとも豪快な人工受粉。花粉を風で飛ばす方法と花粉溶液を散布する方法の二通りがある。

果樹の受粉といえば、梵天や毛ばたきや専用の機器を使うのが一般的だが、それだと上を向いての作業で、肩や首が痛くなってしまう。神経も使う。また、タイミングが命なので、開花期間中は目がまわるほど忙しく、人手もいる。その点、ＳＳ受粉なら身体がラクだし、短時間で広い面積をこなせる。

とはいえ、そんな大雑把な方法で、本当にうまくいくのか――。ちょっと不安になってしまうが、心配ご無用。「ミツバチ受粉より、各段によかった」「品質は手で受粉するのと変わらない」「まわりでは実のつきが悪かったが、うちでは問題なし」「着果率80％」「凍霜害を乗り切れた」といった声が、リンゴ、ナシ、モモ、サクランボなどで試した人たちから寄せられている。「リタイヤを考えている農家もいるけど、2年でも3年でもいい、もう少し農業を続けてほしい」というのが、ＳＳ受粉の発案者の一人、松下忠一さんの思いだ。

茶園のウネ間
ちゃえんのうねま

茶園のウネ間がドブ臭い。そして、根が傷んでいる。各地の茶産地から聞こえてくる声を受け、静岡県で土を掘ってみたのが事の発端である。その際は、わずか20ｍしか離れていない2つの畑で、いっぽうには根がない。いっぽうには根が縦横無尽。この結果に対して全国の茶農家から多くの意見が寄せられた。とくに根の張れない理由としては、「粗大有機物の入れすぎなのでは」「土の微生物相が貧困になっているからだ」「異常気象が影響している」「**塩基バランス**が崩れているはず」といった声があがり、農家の関心の高さがうかがえた。その後、この問題は**耕盤探検隊**が引き受け、碾茶の一大産地、京都府和束町で再び穴掘り調査。農家の言うとおり、「土の**発酵**力が弱いから、根が傷む」が見て取れる結果となった。

　そもそも茶園のウネ間は、整枝作業などで大量の枝葉が落ちる場所。そこへさらに、敷草や有機質肥料や堆肥を必要以上に投入すると、土の分解能力を超えてしまうことがある。また、施肥が集中するので酸性土壌になってしまう、乗用型摘採機や乗用型防除機で土が踏み固められる、殺菌剤が流れこむ、といったことも微生物をすみづらくさせる要因となっている。

　対策として、肥料の分施、**土ごと発酵**、発酵促進剤の投入、**石灰**でpH改善、深耕、**木酢**のかん注、**えひめAI**の流し込みなど、農家はさまざまな手を打ってきた。とりわけ「減肥」が叫ばれる茶栽培では、根を守ることが高品質へとつながっていく。

5月下旬、4～5mに伸びた幼竹を1m切り（田中康弘撮影）

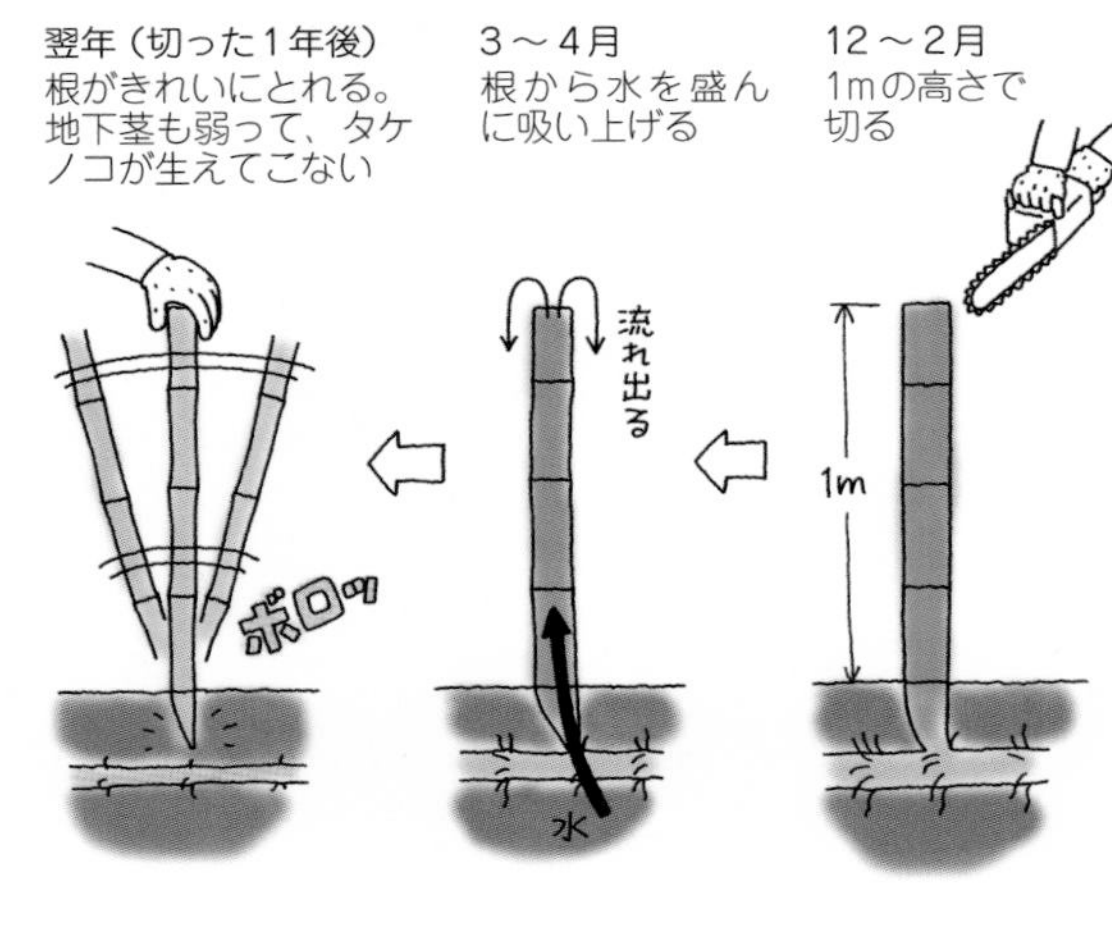

竹の1m切り

たけのいちめーたーぎり

　しつこく広がる**竹**を根絶やしにする画期的な技術。まず、冬の間（12月から2月）に竹を1mの高さで切っておく。すると、春に盛んに水を吸い上げ、やがて地下茎もろとも枯れてしまう（図）。

　記事は大反響で、竹の侵食に困り果てていた人々にとって、このうえない朗報となったようだ。1mの高さで切れば、切り株を踏んでケガをしてしまうこともない、といったよさもある。

　記事を読んで実践した人の事例から、新しい知見も生まれている。

・切る面積は広いほうがよい。竹林の一部だけを1m切りしてそこが枯れても、周囲から地下茎が侵入してきたらまた再生してしまうから。

・タケノコシーズンが終わって、5月下旬頃、4～5mに伸びた幼竹の1m切りも効果がある。幼竹なので柔らかくて切りやすいのもいい。

　後者の方法は「新・竹の1m切り」と名付けられ、元祖の冬切りと合わせ技で広がっていきそうだ。

5 畜産の用語

牛は草で飼うものだ

放牧
ほうぼく

家畜を屋外に放して飼うこと。温暖で雨が多い日本の無限の草資源を生かして家畜を養う技術。

戦後日本の畜産は大規模化・効率化が追求され、畜舎で集約的に飼う方法が主流となってきたが、近年、飼料価格が高騰し、糞尿処理問題などの矛盾も表面化してきた。放牧は、これらの課題を解決し、家畜を健康に飼える方法として価値が見直されている。北海道では豊富な草地を生かした放牧酪農が増加中だ。

中山間地域の**集落営農**で繁殖牛を飼うところも増えてきた。牛は、人が足を踏み入れることもできないような**耕作放棄地**の草やぶをきれいに食べてくれ、田畑をよみがえらせる。見通しがよくなって野生獣の潜み場がなくなり、獣害も減る。ムギ・ダイズなどの転作作物がつくりにくい排水性の悪い山の田んぼでは、**飼料イネ**を栽培し、

無限の草資源を生かすことができる放牧（田中康弘撮影）

高能力牛に対応する新二本立て給与法のしくみ

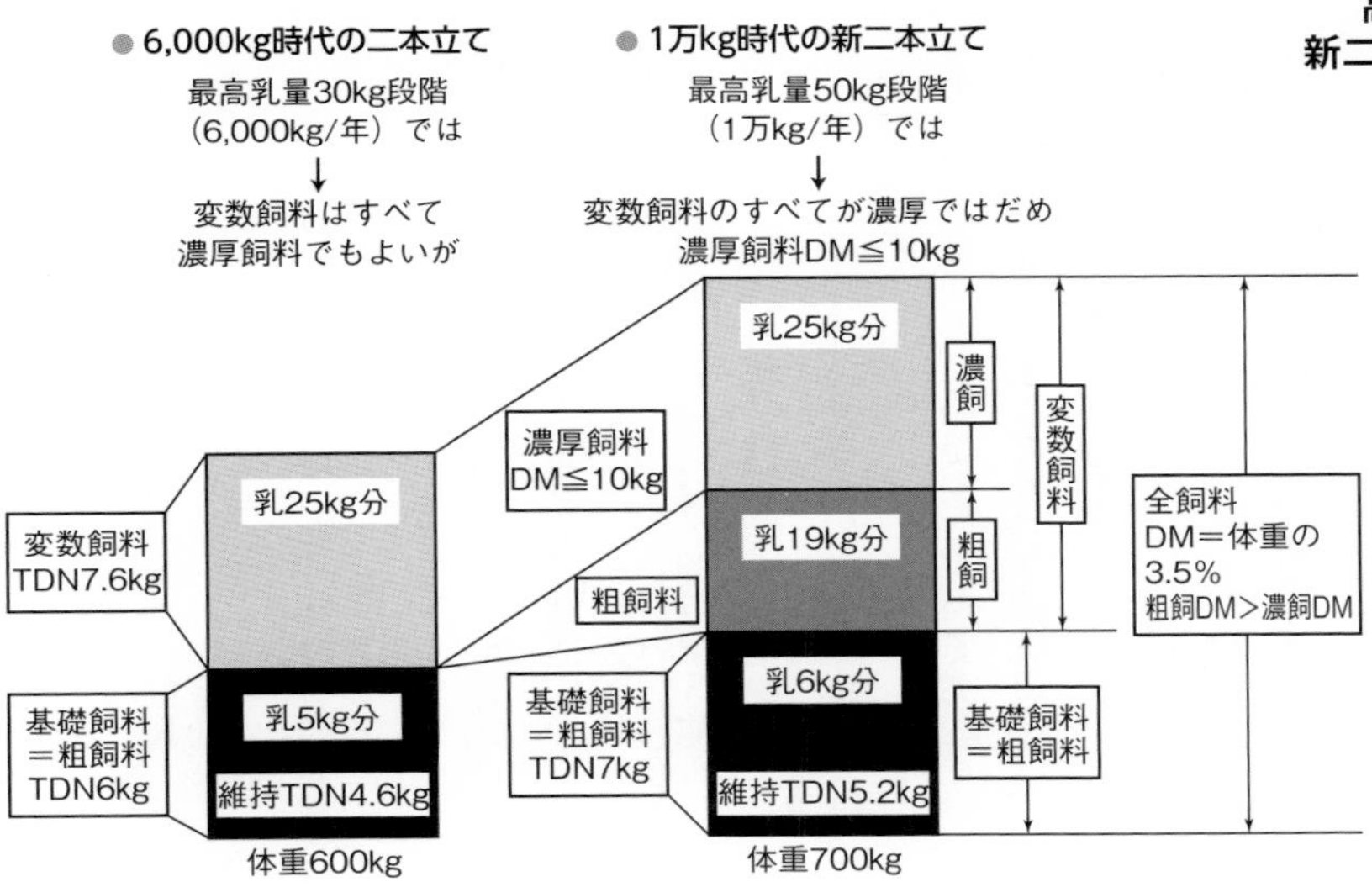

● 6,000kg時代の二本立て
最高乳量30kg段階
（6,000kg/年）では
↓
変数飼料はすべて
濃厚飼料でもよいが

● 1万kg時代の新二本立て
最高乳量50kg段階
（1万kg/年）では
↓
変数飼料のすべてが濃厚ではだめ
濃厚飼料DM≦10kg

変数飼料
TDN7.6kg
乳25kg分
基礎飼料
＝粗飼料
TDN6kg
乳5kg分
維持TDN4.6kg
体重600kg

濃厚飼料
DM≦10kg
粗飼料
基礎飼料
＝粗飼料
TDN7kg
乳25kg分
乳19kg分
乳6kg分
維持TDN5.2kg
体重700kg

濃飼
粗飼
変数飼料
基礎飼料
＝粗飼料
全飼料
DM＝体重の
3.5%
粗飼DM＞濃飼DM

そこに牛を放すという方法もある。必要な設備は水槽と電気柵、冬の簡易牛舎。基本的な作業は1日1～2時間の見回り程度と、労力もそれほどかからない。

マイペース酪農
まいぺーすらくのう

放牧を基本とし、化学肥料や濃厚飼料などの外部資源の投入を最小限に抑え、土、草、牛の関係・循環を良好に整えることを重視する酪農。北海道中標津町の酪農家・三友盛行さんが提唱し、北海道東部を中心に実践する人が増えている。単に自分（人間）のペースでのんびり酪農をするという意味ではない。規模拡大、濃厚飼料多給による高泌乳路線への反省にもとづく、永続的な酪農を追求する動きである。

1頭当たりの年間平均乳量は5000～6000kgと少ないが、飼料費、肥料費、減価償却費等の農業経営費がきわめて低く、牛も平均5産と長生きするため、所得率が高い。労働時間も1日6時間程度と少なく、小さくてもゆとりのある経営を実現している。

三友さんは、酪農にはその地域の風土に合った適正規模があると考える。北海道根釧地域の場合、牛1頭につき草地1haがもっともバランスのとれた関係だとしている。これより牛が増えすぎると、粗飼料が足りなくなって濃厚飼料依存型の酪農に陥り、飼料費がかさむうえに牛が病気になりやすい。1戸当たりの規模も経産牛40～50頭、牧草地40～50haが限度とした。これを超えると労働過剰で人が倒れ、牛の飼養管理がおろそかになる。糞尿処理施設等への投資も必要となり、それらの経営的ロスが規模拡大による利益を相殺する。

二本立て給与
にほんだてきゅうよ

千葉県の獣医師・渡辺高俊さん（故人）が全20万頭の直腸検査から乳牛を健康に飼うために編み出した飼料給与法。名称の由来は飼料給与を粗飼料（基礎飼料）と濃厚飼料（変数飼料）に、乾乳期と泌乳期に分けて考えることから。

もともと牛は草を食べて、自分の健康を維持し、受精し、胎内で子どもを育て、産み、哺乳（1日5kgほど）してきた生きものである。その基本的な生理を草で満たそうというのが基礎飼料である。乳牛が体を維持し、乳を5kg生産できるエサは、NR（栄養比）7・5～9・5。NRとはDCP（粗タンパク質）とTDN（可消化養分総量）のバランスで、（TDN－DCP）／DCPで導く。

いっぽう濃厚飼料（変数飼料）は乳牛が乳を出すためのエサで、分娩後1週間まで無給、8日目に500g給与し、その後は毎日1kgずつ増給。乳量27kg・給与量5kgになってからは、乳量2kg増で1kg増給。泌乳ピーク後は乳量5kg減で1kg減給。乾乳で無給となる。

この給与法は多くの酪農家によって実践され、繁殖障害を克服しながら年間乳量を5000kgから7000kgくらいに引き上げた。しかし、のちに1万kg以上の泌乳能力を持つ牛が増えてくると、濃厚飼料は胃が正常に働く上限10kgを超えて給与せざるを得なくなった。10kg以内に抑えると栄養不足でタネが止まらなくなる。そこで、渡辺さんは宮城県の酪農家・佐々木富士夫さんに泌乳期の粗飼料のNRを下げる飼料設計を託した。つまり、粗飼料の産乳量を引き上げることで、濃厚飼料10kg以内のまま、1万kg以上の牛に対応できるようにした。

佐々木さんは自ら実践してこれを確認し、「新二本立て給与法」を確立した（71ページ図）。

さんどいっちこうはい・ごげんこうはい
サンドイッチ交配・五元交配

サンドイッチ交配とは、宮城県の獣医師・宮下正一さんが提唱する和牛（黒毛和種）の交配法。種雄牛の系統を、増体しやすい体積系と肉質が高まりやすい資質系の二つに分け、3代祖（父、母の父、母の母の父）が2系統の互い違いになるように（サンドイッチのように）交配する（体積系―資質系―体積系、または資質系―体積系―資質系）。枝肉重量が上がり、肉質もよくなり、総合的な枝肉成績が安定する。

さらに宮下さんは、サンドイッチ交配の進化形として「五元交配法」を提唱。和牛の系統を藤良系、気高系（以上体積系）、安美系、茂金系、菊美系（以上資質系）の5系統に分け、牛の3代祖のなかにこれらがバランスよく入るように交配すると、枝肉成績が一層安定するという。

近年の黒毛和種は、一部の優秀な種雄牛に人気が集まる傾向がある。人気の種雄牛

五元交配の例

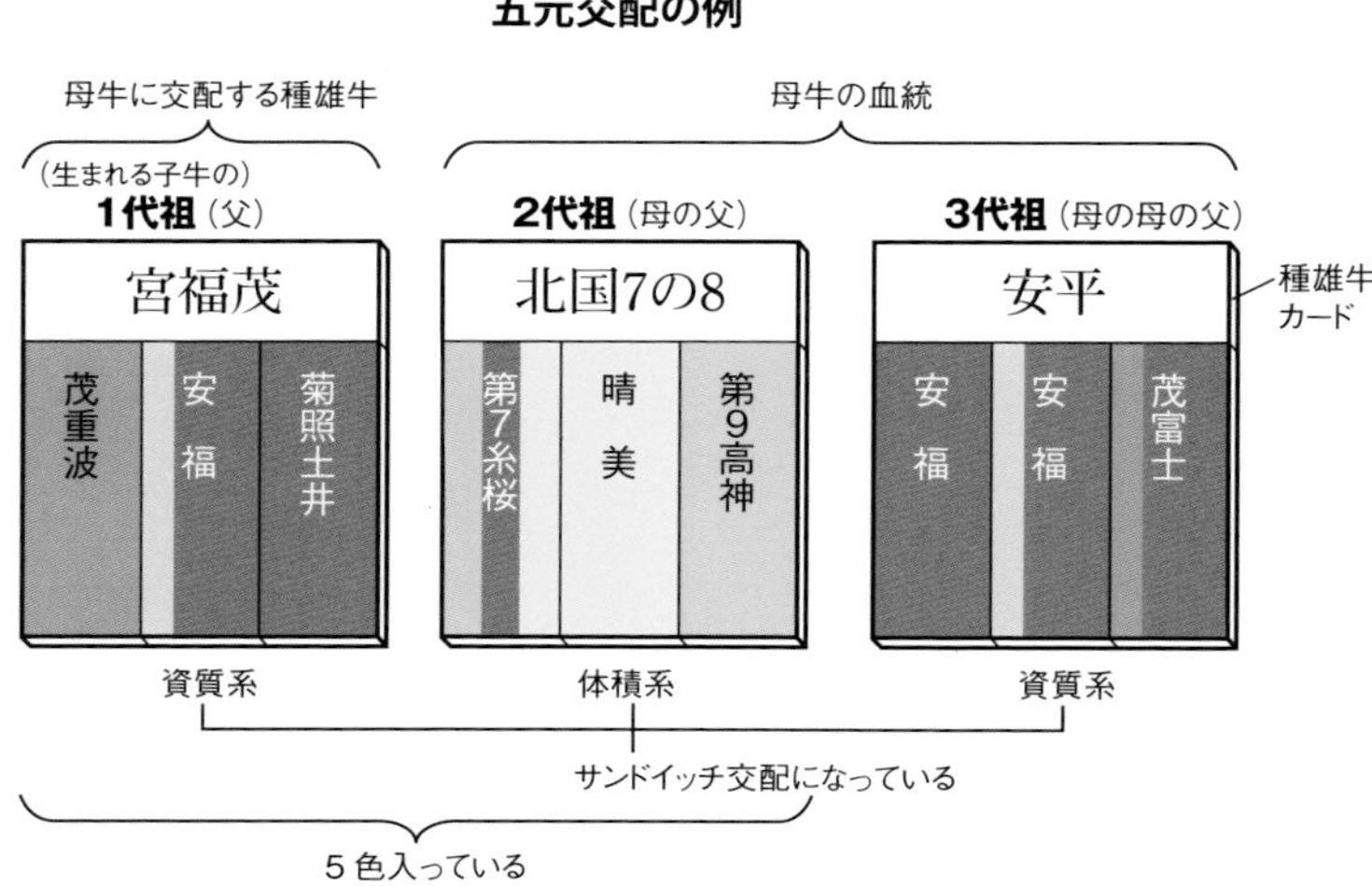

3代祖を系統別に5色に色分けした種雄牛カードをならべ、生まれる子牛の3代祖までの中に5色が入り、なおかつサンドイッチ交配になっていれば理想的な五元交配となる

ばかりタネ付けしていると知らず知らずのうちに近親交配となり、子牛が虚弱に産まれるなどの遺伝障害が起こりやすい。五元交配法を実践すると必然的に血縁の遠い種雄牛どうしの交配になるため、近親交配による異常産・遺伝病を防ぐことができる。また、雑種強勢効果が発揮され、産まれる牛が健康で、繁殖性、肥育性もよくなる。

重曹給与（雌雄産み分け）

じゅうそうきゅうよ（しゆううみわけ）

和牛では母牛に重曹を毎日30g給与すると高値で売れるオスが生まれやすくなり、乳牛では重曹の給与を中止して第1胃のpHを下げると、後継牛となるメスが生まれやすくなる。獣医師・宮下正一さんがこの傾向を発見した。

理由はまだ明らかになっていない。重曹を与えると第1胃内のpHとともに母体、とりわけ発情時の粘液や子宮内の粘膜などがアルカリ性に傾き、授精時にオスの遺伝因子であるY染色体に何らかの作用が働くのではないかと宮下さんは考えている。人間の精子の研究では、オスになる精子がメスになる精子よりも酸に弱いことを指摘する研究者もいる。

高タンパク育成

こうたんぱくいくせい

昔から「子牛のハラは粗飼料で作る」といわれ、和牛の子牛のエサは長ワラ主体で濃厚飼料をほとんど与えないやり方が主流だった。だが、最近は枝肉重量で500kgを超える大きい牛を出荷することが肥育生産者の目標となっている。そのためには、肥育に移っても食い止まらない胃袋（第1胃、ルーメン）を持っていることが必要となる。そこで、生後すぐからタンパクの高い濃厚飼料を給与して発育をよくし、胃袋を大きくするとともに、飼料を多給しても消化してくれる力強い胃袋を作り上げる育成方法が提唱された。鹿児島県の獣医師・松本大策さんが提案し、北海道の試験で発育成績も実証され、全国に普及している。

いち早く高タンパク育成を取り入れた岡山県の内田広志さんのやり方は、①スターターと呼ばれる高タンパク飼料を生後数日目から与えはじめ、4カ月齢までに1日4kgまで増給、②離乳後は育成用の配合飼料の上限を4kgとし、栄養価の高い良質乾草を多給する。以前と時期こそ変わったが、これはやはり「草でハラを作る」ということで、そうやって育った内田さんの子牛はルーメンが発達し、粗飼料を食い込めるから肥育でグーンと伸びる。去勢なら枝肉重量で500kg以上、BMS（脂肪交雑）5〜8になり、肥育農家が本当に儲かる牛になるという。

脱・化粧肉

だつ・けしょうにく

「化粧肉」とは、出荷直前の子牛に濃厚飼料を多給することでつく皮下脂肪、いわゆる無駄肉のこと。昔からセリでは大きくて体重がのっているほうが高値で売れるので、育成後半に濃厚飼料を増やして子牛を太らせる繁殖農家も多い。しかし化粧肉がついた子牛は粗飼料の食い込みが足りず、肥育時に食い止まりを起こすなどの支障が出る。だから肥育農家は子牛導入後の1〜3カ月間は粗飼料をたくさん食わせたり濃厚飼料を控えたりして、化粧肉を落とすための「飼い直し」をする。繁殖農家も肥育農家も、本来必要ないはずのことに無駄なお金と時間を使っているというわけだ。

鹿児島県肉用牛振興協議会姶良支部では、肥育農家が喜ぶ「脱・化粧肉」の子牛を育

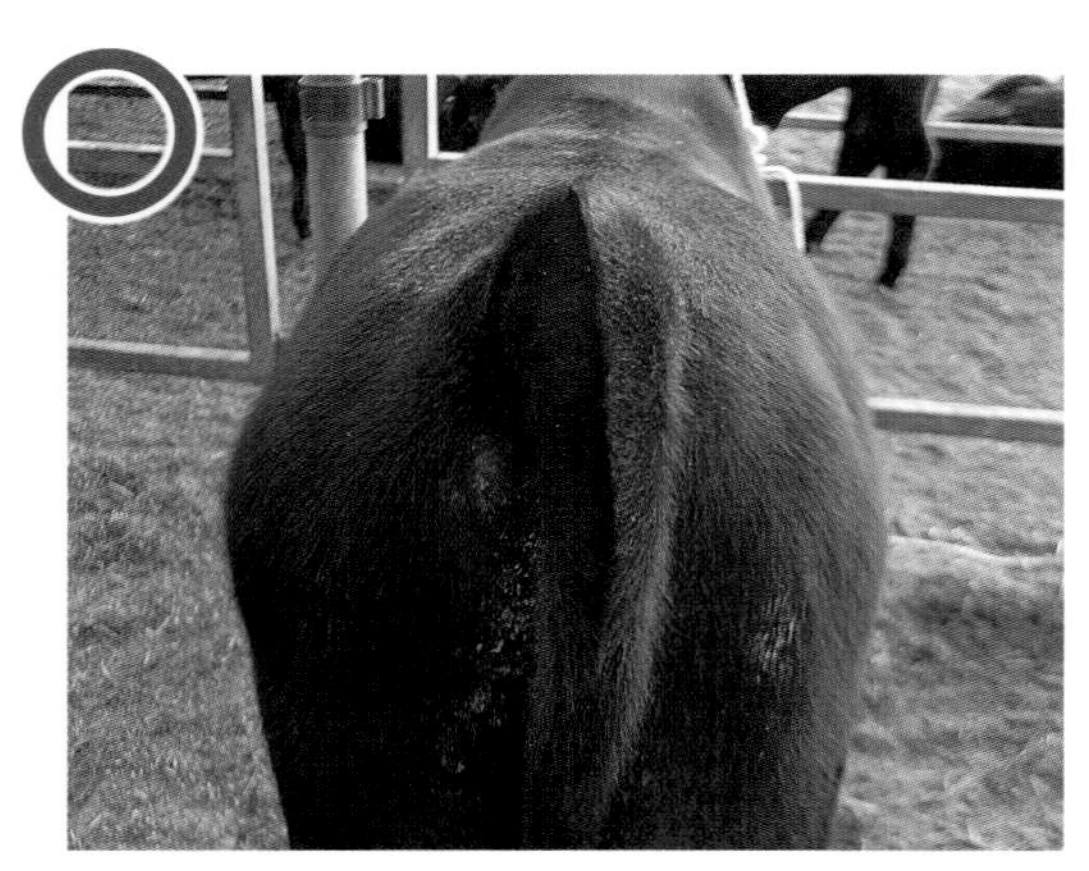

尾元が太く尻幅があって大きく見えるが、
無駄な脂はついていない

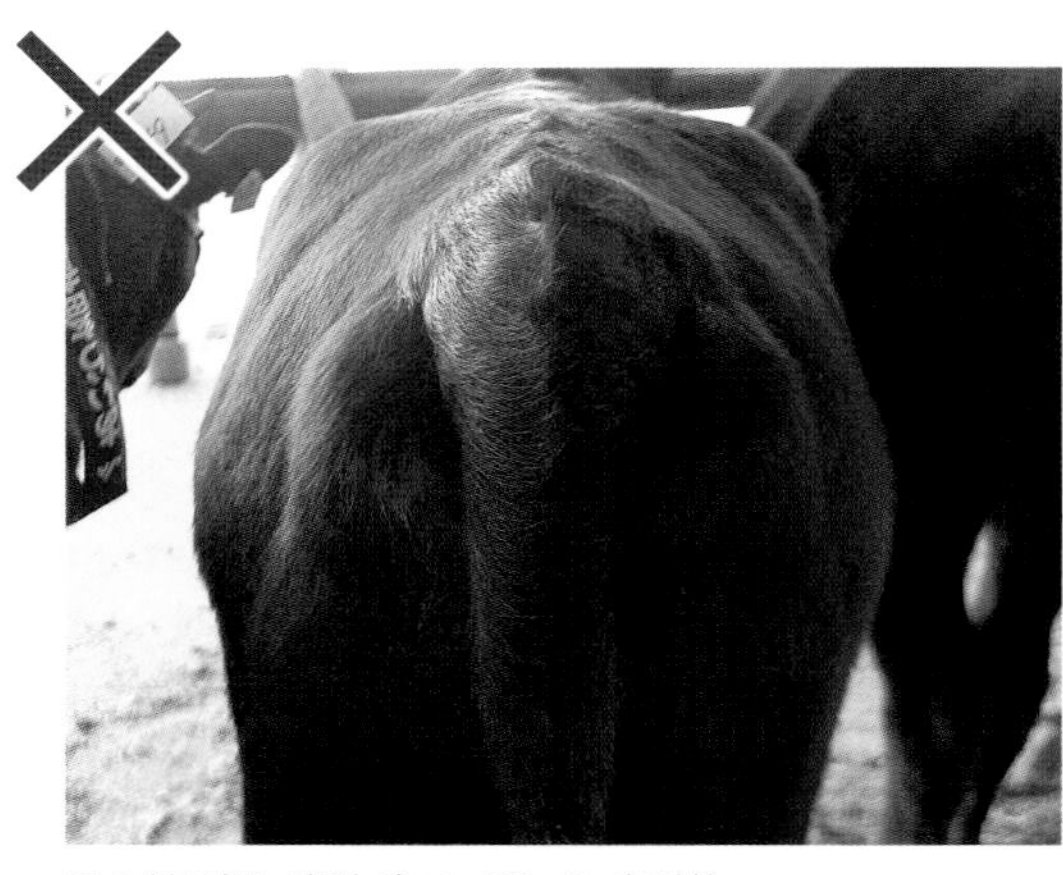

尾の付け根に脂肪がついている（尾枕）。
内臓脂肪がついている証拠

てるための飼養管理マニュアルを作成。育成前期は早めに高タンパクの濃厚飼料を多給し第1胃の絨毛を発達させることで、育成期後半に粗飼料を食い込める胃袋ができる「**高タンパク育成**」に地域で取り組んだ。このマニュアルで育った子牛は骨格も大きく筋肉もつく。出荷直前に濃厚飼料で体を大きくするわけではないので無駄肉がつかず、飼い直しが必要ない子牛が出揃い、肥育農家には高値で売れるようになった。子牛の能力を引き出す栄養管理であり、出荷時期も早まるので、繁殖農家にとってはコストダウンできることも大きい。セリでも見かけの大きさではなく肋張りなどを見極めて評価する肥育農家の動きが全国的に出てきている。

しましまぎゅうしゃ
シマシマ牛舎

鹿児島県の家畜人工授精師・池之上祐二さんが考案した牛舎の様式。ドーム型牛舎、サンシャイン牛舎とも呼ばれる。屋根に畜産波板とポリカネート（透明な波板）を交互に張ってシマシマ状にすることが特徴。牛舎内に適度に日光が入るので床が乾きやすく、牛舎のニオイが減る。牛のストレスも減り、日光浴効果も加わって受胎率がよくなる効果も出ている。手間のかかる敷料交換（または糞出し）の回数を大幅に減らせるので、高齢農家でも牛飼いを続けられたり、増頭する人もいる。南九州を中心に広がっている。

池之上祐二さんのシマシマ牛舎

飼料イネ（WCS）

しりょういね（だぶるしーえす）

おもに牛の飼料用にするイネのこと。乳熟期～黄熟期のイネ茎葉をモミごと収穫して密封し、**乳酸**発酵させたホールクロップサイレージ（WCS）の形で利用されることが多い。牛の嗜好性も高く、食いつきがよいといわれている。転作田で急速に生産が増加中（**飼料米**の項目を参照）。

乳を生産する乳牛用にはタンパクが高い乳熟期に収穫し、繁殖和牛用には黄熟期に収穫するとちょうどよい。また、応用形として飼料イネを収穫せず立毛状態のまま牛を放牧して食べさせる「立毛放牧」も実践されている。西南暖地では、早めに収穫した後に施肥、湛水してひこばえを収穫したり、飼料イネの二期作に挑戦している農家もいる。

栄養価を牧草と比べると、モミが含まれている分カロリーは高めで、タンパクが少なく、消化されにくい繊維分が多い。反芻を促す飼料としては最適だが、飼料イネだけを粗飼料にするとタンパク不足になりやすい。タンパクの高いヘイキューブ（アルファルファ乾草を圧縮したもの）などと組み合わせるとバランスがよくなる。

飼料米

しりょうまい

家畜の飼料用に生産された**米**。エサ米ともいう。茎葉も含めた稲株全体をエサにする**飼料イネ（WCS）**は、食物繊維が多い粗飼料だが、飼料米はカロリーが高い濃厚飼料。アメリカからの輸入が多い飼料用トウモロコシとタンパク質やカロリーはほぼ同じなので置き換えが可能だ。農水省によると潜在需要は450万tにもなるという。

2008年度から新規需要米として「米で転作」が認められると、従来の食用米と同じ機械でつくれることから、米粉用米とともに作付面積が増加した。2014年度からは、収量が多いほど補助金の額が上がる数量払いが導入され（10a当たり最大10万5000円）、稲作農家の増収意欲を喚起。面積が急増し、2016年度は9万1169ha、生産量は48万tまで増えた。

濃厚飼料に使われる穀物の国内自給率は2011年時点でわずか12％だが、飼料米の作付けが増えることで日本型畜産への道も拓けてくる。国全体としてのエサの自給率を高めるだけでなく、飼料米は地域内での畜産農家と稲作農家の連携・交流をもたらした。そのなかで、エサとしての給与技術や運搬、加工、保管などの工夫も生まれている。

飼料米をいちばん使いやすいのは、モミのまま給与が可能なニワトリだが、モミ米サイレージ（SGS＝モミに傷をつけて加水、乳酸**発酵**させた飼料）は牛や豚への給与が可能だ。破砕機さえあればカネも手間もかからない地元流通向きの加工方法でもある。一般に使われる配合飼料（トウモロコシを中心にほかのエサを組み合わせた濃厚飼料）に比べると飼料米はタンパクが低いが、組み合わせるエサの選択や、血中（肉牛）、乳中（乳牛）の尿素態チッソを目安に量を加減して使いこなす技術も確立されてきた。

遠い外国産のエサより　地元の田んぼ産のエサ

放牧養豚

ほうぼくようとん

豚を野外で飼養すること。手間やコストが減らせるだけでなく、豚は土掘りや泥浴びなどの行動が自由にできるので、舎飼いに比べてストレスが大幅に減り、病気にかかりにくくなる。また、東北大学の佐藤衆介教授らの研究では、放牧豚の肉は舎飼いの豚に比べてオレイン酸などの不飽和脂肪酸が多く、肉色が濃く、豚臭さが少なく、イベリコ豚のようなおいしい肉になることがわかった。

放牧養豚にはいろいろなやり方がある。たとえば「離乳期放牧」。離乳期の子豚は感染症に弱いので、離乳期に限り一群ずつハッチ（小屋）つきの放牧場で群飼する。密飼いにならず、他の群とも離れているので感染症が発生しにくく、広がりにくい。

また、体重30kg程度の子豚を市場で買い、体重100kg程度まで放牧で肥育する放牧肥育も広がっている。雨風を防げる簡易な小屋と、金網や電気柵、飲み水の確保ができればいいので、低コストで始められる。特別な技術が必要なく初心者でも取り組みやすいため、耕種農家が**耕作放棄地**で取り組む動きもある。

自然卵養鶏

しぜんらんようけい

岐阜県の中島正氏が提唱した小羽数平飼い養鶏のこと。10万、100万羽単位という大型ケージ養鶏のあり方に疑問を投げかけ、平飼いと自家配合飼料を基本に、ニワトリの生態にあった健全な生育と良質な卵の生産をめざす。

鶏卵は、産直を中心に付加価値を付けた価格で販売されるが、品質の高さから消費者に受け入れられ続けている。

近年では、添加物投与などでむりやりに差別化した特殊卵も出回ってきた。それとの区別の必要もあって、中島氏はさらに①開放鶏舎、②発酵飼料、③自家労力、④低成長育成、⑤腹八分給餌、⑥八分目産卵などを条件として挙げている。

なお、養鶏家による消費者教育の必要性が提案されるなど、実践者の多くが、産直という顔の見える関係づくりについて、高い意識を持ち続けてきたことも注目したい。

畜産の土着菌利用

ちくさんのどちゃくきんりよう

土着菌の畜産利用は、韓国自然農業協

平飼いの
ボリスブラウン

会・趙漢珪さんによって提唱された。

今の畜舎は頻繁に殺菌することで微生物叢が貧困化し、家畜の腸内細菌も抗生物質の投与でバランスを失いがち。そのため、その土地に馴染んだ土着の微生物を近くの山野から採取・培養・拡大し、畜舎や家畜体内に取り込むことで、舎内環境や家畜の体調を改善するという考え方。

たとえば養豚では、豚舎の床を1m程度掘り下げ、そこにオガクズ、地元の土、**自然塩**、土着菌**ボカシ**を入れ、廃糖蜜を薄めた水などでしっとりするくらい水分調整する。そこに豚を入れると、糞尿と豚の掘り返しによって床が自然に**発酵**。糞尿の分解が早く進むので、畜舎は悪臭がなくハエが発生しない。敷料交換も必要なく、ときどき水分調整のために床を攪拌したりオガクズ等を足すだけでいいのでラク。豚は発酵床を食べるので腸内で多様な**土着微生物**が働き、健康な豚になる。そのため母豚の繁殖成績、子豚の生存率、肉豚の増体・上物率等がアップする。

かちくのおきゅう
家畜のお灸

人間と同じように牛や豚にも多くのツボ（経穴）がある。そのツボにお灸をして家畜がもつ自然治癒力を発揮させ、病気や障害を治療する東洋医学的手法。速効性で副作用がなく、薬物も使わず、味噌とモグサさえあればいつどこでもできるのが魅力。獣医の安部敬一さんは、牛の繁殖障害のほか、第4胃変異、乳房炎、下痢症などほとんどの病気に効果があることを確かめた。

お灸は背骨・腰骨周辺の6～10数カ所に据えるのが一般的だが、もっと簡単な方法も各地で実践されている。酪農家の八重森秀武さんは、たった1カ所（両側の腰角を結んだ線と背骨が交わるところ）にお灸するだけでも乳牛の発情回復に効果があると見ている。獣医師の宮下正一さんは、お湯とアルコールを浸み込ませた手ぬぐいを牛の背骨の上に置き、火をつける「手ぬぐい灸療法」を開発。山口県の恵本茂樹さんは、1カ所に据えるモグサを通常の4分の1（0・5g）にしても効果が変わらないことを実証した。

げりどめ
下痢止め

おもに牛や豚で、身のまわりにあるものを生かしたさまざまな下痢止め、下痢予防の工夫が行なわれている。お金がかからず、抗生物質の多用による耐性菌の出現や副作用の心配がない。

下痢による脱水症状を予防・改善するものとしては、ポカリスエット粉末や塩と砂糖をお湯で溶いたものがある。下痢による低血糖を防ぐため、バナナやカロリーメイト缶を与えてカロリーを補給する人もいる。腸内細菌を整える生菌剤的なものには納豆をミキサーで溶かした液、ヤクルト、**えひめAI**、カスピ海ヨーグルト、**米ヌカ発酵**飼料などがある。これらは市販の生菌剤と同じく下痢予防を期待して日常的に与えておくほうがいい。下痢止めの民間療法としてはマムシの焼酎漬け、梅酢、梅の砂糖漬け液、ビワの葉エキス、正露丸を溶かした柿の葉茶、クマザサ茶、ゲンノショウコ茶、ワカマツ錠、山ハギ、乾燥**竹パウダー**、ニラ、すりつぶしたニンニク、卵の白身、酢卵、**木酢**、**炭**の粉、アワ殻、**お灸**などがある。

子牛や子豚は敷料についた母親の糞を口に入れることで腸内細菌叢を形成していく。そのため、お腹によいもの（ニンニク、片栗粉、上記の生菌剤的なものなど）を母親に与えて母体の腸内を健康に保っておくことも、子の下痢予防に効果的といわれている。

土つくり・施肥法

耕盤探検隊（こうばんたんけんたい）

『現代農業』２００６年10月号で初めて結成された現代農業編集部の特別任命チーム。

与えられた使命は「耕盤はどこにもあるのか」「どんな形、色、厚さ、硬さをしているのか」「どのような実害があるのか（あるいは効用があるのか）」「どのように

探検隊が千葉のネギ畑で掘り出した耕盤（倉持正実撮影）

これが
プレート状の
耕盤だ！

してできるのか」などを農家の実際の圃場で明らかにすること。

翌年も精力的に探検を続けた結果、耕盤は厚さや硬さこそ違えど、わりとどこにでもあることが判明。千葉県のネギ圃場では15㎝ほどの厚さの耕盤を掘り出すことに成功した（写真）。

チームは耕盤をより視覚的に見せるためにさまざまな道具を使うのが特徴で、白ペンキを流すことで耕盤を突き破る根穴があることや、土を耕盤の下まで掘り下げた断面に箸を挿すことで「表層は軟らかく、耕盤部分が硬く、その下層はまた軟らかい」ことなどを明らかにした。そして耕盤はつまり「深耕したり何度も耕耘したりして土を軟らかくしたところへ機械の踏圧がかかるとできやすい」との考えに至った。

大雨による湿害が増えるなかで

その後、あえて耕盤を活かして、根を下層に張らせないことで青枯病を防ぐ農家の実践も紹介している。水田転換畑などでは、耕盤は必ずしも悪者ではないというのも、探検隊の結論。耕盤とは「うまくつきあっていく」のも、一つの農家技術である。

脱プラウ（省耕起）
だつぷらう（しょうこうき）

収穫後のプラウ耕はおもに北海道の畑作で長い間常識とされてきた。だが、「プラウ耕は百害あって一利なし」と問題提起したのが元北海道大学の相馬尅之さん。相馬さんは、北海道の畑の物理性を広く調査するなかで、「ロータリによる過度な砕土＋プラウ耕」が、土壌の間隙（隙間）を減らす原因であることを突き止めた。春先に一度ロータリで軟らかくした土は、作物が生育する春から秋に機械の踏圧で締まり、その土を秋にプラウで練り返すように下層に入れると、下層は間隙のない層となってしまう（下図）。間隙がなければ水は通らず、当然根も伸びることができない。

また、㈱渡辺農事の寺田保さんも「深耕信仰」を批判する。プラウ耕で微生物の少ない下層を反転して上に出すと、上層は高

ロータリ耕とプラウ耕による圧縮土壌の入れ替え

ロータリ耕（春）

上層はロータリによりとても軟らかくなる

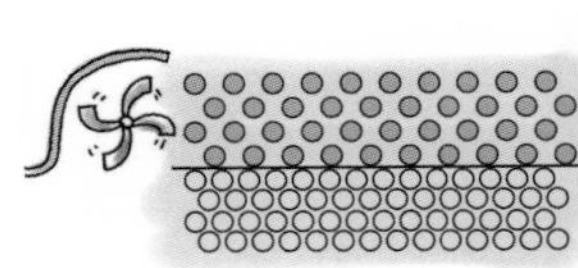

機械による作業（春～秋）

軟らかくした上層に機械が入り圧縮される

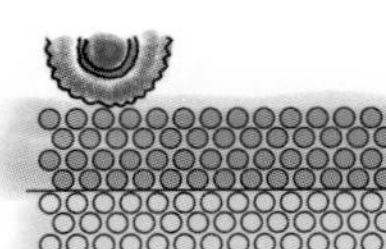

プラウ反転耕起（秋）

上層で圧縮された土壌が下層に持っていかれる

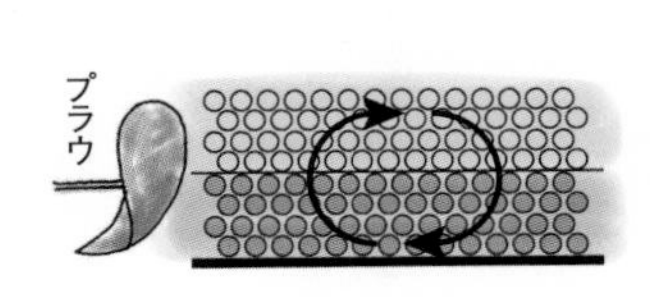

土と肥料

温・乾燥に弱くなり、ダイコンの萎黄病菌などが異常繁殖する。また、プラウ耕で下層に犂底盤（りていばん）ができると排水が悪くなり、長雨後のレタスやハクサイは根が傷んで**石灰**を吸えず、チップバーンが多発する。

　さらに農家の実感としても、嫌気的な深層にすき込まれた粗大有機物は分解しづらく根傷みを引き起こすことや、肥沃な表土を深層に入れ込むと肥料効率が悪いということがあった。

　このような事情から、近年、北海道の畑作地帯では、プラウ耕をやめ、レーキや**ハロー**、スタブルカルチなどで浅く粗く耕すだけの「省耕起」に転換する動きが広がっている。プラウ耕をやめた農家は、「畑の物理性が改善し、保水性と排水性が向上する」「夏の畑の過乾燥がなくなる」「病気が減る」「施肥量が減らせる」「作業工程が減り、体がラクで燃料代が浮く」「雪解け水が停滞しないので、春は畑に早く入れる」など、さまざまなメリットを感じている。

　プラウ耕をやめた上で、土壌の間隙を再生するために相馬さんが推奨するのは、練り固められた土壌に**サブソイラ**などで強制的に亀裂を入れる心土破砕である。ただし作業速度が速いと、せっかくあけた亀裂が自然に閉じてしまうため、時速2～3㎞という眠くなるほどのゆっくりスピードで行なうように、とのことだ。

ヤマカワプログラム
やまかわぷろぐらむ

　ゲリラ豪雨や長雨が頻発し、畑に湿害が発生しやすくなった北海道で生まれた話題沸騰の方法。

　耕盤の土を煮出した液「土のスープ」・酵母エキス・**光合成細菌**の3点セットを畑に散布するだけで、「耕盤が抜ける」（排水性がよくなる）という。考案者の山川良一さんによれば、これは耕盤が「壊れる」というよりは、微生物によって何らかの変化を起こした、ということ。硬く締まった耕盤層にも微生物はおり、3点セットがその微生物を活発に活動させるトリガー（引き金）になるのだという。

　にわかには信じがたい話なのだが、現場では本当に結果が出ている。北海道栗山町のタマネギ畑では、ガチガチだった粘土質の畑に棒が深く刺さるようになったり、ドブ臭かった耕盤層の土が森の土のような匂いに変わったりと、さまざまな変化が起きた。なによりタマネギの根が耕盤層の下まで伸びるようになり、干ばつや大雨の影響を受けにくくなったという。

　サブソイラなどで耕盤を破砕するのと違い、畑にもともといる**土着菌**に硬い耕盤層を軟らかくしてもらう方法。**緑肥**も活用して微生物が安定して活動するようになれば「いずれ、3点セットも必要なくなる」と山川さん。

　今後も進化しそうなヤマカワプログラムからは目が離せない。

炭素循環農法
たんそじゅんかんのうほう

　ブラジル在住の農家・林幸美さんが本誌に執筆した記事をきっかけに広まった。一般的な栽培ではおもな肥料はチッソだが、炭素循環農法では圃場の微生物を活かすためにチッソより炭素の施用が必要だとする。**C/N比**（炭素量とチッソ量の比率）の高い**廃菌床**やバーク堆肥、**緑肥**、雑草などを浅くすき込むだけで、そのほかの肥料はいっさいなし、それだけで虫も病気も寄らない極めて健康な作物が育つという。

　微生物によって有機物が分解されるときは、C/N比によって分解のされやすさが変わる。炭素循環農法ではC/N比40を境に、これ以下ならバクテリア（細菌類）が、これ以上ならキノコ菌などの糸状菌がおもに働くと考える。糸状菌は、いったん縄張りを確保し有機物（**カタイ有機物**）をガードしてからゆっくり分解する性質をもっているので、一度に大量のチッソを必要とせずチッソ飢餓を起こさない。逆にC／N比が低い有機物は、バクテリアによる急速な分解のためにチッソを一度に必要とするのでチッソ飢餓を招く原因になる。

炭素循環農法では、微生物などの土壌生物がもっているチッソ以外の無機態チッソは過剰と考える。一般にはこの無機態チッソが作物の肥料と考えるが、C／N比を下げて糸状菌の働きを邪魔するもとであり、病害虫発生の直接原因になると見ている。

カタイ有機物

かたいゆうきぶつ

モミガラ、せん定枝、**竹**など、微生物にとって分解しづらい有機物。**C／N比**が高く（炭素分が多い）、セルロースやリグニンなどの難分解性の炭素化合物が多いため、分解がゆっくりで、微生物のエサとして長持ちする有機物といえる。

カタイ有機物を生のまま畑に施すと、これらを分解するために、本来作物が吸うべき無機態チッソが微生物によって横取りされ、チッソ飢餓が起こるといわれる。しかし実際のところは、カタイがために微生物の増殖スピードもゆっくりで、チッソ飢餓は起こりにくい。それどころか、カタイ有機物を分解するのが得意で、スターター的な役割を果たす糸状菌（とくにキノコ菌）がネバネバの菌糸を盛んに分泌し、土の**団粒**化を大いに助けてくれる。

この粘物質によって形成されるのは、耕耘や降雨で容易に崩れてしまうマクロ団粒だ。マクロ団粒は、比較的安定したミクロ団粒と違い、形成と崩壊を繰り返す。これを持続的に保つためにはカタイ有機物を圃場に投入することがポイントとなる。こうして、糸状菌の活動を起点に土の団粒を促し、作物が快適に育つ環境をつくることを、『現代農業』では「畑の菌力アップ」と呼んでいる。

いっぽう、魚粕や**鶏糞**などC／N比が低く（チッソ分が多い）、微生物（おもに細菌）が一気に殖える有機物は「やわらかい有機物」である。微生物の増殖スピードは速いが、分解されつくすのも早いため、これだけではマクロ団粒はあまり形成されない。菌力アップするには、カタイ有機物にやわらかい有機物を適量混ぜて、初期の分解を補うような使い方がよいだろう。

なお、C／N比は高いが、脂質やヘミセルロースといった易分解性有機成分の多い**カヤ**（ススキなど）や、分解が一定程度進んで菌体タンパクや糖が豊富に含まれる**廃菌床**は、中間的な「やわカタイ有機物」と位置付けられる。カタイ有機物を適度に含みつつ、微生物も咀嚼しやすい有機物であり、畑の菌力を総合的にアップさせる身近な資材として注目されている。

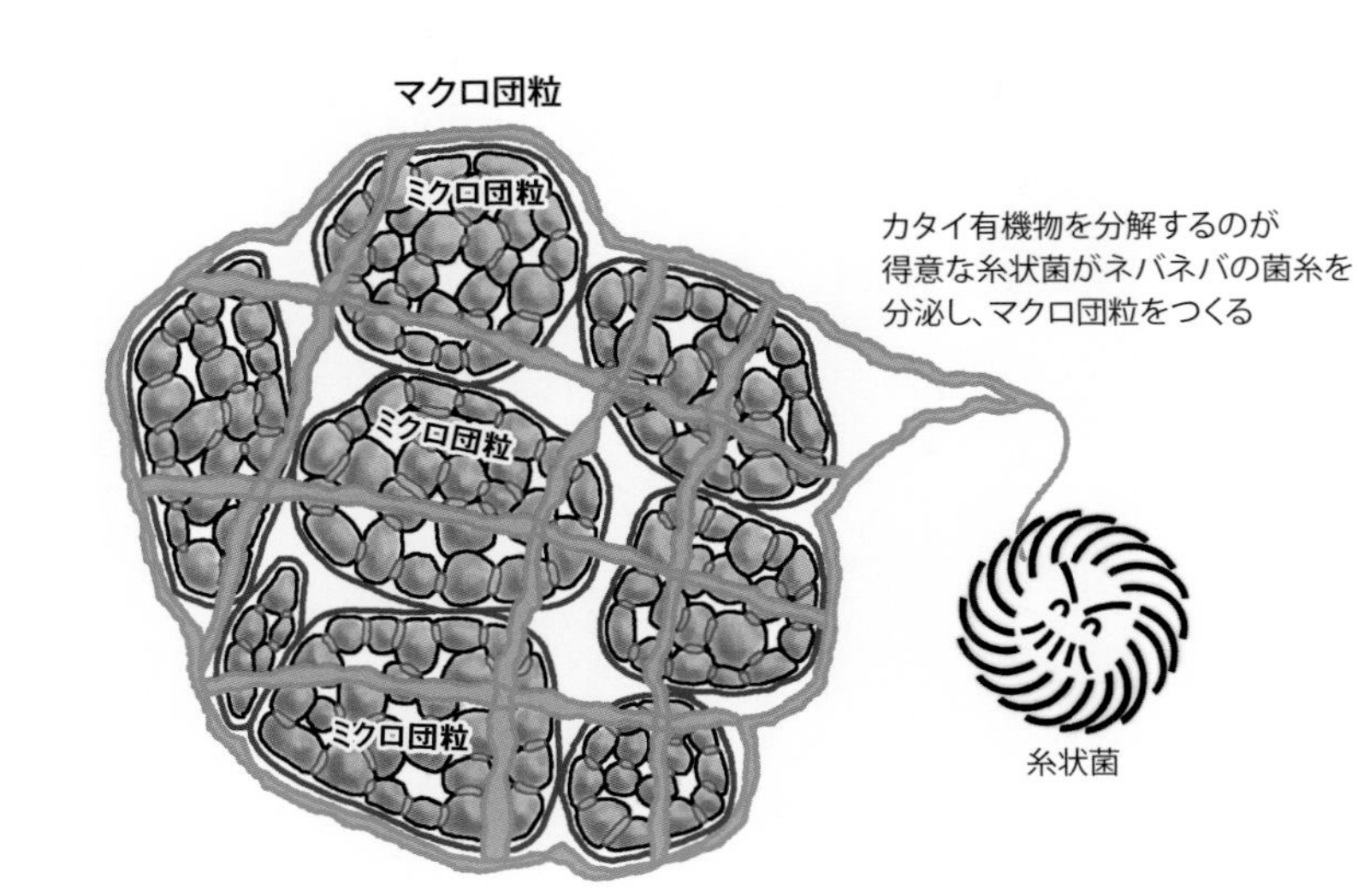

作物と微生物を邪魔しない施肥とは

自然農法・無肥料栽培

しぜんのうほう・むひりょうさいばい

『現代農業』では2010年8月号で「自然農法が知りたい」というテーマで巻頭特集を組んだ。青森県・木村秋則さんの自然栽培「奇跡のリンゴ」が話題になって以来、農家の間でも、無肥料無農薬の自然農法への関心が高まっていた頃だ。

自然農法といっても流派はいろいろ。岡田茂吉・福岡正信・川口由一さんらの大御所もいるし、最近は木村秋則・赤峰勝人さんらが有名だ。**炭素循環農法**も人気がある。それぞれやり方も信念もいろいろで整理がつけられるものではなさそうだが、共通の見解に、どうやら「むやみな施肥が作物の生育を乱す」ということがある。

人為的な施肥行為で作物を「育てよう」とか「大きくしてやろう」とか思うと、病気や虫がつき、農薬が必要になる。作物は「育てる」ものではなく「育つ」もの。人はそれを待てばよい……。

特集を通じて、自然農法や無肥料栽培に転換するのは簡単なことではないと思ったが、作物の力・土の力・自然の力を邪魔せず、うまく発揮させることこそが農業技術の本質だったのでは、ということに気づかされた。

ちなみに記事では、「無肥料でなぜ作物ができるのか？チッソ収支が合わないではないか？」という問いに、MOA自然農法文化事業団の木嶋利男さんは「チッソ固定菌はマメ科だけではない。作物体内にも昆虫体内にもいくらでもいる。だがそういう菌はチッソがたくさんあるところでは殖えないし働かない」と答えている。

木嶋さん曰く、現在、生態がわかっている微生物は全体のわずか0・1％で、99・

無肥料無農薬でも1kgを超える巨大なリザマートができる
（赤松富仁撮影）

9％は未解明なのだそうだ。
無肥料で立派に育っている作物は現実にある。自然農法から学べることはまだまだありそうだ。

えんどふぁいと

エンドファイト

生きている植物体の組織や細胞内で生活する生物のことで、大部分の植物種をすみかとする。宿主である植物に対してチッソ固定や**リン酸**の供給のほか、病害虫に対する全身**抵抗性を誘導**する。いっぽうエンドファイトの側は、植物から光合成産物（ブドウ糖など）の提供を受ける共生関係にある。アーバスキュラー**菌根菌**もこの一種。

イネ用に資材化されたエンドファイトでは、**斑点米**カメムシ被害の軽減、いもち病に強くなる、生育が促進され増収するなどの効果が報告されている。ほかにも、ハクサイの根こぶ病やアスパラガスの立枯病を抑制するものなども見つかっている。

木嶋利男さんは、山林の**落ち葉**下の土など、**土着微生物**が多く含まれる培土に、胚軸で切断した苗を挿し木すると、苗の組織内に土着微生物が入りエンドファイトとして繁殖することを報告している。ただし微生物が組織に入り込むには適期があり、たとえばトマトの場合、本葉展開～3枚の間に挿し木するのがよいという。

ひょうめん・ひょうそうせよう

表面・表層施用

有機物を土へ深くすき込まず、土の表面に置くか、浅起こしで表層の浅い部分に入れることをいう。

生の有機物を土中深くに入れてしまうと腐敗しやすく、根傷みなどの原因となるが、表面・表層施用ならあまり心配はない。土の表面近くは通気性がよく、こうした環境で殖える微生物が、作物の生育に害をなすことはあまりないからだ。むしろ、有機物を分解しながら、作物の生育にとって有効な**有機酸**や**アミノ酸**、ビタミンなどを生み出してくれる。土の**団粒化**をすすめて土をフカフカにしてくれる。表層で働く微生物が出す二酸化炭素（**炭酸ガス**）は、作物の光合成を活発にするのにも役立つ。

考えてみれば、畑の全面に有機物をすき込むようになったのは機械化以降のことだ。日本の伝統的な有機物利用は、**落ち葉**、作物の茎葉、雑草などを、おもに刈り敷、敷きワラなどとして利用する方法、つまり表面施用が中心だった。

本誌で取り上げている**土ごと発酵**、**有機物マルチ**、**堆肥マルチ**などはすべて有機物の表面・表層施用技術といえる。微生物の力を借りることで、少量で大きな効果をあげることができる、有機物活用の**小力技術**である。

ゆうきぶつまるち・たいひまるち

有機物マルチ・堆肥マルチ

マルチとは「根を覆う」という意味で、

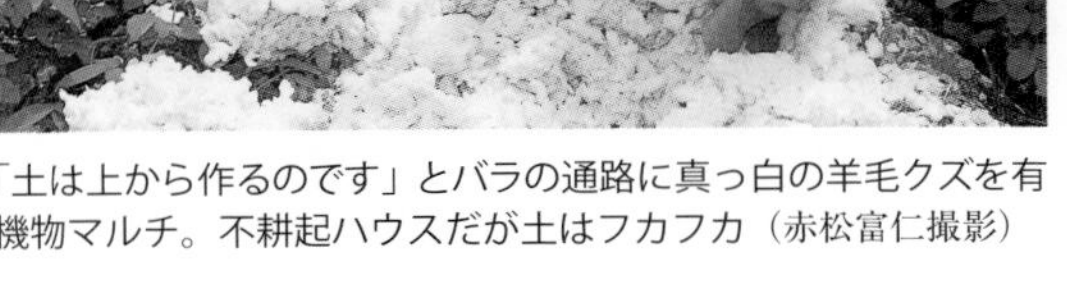
「土は上から作るのです」とバラの通路に真っ白の羊毛クズを有機物マルチ。不耕起ハウスだが土はフカフカ（赤松富仁撮影）

有機物マルチとは作物の根を守るために有機物を**表面施用**し土を覆うことをいう。有機物は大別すると、**雑草草生**やグラウンドカバープランツ、**マルチムギ**などのリビングマルチと、敷きワラや堆肥、**落ち葉**、**モミガラ**や刈り草、**米ヌカ**や**茶ガラ**、**コーヒー粕**……などのさまざまなものを運び込んでマルチする方法とがある。有機物は基本的に生のままでよい。

普通のポリマルチにも、草を抑えたり、地温を調節したり、水分を保持したりする効果があるが、有機物マルチや堆肥マルチはこれらの効果に加えて微生物や**ミミズ**など小動物まで元気にしてしまうのが大きな特徴。土との接触面では、じわじわと**土ごと発酵**が起こって、いつの間にか土がフカフカになり、土中の**ミネラル**も作物に吸われやすい形に変わる。マルチに生えたカビが空中を飛んだり、**土着天敵**や小動物のすみかになったり、空中湿度を調節してくれたりもするので、病害虫が増えにくい空間にもなる。

こうして、生育中は微生物や小動物による土壌改良・**食味**アップ・防除効果などが期待でき、作後は土にすき込むことで、次作のために利用できる。外で堆肥をつくって圃場に運び込み、散布する、という重労働を省略できるのもいいところ。

土中ボカシ・土中マルチ
どちゅうぼかし・どちゅうまるち

土中ボカシは未熟な素材を土の中に入れて土中で**発酵**させる方法。**ボカシ肥**をつくる手間が省ける。通気性のあまりよくない土中でもうまく発酵させるために、**嫌気性**の微生物資材（ラクトバチルスなど）や、酸素を発生させる資材を併用する農家が多い。

いっぽう、土中マルチは分解しにくい（**C／N比**の高い）**カタイ有機物**を深さ10㎝くらいの根まわりに施用するやり方。愛知県の水口文夫さんはマツバ、ヨシ、ムギワラなどのガサガサしたものを使って土中マルチする。根の下に適度な空気層が保たれることになり、有機物は**腐敗**の方向へ行かないどころか、株元が過湿にならず、細根が増え、根こぶ病などの病気にかかりにくく、たいへん生育がいい。

水口さんの土中マルチ栽培のようす（定植時）

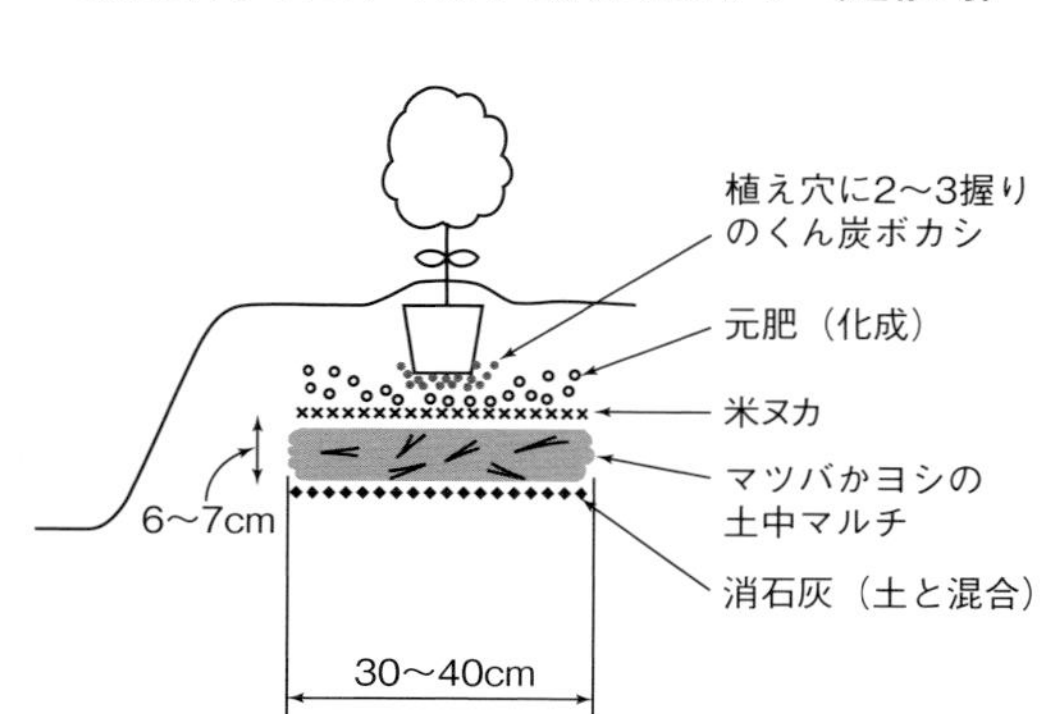

そう考えると、茨城県の松沼憲治さんの踏み込み温床も一種の土中マルチ。ベッドの下に**モミガラ**、**くん炭**、**鶏糞**、**土着菌**ボカシ肥などを入れ、その発酵熱で地温を保ち、土つくりにも活かす。

　未熟な有機物を上手に活かす方法には、**表面・表層施用**のようなやり方と、土中ボカシ・土中マルチのようなやり方と、両方がある。

根まわり堆肥

ねまわりたいひ

　植え穴に、つまり根のまわりによく**発酵**した堆肥を施用する方法。少量の堆肥を効果的に生かせる**小力技術**。

　水口文夫さんによると、畑全面にすき込んだり溝を掘って中に入れる場合と比べ、施肥施用量は100分の1ですみ、それで同等ないしそれ以上の効果があるという。根まわりの土が固結しないでふかふかし、根が伸びるのに必要な酸素が十分補給される。また、堆肥の微生物が定植初期に根圏に定着し、次から次へと伸びる新しい根にもすみ着いていくので、**根圏微生物**を豊かに維持し、土壌病原菌から根を守る効果も期待できる。

　根圏微生物の分泌物には**酵素**や**ホルモン**などが含まれるうえ、耐水性**団粒**を作ったり、根を活性化する働きもある。

ボカシ肥

ぼかしごえ

　米ヌカ、油粕、魚粕などの有機質肥料を発酵させてつくる肥料。有機物を分解させることで初期のチッソが効きやすくなる。

　かつて、油粕や魚粕など、チッソ成分が比較的多い材料が中心だった頃は、山土や粘土、**ゼオライト**などを混ぜ、アンモニアなどの肥料分を保持して肥効が長持ちするようにした。

　1995年の食管法廃止で米販売が自由になり、農家精米、産地精米が増えると、入手しやすくなった米ヌカ中心のボカシ肥作りが急速に広がった。米ヌカは、水を加えるだけでも発酵してボカシができるが、EM菌などの市販微生物資材を使う人も多い。また、竹林などから採取した**土着菌**を入れれば、その地域の有用微生物が豊富な土着菌ボカシができる。加える素材も油粕や魚粕だけでなく、**おから**や**茶ガラ**などの食品廃棄物、**カキ殻**、**海藻**、**自然塩**などの**海のミネラル**……。農家がつくるボカシ肥は、材料も作り方の工夫もどんどん広がっている。

　ボカシ肥には、微生物がつくる**アミノ酸**やビタミンなども含まれる。これを根まわりに施すことで、根圏の通気性をよくするとともに、**根圏微生物**相を豊かにし土壌病害を抑える効果も期待できる。ボカシ肥に含まれる乳酸菌はフェニル乳酸という有機酸をつくり出し、発根も促す。ボカシ肥は、土の化学性、物理性、生物性をよくする総合的な肥料だ。

　なお、福島県の薄上秀男さんは、①糖化、②タンパク質の分解、③アミノ酸の合成という3段階の発酵を経て、**こうじ菌**、**乳酸菌**、**納豆菌**、**酵母菌**、**放線菌**などの自然の

米ヌカボカシをつくる（倉持正実撮影）

微生物の働きを十二分に引き出してつくった肥料を「発酵肥料」と名づけた。発酵肥料もボカシ肥の一種だが、微生物とアミノ酸・ビタミンなどの成分をより豊富に含むと考えられる。

化学肥料ボカシ

かがくひりょうぼかし

単肥あるいは化成肥料に**米ヌカ**などを混ぜて**発酵**させてつくる肥料。代表的なものにMリンPKがある。**過リン酸石灰**、塩化カリに米ヌカ、微生物資材のMリンカリンをまぜて発酵させる。微生物に取り込まれたり、**有機酸**と結びつくためか、**リン酸**が土に固定しにくくなり、**カリ**や過石に含まれる**カルシウム**もよく効くようになる。

有機質の**ボカシ肥**に化成肥料を混ぜてつくる化成ボカシもある。福島県の薄上秀男さんは、ボカシ肥の菌、とくに**酵母菌**は化学肥料（無機栄養分）を消化吸収利用できる能力を持っており、化成ボカシをつくるためにはこの酵母菌にしっかり働いてもらうことが大事だという。化学肥料で酵母菌が増殖し、酵母に含まれる各種のビタミン、**ミネラル**、**アミノ酸**、そのほかホルモンが菌の死滅分解によって作物に利用される。つまり、化成肥料をエサにして増殖した菌が、化成肥料を高級有機発酵肥料に変えてくれるわけだ。

ちなみに薄上さんは、無機塩分を好む酵母菌のこの性格をより強化し、「好塩菌」を培養している。東日本大震災後、津波に襲われ塩害の恐れがある田畑を好塩菌で再生させる方法を本誌で紹介。希望者には無償で菌を届けた。

完熟堆肥・中熟堆肥・未熟堆肥

かんじゅくたいひ・ちゅうじゅくたいひ・みじゅくたいひ

完熟堆肥とは、素材の有機物がよく分解・**発酵**した堆肥のこと。未熟有機物を施用すると、土の中で急激に増殖する微生物がチッソ分を奪って作物にチッソ飢餓を招いたり、根傷みする物質を出したりすることがある。また、家畜糞中に混じっている雑草の種子を広げてしまうなどの可能性があるため、有機物は発酵させて堆肥にして施用する方法が昔から広く行なわれている。

何をもって「完熟堆肥」と呼ぶのか意見が分かれるが、完熟は「完全に分解しつくした」という意味ではなく、土に施しても急激に分解することなく、土壌施用後もゆるやかに分解が続く程度に腐熟させたもの、という解釈が一般的。有機物の中の「易分解性有機物」は分解したが、分解しにくいものはまだ残っている状態といえる。堆肥の温度が下がり、切り返しをしても温度がさほど上がらず、成分的には、有機物のチッソの大部分が微生物の菌体またはその死骸となり、**C／N比**が15〜20になったものをいう。

いっぽう「未熟堆肥」とは、易分解性有機物が未分解の状態で、**表面施用**や**土ごと発酵**には向いているが、土に深くすき込むと害が出る可能性が高い。「中熟堆肥」とは、易分解性有機物がまだ少し残っている状態で、施用してから作付けまで少し期間をあけるなどの注意が必要。

ジャパンバイオファームの小祝政明さんは、完熟一歩手前の中熟堆肥こそが「力のある堆肥」だという。完熟堆肥は発酵が終わっているので微生物の量が意外に少ないのだが、完熟になりきる手前で発酵を切り上げた中熟堆肥は微生物の量が多い。**納豆菌**、**放線菌**、**酵母菌**などの有用菌が最も多くなるのもこの時期で、堆肥には土壌病害虫抑止力がある。もちろん未分解の微生物のエサもまだ多い状態なので、土に施用後も勢力を拡大できるとのこと。

ひとめでわかる未熟・中熟・完熟堆肥の特徴と使い方

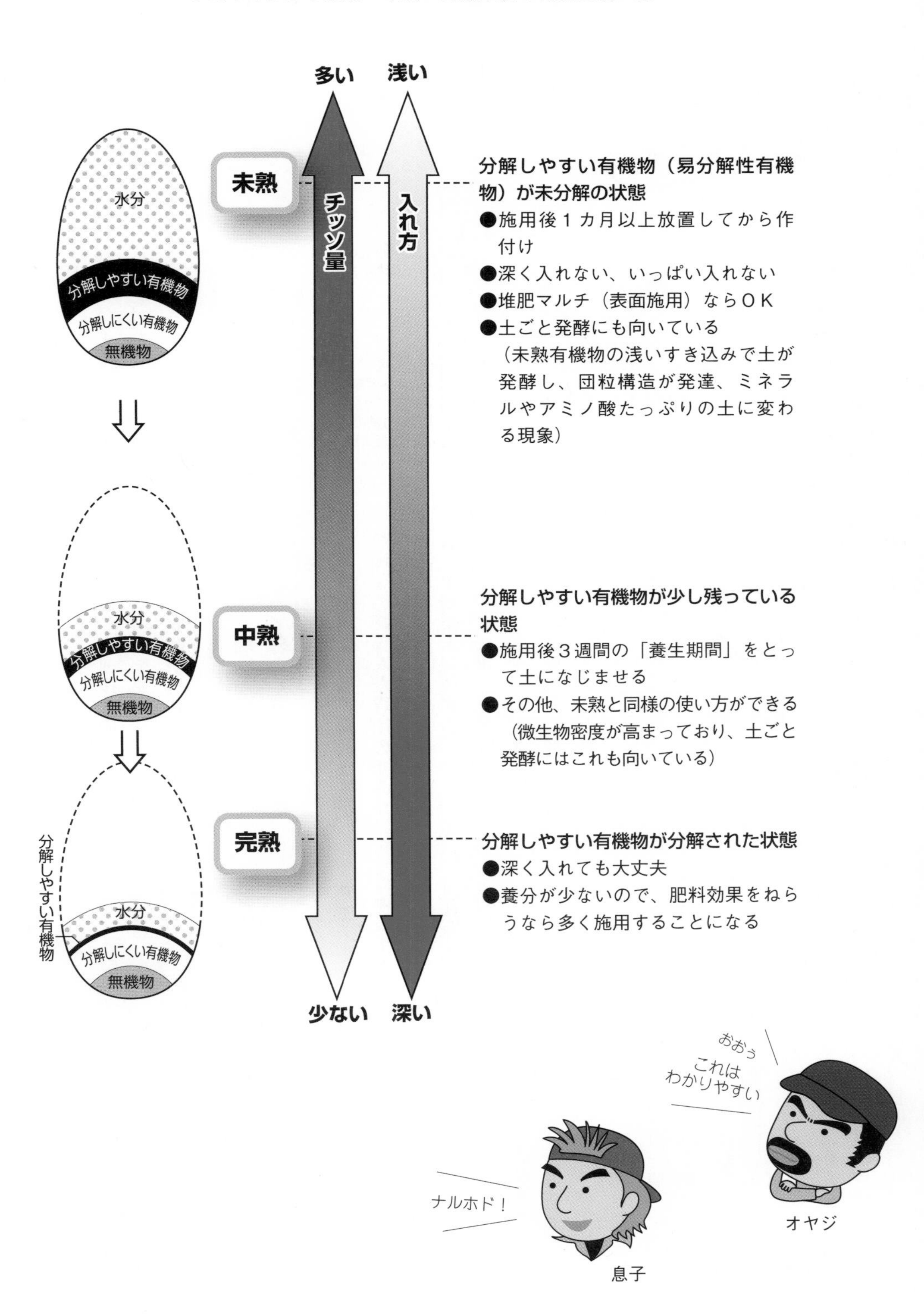

ほうせんきんたいひ
放線菌堆肥

放線菌を豊富に含み、耕地に施して病気を防ぐ力が強い堆肥。ジャパンバイオファームの小祝政明さんのやり方をおもに誌面では紹介した。放線菌が生産するキチナーゼは、根腐萎ちょう病や青枯病などを引き起こすフザリウム菌の細胞壁の**キチン**を分解するので、これらの病気を抑制するほか、有機物分解能力に優れ、作物の生育促進にも働く。

発酵過程の最初から最後まで中温発酵で、放線菌が優勢となる60度前後の中温に保つ。病気を引き起こす低温菌を死滅させつつ、高温にしないことで発酵が長時間持続し、有機物の分解を促す。

耕地にはそこによく馴染んだ微生物がせめぎあって暮らしており、よその微生物が入り込む余地が少ない。放線菌堆肥は、堆肥自体が放線菌の馴染んだ専用のすみかとエサでもあるので、耕地に定着して効果を発揮する。

なお、この堆肥には同じく中温菌の枯草菌や**酵母菌**なども多く含まれ、放線菌と同様、病害虫抑止に働いていると考えられる。

中温発酵のイメージ

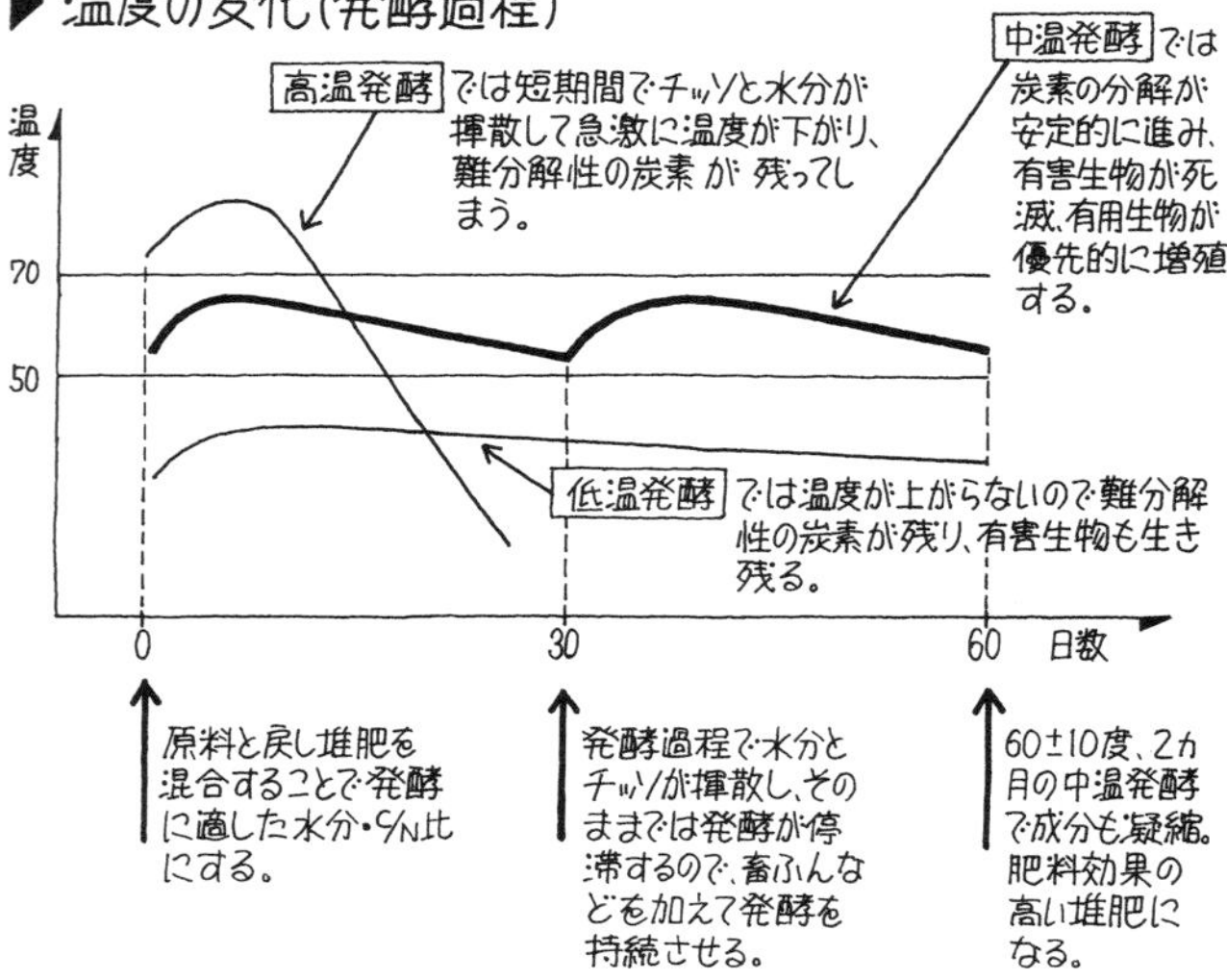

▶温度の変化(発酵過程)
温度
70
50
高温発酵 では短期間でチッソと水分が揮散して急激に温度が下がり、難分解性の炭素が残ってしまう。
中温発酵 では炭素の分解が安定的に進み、有害生物が死滅、有用生物が優先的に増殖する。
低温発酵 では温度が上がらないので難分解性の炭素が残り、有害生物も生き残る。
0
30
60
日数
原料と戻し堆肥を混合することで発酵に適した水分・C/N比にする。
発酵過程で水分とチッソが揮散し、そのままでは発酵が停滞するので、畜ふんなどを加えて発酵を持続させる。
60±10度、2カ月の中温発酵で成分も凝縮。肥料効果の高い堆肥になる。

たんにんてつ
タンニン鉄

鉄は生きものにとって最重要な**ミネラル**の一つだが、自然界ではすぐに**酸化**して、水に溶けずに沈殿するので、循環しにくい。しかし、**アミノ酸**や**有機酸**が鉄を包み込んで**錯体化**（**キレート化**）すると、水とともに循環し、植物の根から吸収されやすくなる。従来、自然界での主要なキレート剤は、森の腐葉土に含まれるフルボ酸と考えられてきたが、より人間生活に身近なタンニンも鉄のキレート剤であり、鉄分循環のカギを握る物質として注目されだした。

京都大学の野中鉄也さんは、茶の主成分であるカテキン（タンニンの一種）が鉄をキレート化する力が強いことに気づき、お茶に鉄を入れて真っ黒に変化した、タンニン鉄を含む液体（「鉄ミネラル液」と命名）の農業利用をすすめている。タンニン鉄を収穫1週間前の野菜の株元にかん注すると、不思議なことに葉っぱや果実にツヤが出て、渋味やエグミは消え、甘味と旨味、シャキ

お茶に鉄を入れ、タンニン鉄を抽出した黒い液体（依田賢吾撮影）

シャキ感が生まれるのだ。

　野中さんによると、広葉樹の伐採や河川改修などの影響で、自然界でのタンニン鉄やフルボ酸鉄の循環が滞り、日本中の畑が鉄分不足による貧血状態に陥っている。そのため、タンニン鉄を直接畑に補給すると、野菜が本来もっている「昔の野菜の味」が戻ってくるのだという。

　鉄分が植物に補給されると、生命体を維持するための**酵素**が効率的につくられたり、細胞内でエネルギーをつくり出すミトコンドリアの能力が飛躍的に向上する。そのため、代謝が改善し、植物は低燃費でラクに生きられるようになる。余ったエネルギーは糖度アップや、細胞壁を強くするのに利用されるというわけだ。

作物が、石灰や苦土を欲していた

　植物と同様に、貧血の人がタンニン鉄を飲んで、体調が改善された例も多い。ただし、体力不足の人が飲むと代謝の上昇に栄養補給が追い付かず、逆に体調悪化する危険がある。その場合、**アミノ酸**豊富な出汁や、市販のプロテインなどでタンパク補給して体力をつけてから、タンニン鉄を飲むのがよいようだ。

石灰追肥（せっかいついひ）

　普通は作付け前に施用する**石灰**を、生育の途中に追肥する方法。石灰は土の酸性を中和するために使うという従来の考え方、つまり土壌改良材としての石灰に対し、石灰は生育に必要な肥料分（カルシウム）であり、生育の中～後期に多く吸収されるから、それにあわせて追肥することが大事、とする考え方。
　ポイントは、炭カルではなく硫酸石灰や**消石灰**などのやや溶けやすい肥料を選ぶこと。**過リン酸石灰**も、硫酸石灰を多く含むので適している。生石灰を水に溶いてウネ間に散布する、第一リン酸カルシウムを溶かした石灰水をウネに穴をあけて施用する、などの工夫もある。
　石灰追肥を実施した農家は、ジャガイモがよくとれた、トマトの尻腐れが出なくなった、水に沈むトマトができた、などの成果をあげている。カルシウムがよく効いた葉は病気にもかかりにくい。**石灰防除**の目的で石灰をふり、結果として追肥効果があがっている人も多い。
　石灰は土が乾燥すると効きにくいので、**有機物マルチ**で土の湿度を維持したり、有機物施用で土の保水力を高めることも重要。堆肥をつくるときに生石灰や過石を混ぜて一緒に発酵させる方法もある。微生物がつくる**有機酸**と石灰が結びついた「有機石灰」になり、そんな堆肥では安定した石灰の肥効が期待できる。

苦土の積極施肥（くどのせっきょくせひ）

　従来あまり意識されてこなかった**苦土**（**マグネシウム**）を積極的に施肥すること。『現代農業』では2002年2003年と2年連続で10月号で特集を組み、全国で苦土への注目が高まった。そのときの視点は以下のようだ。
　石灰や熔リン、あるいは堆厩肥などの入れすぎによって、**リン酸**や石灰、**カリ**が過剰で、苦土が欠乏している畑が多くなっている。そこで、不足する苦土を**硫酸苦土**、**水酸化苦土**といった単肥で補う。苦土は葉の葉緑素の構成元素であり、**酵素**の成分でもある。また苦土はリン酸といっしょに吸収されるという性質をもつので、苦土の施用で、たまっていた「リン酸貯金」をおろすことができる。リン酸がよく効くようになると、やがてそれまでたまって動かなかった石灰やカリも吸われだすので、石灰やカリを積極施肥するケースもでてくる。そうやって、たまって動かなかった養分全体が動きだすようになるのが、苦土の積極施肥の醍醐味であり、そういう意味で苦土は「起爆剤」なのである。

当時、苦土をやったら見違えるほど生育がよくなったという事例報告が相次いだ。葉がテカテカに光って分厚くなるのが印象的だ。また、有機質肥料の中に苦土成分が高いものがあまりないので、有機栽培農家にとくに苦土不足が起きているという指摘もあった。

苦土単用で語られることが多い「苦土の積極施肥」だが、苦土とリン酸、苦土とカリと石灰の**塩基バランス**（5：2：1がいいといわれている）が大切で、バランスをとる形で苦土を生かすことが重要である。それには土壌診断や生育診断が欠かせない。

糖度計診断

とうどけいしんだん

糖度計1本で作物の栄養状態がわかるという画期的な技術。これまで経験とカンに頼ってきた生育診断だが、糖度計なら経験年数を問わず、カンではなく数値で、簡単な生育診断ができるため若手や新規就農者を中心に人気がある。

やり方は、作物の葉の付け根を糖度計の採光板で挟んでつぶし、糖度を読む。正常に生育している作物は、どんなものでも、生長点に近い葉のほうが糖度が高く、株元のほうが糖度が低い。これが逆転していれば、水分や養分がなんらかの理由で作物に吸われていないことを示す。

この糖度は施肥や天候条件、測定時間などによって変わるため、自分の目安をもつことが大事。自分の目安ができてくれば、早めの対策が打てるので、健全生育につながり、農薬を大幅に減らすこともできる。糖度計診断結果と作物の姿との関連がつかめてくれば、糖度計がなくても栄養状態がわかるようになる。

糖度＝樹液（汁液）濃度または養分濃度であるとして、養分濃度診断と呼ばれることもある。

ピーマンの葉の葉柄をつぶして糖度計診断
（赤松富仁撮影）

正常なトマトの糖度分布例（模式図）

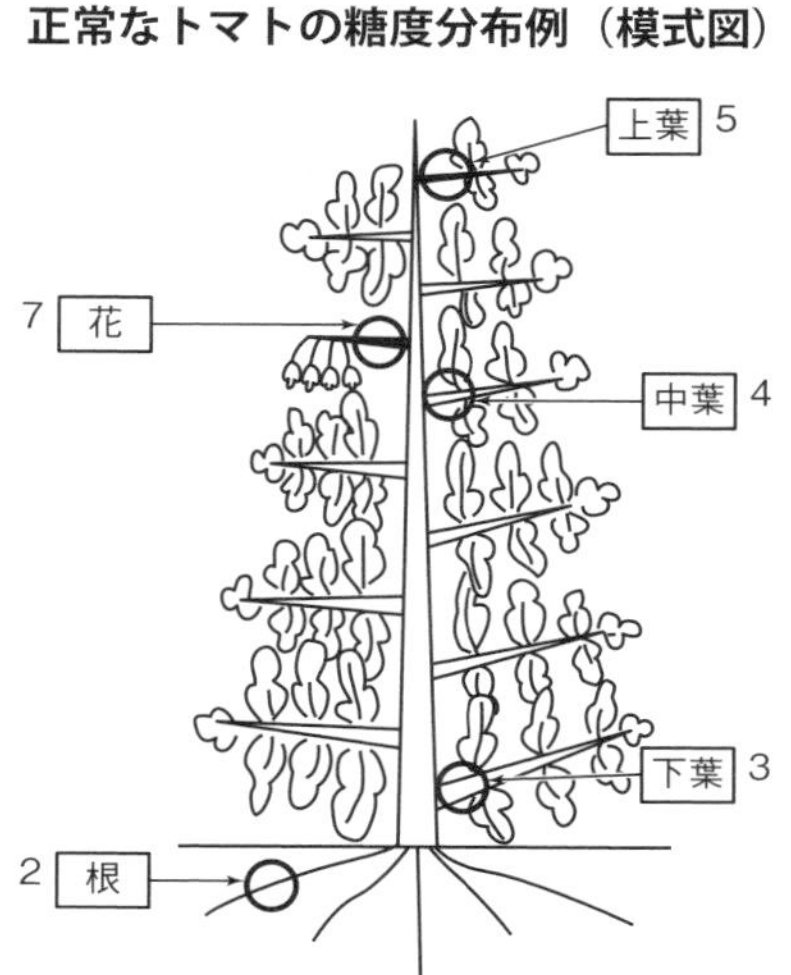

糖度は根<下葉<中葉<上葉<花の順に高くなる。根の糖度は2度を超えると異常

ウネだけ施肥
うねだけせひ

肥料や堆肥を圃場全体ではなくウネだけにまくこと。減肥のための技術として近年注目されている。

もっとも、農家にとっては昔からなじみのある技術だった。肥料を畑全体にまくようになったのは機械が普及してからのこと。手作業中心だった頃は、広い範囲にまくのはたいへんなので、肥料は作物のそばに少しずつ入れて大事に使ってきた。じつはそのほうが全面施肥より肥料が少なくてすみ、初期生育がよく、通路に肥料がないので雑草が減るなどの利点がある。

肥料はまとまっていたほうが流亡しにくいという面もある。アンモニア態チッソの肥料がまとめて施肥されると、硝酸化成が進むにつれてその辺りの土はpHが下がる。酸性に傾くと、その後は硝酸化成のスピードが落ちてくる。全面施肥だとさっさと硝酸態チッソになって雨で流れてしまう分も、ウネだけ施肥ならゆっくりじっくり作物に利用されるということのようだ。

だが、機械で大面積に堆肥をまいたり施肥したりする方法に慣れてしまった現在、ウネだけ施肥・ウネだけ堆肥を実行するには一工夫が必要だ。ウネにする位置にヒモを張り、ヒモの上から施肥したあとにウネを立てるとか、局所施肥ができる散布機を手持ちのロータリと組み合わせるとか、数年前に発売された専用施肥機（畦内施肥機）を利用する方法などがある。

ウネ内施肥のやり方

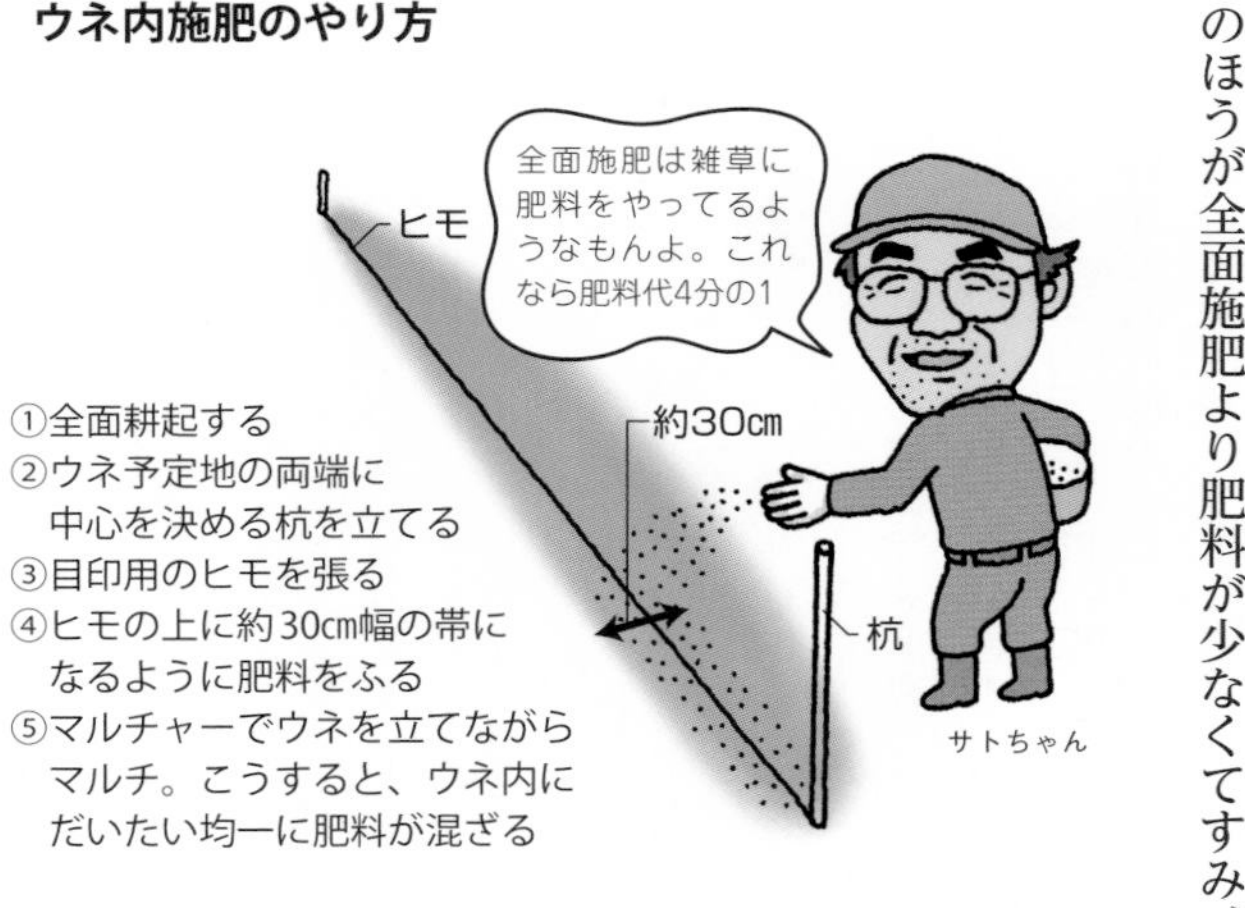

流し込み施肥
ながしこみせひ

田んぼの水口から肥料を流し込んで施肥する**小力**施肥法。手間がかからない、少量でも均一な施肥が可能、夜間や雨天でも施肥できる、安い単肥が使えるのでコストダウンが可能など、多くの利点がある。つなぎ肥も**穂肥**も、肥料を水口にドサッとあけるだけ。水口前の用水路をせき止め、そこで溶かして流せば水口に肥料が残ることもない。流し込み前は水深2～3cmまで落水し、肥料を流したあとは10cmくらいまで入水を続けると均一になる。粒状の化学肥料を、大型のポリタンクなどの中であらかじめ水に溶いておき、10mmのチューブで水口に落とすといったやり方もある。

流し込み専用の肥料も発売されているが、単肥を中心とした、水溶性の比較的安い肥料で十分。**尿液肥**や**海水**なども流し込むといい。年をとってきた農家や兼業農家などに拡大中で、さまざまな自作の流し込み施肥器も生まれている。

流し込み施肥、こんなやり方もある

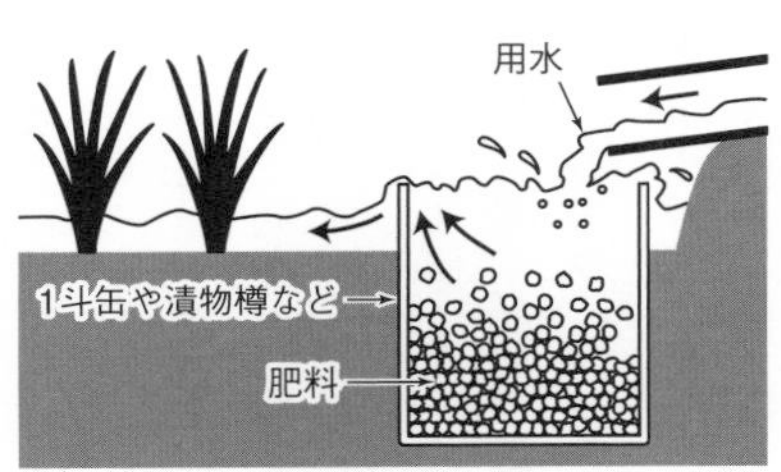

水口の下に1斗缶などをおいて、その中に肥料を入れ、上から水を落とすだけ
用水
1斗缶や漬物樽など
肥料

缶や樽に入れる代わりに、南京袋などに肥料を入れて水口においてもいい

自給肥料・自給資材

米ヌカ（こめぬか）

玄米を精米したときにでるヌカ。イネの種子は表皮部、胚芽部、胚乳部と、それらを保護する**モミガラ**からできているが、このうち胚芽と表皮部を合わせたものが米ヌカとなる。胚芽は芽、つまり次代に受け継ぐ命そのもの。そしてこれを生かすためにデンプンというエネルギーを蓄えているのが胚乳部（白米）である。

米ヌカは**リン酸**や**ミネラル**、ビタミンなどに富み、昔からスイカなどの味のせ肥料として重宝されてきた。イネに使えば米の**マグネシウム**が増えて**食味**がよくなる。そして、米ヌカの最大の魅力は、**発酵**を進める力がとても強いこと。おいしいヌカ漬けができるのは、米ヌカによって**酵母菌**や**乳酸菌**などの有用微生物が増殖するからだ。田んぼにまけば表層の微生物が繁殖、**土ごと発酵**で**トロトロ層**ができ、畑にまけば土の**団粒化**が進む。米ヌカで元気になった微生物は土のミネラルなどを有効化し、米ヌカの成分と合わさって作物の生育を健全にし、病原菌の繁殖を抑え（**米ヌカ防除**）、味・品質をよくする。水田の**米ヌカ除草**も、急速な微生物の繁殖を活かすやり方だ。

農業生産のためにこれほど大量の米ヌカが使われるようになった背景に、1993年の大冷害をきっかけとした米の産直の広がりがある。それまでは、米ヌカの大半は米油用も含めて都市に向かい、農家の手元には少量しか残らなかった。ほとんどがヌカ漬けの床用で尽きてしまっていたのではなかろうか。しかし、米の産直で農家自身が精米まで引き受けるようになってからは、米ヌカは農家が自由に大量に使えるものに変わった。以来、米ヌカで田畑を豊かな発酵空間にしていく動きが急速に広がっている。

北陸地域の米ヌカ中の肥料成分含有率（現物%、例）（長谷川和久）

試　料	水分	チッソ (N)	リン酸 (P_2O_5)	カリウム (K_2O)	カルシウム (CaO)	マグネシウム (MgO)
1 富山、コシヒカリ 1996年産米 有機栽培（不耕起、堆肥）	14.3	1.77	2.35	2.94	0.89	1.83
2 石川、かがひかり 1997年産米 慣行栽培	12.6	2.33	3.67	3.03	0.78	0.95
3 石川、コシヒカリ 1997年産米 カルシウム肥料施用	12.3	2.63	4.40	2.55	0.96	1.49
4 石川、雑品種 1997年産米 慣行栽培	14.6	2.19	4.02	3.47	0.78	2.77

フスマ（ふすま）

小麦を製粉するときに除かれる皮の部分（外皮部と胚芽）で、日本ではおもに牛の飼料として利用されてきた。そのまま食べてもあまりおいしくないが、デンプン、タンパクのほか繊維質やミネラルが豊富に含まれており、最近は、健康食品にも利用されている。

農業利用で注目されているのが**土壌還元消毒**。分解しやすい有機物を十分に土に混入し、水分が多い状態で**発酵**させ、土壌を強い**還元**状態にして殺菌する方法だが、これにフスマや**米ヌカ**を利用する。

天敵を殖やすのに利用している農家もいる。宮城県の佐々木安正さんのハウスの通路には**モミガラ**が敷き詰められ、米ヌカとフスマも混じっている。米ヌカやフスマに生えるカビを食べてコナダニがどんどん繁殖し、それをエサにして、アザミウマ類の天敵であるククメリスカブリダニがどんどん殖える。こうして害虫のアザミウマが殖えなくなるという。米ヌカが注目されているが、フスマ利用もおもしろい。

クズ大豆

くずだいず

紫斑があったり、小さかったり、割れていたりして食用にならない大豆。

大豆にはチッソが5〜7%も含まれ、チッソ肥料として優れている。各種**アミノ酸**や**ミネラル**も多く、微生物の活性を高めたり作物の生育をよくする、**食味**を高めるなどの効果も高い。水田では、**米ヌカ除草**と組み合わせると、微生物がさらに増殖して抑草効果が高まる。難敵雑草のコナギをクズ大豆で抑えている農家もいる。**穂肥**に利用する農家も多い。ハクサイなどの根こぶ病に効いたなど、もちろん畑でもパワーを発揮する。

利用に当たっては、丸のままでは分解しにくいので、発芽を防ぎ微生物が食いつきやすくなるように、水に漬ける・煮る、酢に漬ける、粉砕する、**発酵**させる、などの下処理を行なっておくとよい。動散やブロードキャスタでも散布しやすいが、殻やサヤが混入していて詰まるようなものもあるので、注意が必要。

アミノ酸やミネラルだけでなく、イソフラボンやサポニンなどの機能性成分を含み、健康効果が注目される大豆は、田畑の健康にも効きそうだ。

クズ大豆

おから

おから

豆腐を作る際、豆乳を搾ったあとに出るカス。豆腐屋さんにとっては産業廃棄物となって邪魔者扱いされるが、使いようによっては栄養分豊かな肥料や飼料に生まれ変わる。

発酵や有機物の利用に詳しい福島県の薄上秀男さんによると、おからはおからだけで発酵させようとすると手こずりやすい。発酵のスターターで「炭水化物が多いもの・微酸性」が好きな**こうじ菌**が、「大豆タンパク中心・弱アルカリ性」のおからに食いつきにくいからだ。

しかも、おからは平均含水率が80%と水分が多いので、こうじ菌が繁殖を始める前に**還元**状態となってしまいがち。温度が上がると酪酸菌に入られて**腐敗**しやすい。

そこで、おからを肥料化するには水分処理がポイントとなる。入手したらすぐに乾燥さ

おからの肥料成分（神奈川県農総研）

	含水率	チッソ	リン酸	カ　リ	炭素率
現物含量	80%	0.9%	0.17%	0.33%	
乾物含量		4.4%	0.8%	1.6%	11

見渡せば、あれもこれも肥料になる

せるか、オガクズなど**炭素率（C／N比）**の高い乾燥した資材と組み合わせて堆肥や**ボカシ肥**にするとよい。オガクズ以外に、**米ヌカ**や**モミガラくん炭**、乾燥した**コーヒー粕**、**廃菌床**などでもよい。また栃木県の室井雅子さんは、やや嫌気状態でも活動する発酵菌を使って段ボールの中でボカシをつくることで、多すぎる水分を上手に外に逃がして成功している。

成分としてはチッソが多くて**リン酸**が少なく、乾物は油粕に近い肥料効果をもつ。

茶ガラ・茶粕（ちゃがら・ちゃかす）

緑茶、紅茶、ウーロン茶などのお茶の搾り粕。飲料メーカーから産業廃棄物として多量に排出されるものを使えば安定して安価で入手できるので、地域によっては身近で非常に有効な有機物の一つである。

成分はチッソが多く、**リン酸**と**カリ**が少ない。薄上秀男さんによれば糖分が少ないので、**発酵**のスターターである**こうじ菌**はつきにくいが、**カルシウム**や**マグネシウム**などの**ミネラル**を**米ヌカ**なみに含むので、**ボカシ肥**つくりなどでこうじ菌の活動が鈍いときに混ぜると**発酵**が促進されるという。

茶に多く含まれるタンニンは、**堆肥**化する際に発生するニオイを抑える役割を持つので、家畜糞堆肥を作る際に混ぜるとよい。また最近は、鉄釘などと反応させて**タンニン鉄**が作れることが注目されている。

おから同様、平均含水量が80%と高いので、発酵しやすくするには**コーヒー粕**やオガクズのようなすき間をつくりやすい資材と混ぜたり、米ヌカなどこうじ菌がつきやすい資材を混ぜるとよい。

食品残渣の堆肥化に詳しい藤原俊六郎さんによれば、作物の生育を阻害するフェノール成分を含むため、そのまま土壌にすき込むのは避けたほうがよいが、その性質を生かし、畑の表面に均一にまいて**有機物マルチ**にすると除草効果もあるという。コーヒー粕でも同様の効果がある。

茶粕の肥料成分（神奈川県農総研）

	種　類	含水率	チッソ	リン酸	カ　リ	炭素率
現物含量	緑茶粕	84%	0.78%	0.13%	0.12%	
	紅茶粕	80%	0.82%	0.11%	0.11%	
	ウーロン茶粕	80%	0.76%	0.09%	0.10%	
乾物含量	緑茶粕		4.7%	0.8%	0.7%	10
	紅茶粕		4.0%	0.5%	0.5%	12
	ウーロン茶粕		3.7%	0.4%	0.5%	14

コーヒー粕（こーひーかす）

飲料加工場などから出るコーヒー抽出後の粕。多孔質なので、通気性をよくし水分を吸着するうえ、フェノール基をもつためにアンモニアの吸着効果も優れていることから、堆肥化の副資材として役立つ。コーヒー粕を畜舎の敷料や家畜糞と混ぜると悪臭が激減し、子牛の下痢や肺炎も減少する。

コーヒー粕の肥料成分（神奈川県農総研）

	含水率	チッソ	リン酸	カ　リ	炭素率
現物含量	65%	0.81%	0.06%	0.12%	
乾物含量		2.3%	0.2%	0.3%	25

キュウリやトマトの畑にコーヒー粕堆肥を施用するとネコブセンチュウ被害が減少したという事例もある。**茶ガラ・茶粕**同様、鉄と反応させると**タンニン鉄**が作れる。

また、コーヒー粕に含まれるフェノール性物質には植物の生育を阻害する作用がある。この性質を利用して、作物が発芽したあとに生のコーヒー粕で**有機物マルチ**すれば雑草を抑えることができる。畑にすき込むときは、**発酵**させて生育阻害物質を分解する必要があるが、そのまま野積みするだけでは発酵しにくい。**おから**や家畜糞などチッソ成分の多い有機物と混ぜて堆肥にするとよい。

廃菌床（はいきんしょう）

菌床で育てたキノコを収穫し終わった後に残ったブロック状の培地残渣。菌床キノコ農家にとっては処分に困る廃棄物だが、まだまだ元気なキノコ菌のかたまりだ。

チッソ、**リン酸**、**カリ**などの成分が豊富で、とくにキノコ菌の菌体タンパクは土壌微生物の最高のエサとなる。菌床の素材はオガクズ主体（シイタケ用）とコーンコブ主体（エノキ・エリンギ用）のものとがあるが、廃菌床の**C／N比**はそれぞれ30～50、18程度。いずれもキノコ菌に分解されて土になじみやすい「やわカタイ有機物」になっており、田畑にすき込むと**腐植**が増えて土の**団粒化**が進む。京都市のネギ農家、重義幸さんは、エノキの廃菌床を**堆肥**化したものを水田転換畑に入れたところ排水性がよくなり、夏の猛暑と豪雨が続くなかでもネギを出荷し続けることができた。

廃菌床は水を加えると**発酵**が進んですぐに熱を出すので、春先の無加温ハウスで温床に使い、野菜を**早出し**する直売農家もいる。

さらに、廃菌床の抽出液を散布、もしくは廃菌床を培土に混和することで、キュウリの炭疽病、うどんこ病、黒星病、斑点細菌病などが顕著に抑制されるなどの効果も明らかになっている。**病害抵抗性誘導**の一種といわれており、この分野、今後ますます注目を集めそうだ。

魚肥料（さかなひりょう）

古くは「干鰯（ほしか）」「ニシンカス」、現在は缶詰や鰹節の工場から出る魚粕、ソリューブル（魚の煮汁）など、広く魚を原料とした肥料のこと。BSEの発生で肉骨粉などの輸入がストップして以来、**リン酸**を多く含む動物質肥料として重用されているが、最大の魅力は旨味のもとである**アミノ酸**が魚肉タンパクに多く含まれること。

おなじみのＤＨＡ（ドコサヘキサエン酸）も生理活性物質の前駆体で、アミノ酸の働きを助長する。アミノ酸の一種アルギニン含有量を**魚肥料**で高めると、ダニに強い作物ができることもわかった。魚のアラを**木酢**液に漬け込み、肥料効果も防除効果も高い魚腸木酢をつくる工夫もある。

一口に魚肥料といってもその成分は魚種や部位、産地により大きく変わる。赤身魚は比較的油分が多くて**ミネラル**等の栄養価も豊富。白身魚は油分が少ないので夏でも**酸化**しにくくてニオイが少なく、そして良質なタンパク質を多く含むので速効的な肥料になる。また、骨が多いと**リン酸**が、身が多いとチッソが多い傾向がある。

生ゴミ（なまごみ）

残飯や野菜クズなどいろいろなものが混ざっており、肥料成分が豊富（表）。家庭の台所、レストランやホテルなどの残飯中心の生ゴミはチッソが多く、スーパーや市場から出るものは野菜クズが多いためカリが多くなるという特徴がある。そのほか、ミネラルも十分。「**堆肥栽培**」にも向く。

ただ、生ゴミは、そのままだと水分とチッソ分が高すぎて、堆肥化の際に**腐敗**してしまうことがある。アンモニア臭などの嫌なニオイやハエも発生しやすい。そこでまずは水を切る。また**C／N比（炭素率）**を20程度に調整し、**好気性**の微生物に気持ちよく働いてもらうことが決め手となる。

上手に堆肥化するために、一次処理と二次処理に分けて**発酵**させる方法がある。まず、生ゴミが出た場所で、腐らせないように減量するのが一次処理。具体的には、衣装ケースに**落ち葉**や**モミガラ**、**米ヌカ**などの床材を入れ、そこに日々生ゴミを投入していく。この場合、床材とは発酵ベッドのことで、生ゴミを乾燥させる役割とC／N比を上げる役割と、微生物にすみかを提供する役割を担う。衣装ケースがいっぱいになったら、通気性のよいスタンドバッグなどに移し替えて二次処理。60～80度の高温にして、**完熟堆肥**を完成させる。

一次処理だけで**ボカシ肥**のように使ってもよい。ほかにも、段ボールに米ヌカや**竹パウダー**を入れて、水を切った生ゴミを次々投入していく方法、**ミミズ**の力を借りる方法などもある。

密閉容器の中でEMボカシなどをふりかけながら嫌気発酵させるやり方もある。嫌気状態でも働く**乳酸菌**や**酵母菌**のおかげで、切り返しなしでも腐敗しない。その後、好気発酵させてもいいし、そのまま畑に施してもいい。

事業系生ゴミ堆肥の化学組成

（現物当たり、東京農大）

排出場所	含水率	チッソ	リン酸	カ　リ	炭素率
ホテル	7.5%	4.60%	1.42%	1.05%	10.1
スーパー	24.6%	4.09%	1.27%	2.11%	8.2
市場	12.8%	3.31%	1.26%	4.62%	10.3
レストラン	7.7%	3.63%	1.45%	1.09%	11.8

モミガラ

もみがら

モミ摺りして玄米を取り出した残りがモミガラ。地域によっては焼却されることも多いが、**ケイ酸**を多く含む身近な有機質資材として大変重宝な存在である。

独特の船形が空気と水分を保ち、船形の内側はわりと軟らかく微生物がすみつきやすい。土に混ぜると砂地は水もちよく、粘土質は水はけをよくする力を持ち、家畜糞や**生ゴミ**など水分の多いものといっしょに堆肥に積むと**発酵**を助け失敗が少ない。そしてこれらの効果は、モミガラ自体の発酵・分解に時間がかかるため、船形が崩れにくく、長年持続する。

福島県の東山広幸さんは、モミガラに

モミガラの硬さのヒミツはケイ酸

（ほかの植物体にくらべ段違いに多い）

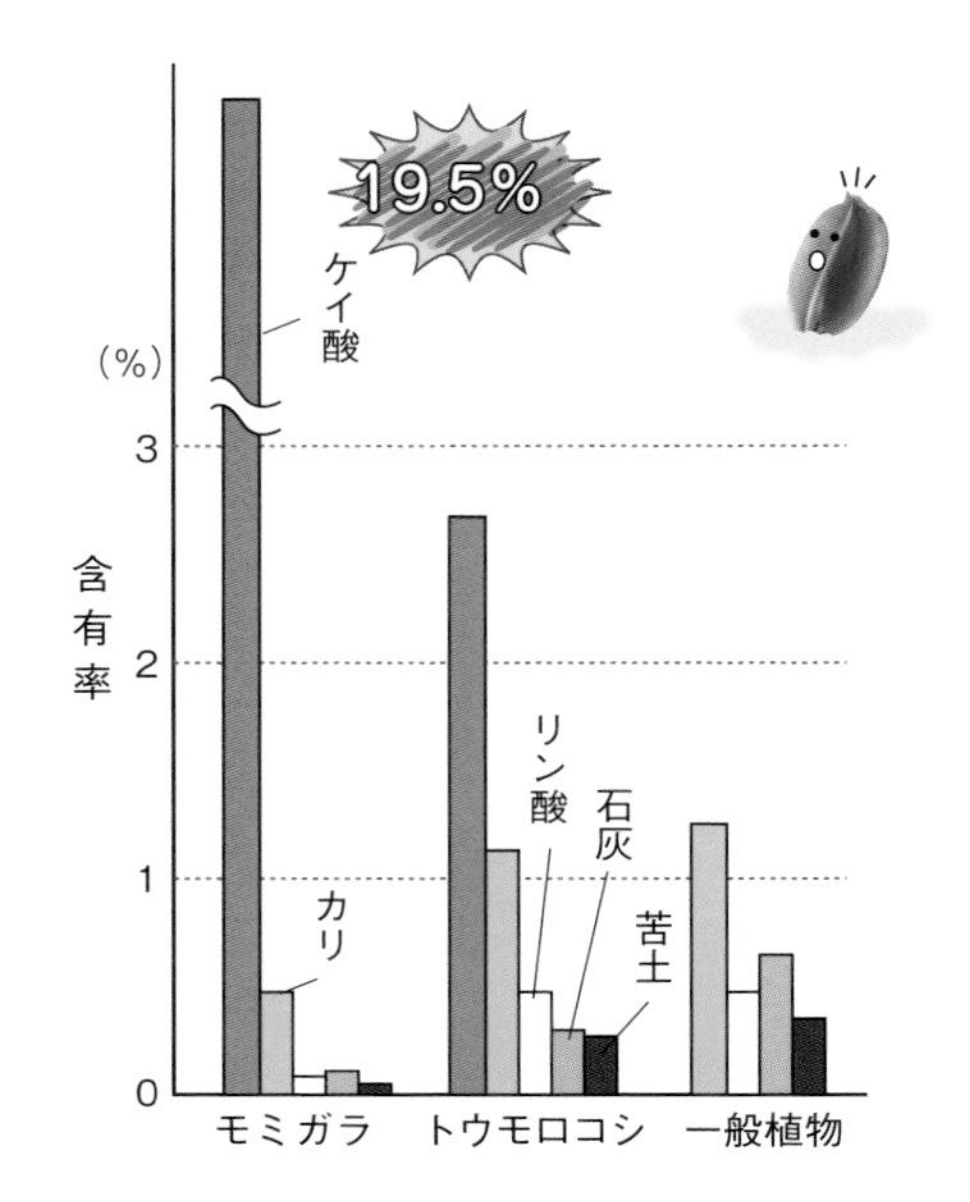

（伊藤純雄氏調査）

たっぷりの水と**米ヌカ**を混ぜブルーシートで覆ってつくる堆肥を、育苗に、肥料に、**有機物マルチ**にと何でも使い「畑の万能選手」と呼んでいる。最初は水分をはじく性質があるものの、一度吸収した水分を保持する能力は高く、野菜やイネの育苗に使うと、酸素たっぷりなのに水やりを忘れてもわりと平気な床土となり、ケイ酸効果も手伝ってか、根張りのよいしっかりした苗が育つ。軽いのもいい。

発酵させることで引き出される不思議な力も注目されている。手作り菌液に漬けたモミガラを少量散布してゴボウのヤケ症を克服した農家、発酵モミガラだけで**無肥料栽培**し、病気に強いイチゴやキュウリをつくる農家もいる。発酵させたり**くん炭**にしたりすることで、含まれる**ケイ酸**分が作物に吸われやすい形になり、病気に強くなることはわかってきたが、まだまだ未知な部分が多い。

うまく発酵させるためには、うまく吸水させる工夫が必要。粉砕する、練り潰す、石灰水を混ぜて**納豆菌**を優先的に繁殖させる、**光合成細菌**液や曝気屎尿に漬ける、真冬の寒さを利用して凍結処理する方法などが開発された。

モミガラはほかにも、**モミガラくん炭**、**モミ酢**、モミガラ**灰**、イチゴのるんるんベンチの培土、イモ類の保存、**ヌカ釜**の燃料と、活躍の幅はじつに広い。

ソバ殻（そばがら）

ソバの実を取り去った後に残るソバ殻は、土づくりにたいへん役立つ。毎年、ソバ殻を畑にまくだけで、土がふっくらして草取りがラクになったという農家や、ウネ間に置くと1～2カ月でフト**ミミズ**がすみつくようになったという農家がいる。

堆肥の材料としても重宝されており、**モミガラ**同様、船形をしているので、空気や水を保ちやすく有機物が発酵しやすい。製粉会社から出るソバ殻にはソバ粉が多少混じっているものが多く、それがエサとなるので、水を加えて撹拌するだけで50～60度の温度で長期間発酵。約半年で良質な堆肥に仕上がるという。

ソバ殻に含まれるカフェー酸も注目されている。信州大学の大井美知男さんは、ソバ殻でアブラナ科野菜の根こぶ病が抑えられることを明らかにした。根こぶ病の休眠胞子は、アブラナ科野菜の根がないと発芽できない。しかし、カフェー酸はそれを目覚めさせる働きがあるので、植え付け前にソバ殻を散布して目覚めさせ、エサ（アブラナ科野菜の根）がないところで餓死させるというしくみ。岩手県の三浦正美さんは、これをヒントにソバ殻堆肥を使ってみたところ、キャベツの根こぶ病を見事に抑えることができた。

ソバ殻の肥料成分（長野県野菜花き試験場）

	種類	含水率	チッソ	リン酸	カリ	炭素率
現物含量	原料	12.8%	1.4%	0.40%	0.63%	
乾物含量			1.6%	0.46%	0.72%	31.1
現物含量	堆肥	60.5%	1.58%	0.44%	0.27%	
乾物含量			4.0%	1.12%	0.68%	10.8

落ち葉（おちば）

落ち葉には、①チッソ源やエネルギー源を加えなくても**発酵**が進む、②**カルシウム**、**マグネシウム**などの**ミネラル**に富む、③多種多様な**土着微生物**が付着している、などの特徴があり、落ち葉マルチなど、その利用が見直されている。

落ち葉マルチの下の土はフカフカだ。葉

についた微生物などが表面から土を耕し、雑草の生育も抑制する。また、落ち葉を表土にすき込むことで、多発していたネコブセンチュウを抑え、キュウリの収量を上げた例もある。家畜糞尿に混ぜれば発酵が進みやすくなるので、落ち葉を利用する堆肥センターもある。これらはみな、落ち葉が土着菌の宝庫であり、素晴らしいエサでもあることの証だ。

かつてはサツマイモ苗や野菜苗の踏み込み温床の発熱素材として広く使われてきたが、電熱温床の普及で、やる人は少なくなった。落ち葉かきは手間がかかる仕事だが、山を荒らさないためにも、地域の力を活かして復活させたい。

たけぱうだー

竹パウダー

竹を粉砕して作るフワフワした粉。「竹肥料」「竹粉」などと呼ばれることもあるが、誌面では「竹パウダー」としている。高価な粉砕機の代わりに、チップソーを何枚も重ねた手作りの粉砕機（**竹パウダー製造機**）が普及してからは、身近な手作り資材になった。

当初は土の表面に**有機物マルチ**として使うのが一般的だったが、竹パウダーをポリ袋などで密封して乳酸発酵させたうえ、少量（10a50kg程度）を土中にすき込んでも効果が期待できることがわかってきた。竹パウダーにはチッソはわずかしか含まれていないので、大量に施用するときはチッソ飢餓を起こさないよう硫安などとセットで使ったほうがいいが、**乳酸菌**たっぷりの発酵竹パウダーを少量すき込む分にはそれほど気にしなくてもよさそうだ。

竹には、糖分や**ケイ酸**、**ミネラル**が豊富に含まれていることもあり、竹パウダーは微生物の食いつきが極めてよい。竹パウダーを使った作物には、おいしくなったり、収量が増えたり、病害虫に強い体質になったり、といった効果が現われている。また、竹パウダーは牛や鶏などの飼料にも使われ、子牛の**下痢**を治したり卵質が上がるなどの成果が上がっている。

竹パウダー発酵床で漬物を作ると、ヌカ床よりも失敗しにくいともいわれている。

りょくひ

緑肥

生育中のまだ緑色の植物を土つくりや養分供給に生かすこと。ウネ間や樹間にイネ

竹の肥料成分（石川県農業試験場）

	種類	含水率	チッソ	リン酸	カリ	炭素率
現物含量	生竹粉	48%	0.19%	0.09%	0.95%	
乾物含量			0.36%	0.18%	1.82%	136
現物含量	チップ堆積物	64%	0.43%	0.06%	0.11%	
乾物含量			0.82%	0.11%	0.21%	56

チップ堆積物に比べて生竹粉のカリ成分が高いのは個体差や部位の違いと思われる

竹パウダー

科やマメ科などの植物を播き、栽培期間中に適宜、刈り取って敷き草などにする場合と、休閑期間に育ててすき込んだりする場合がある。昔から行なわれてきたが、肥料も農薬も値上がりするいっぽうの近年は、肥料効果の高いマメ科緑肥が注目されている。**堆肥栽培**同様、緑肥を肥料計算に組み入れていく方法が、今後は広まっていくだろう。

　そのほかにも緑肥には、土壌有機物の増加、土壌物理性の改善、**耕作放棄地**などにまいて雑草抑制、などの効果がある。クローバ、ソルゴー、イタリアンライグラス、エンバク、小麦、ライムギ、キカラシなどや、田んぼの**レンゲ**や**菜の花**なども広がっている。マリーゴールド、エビスグサ、クロタラリアなどの**センチュウ対抗植物**も、すき込んで緑肥として利用される。

　問題点としては、すき込み後のガス発生などによる生育の阻害があげられる。すき込んでから作物を播種・移植するまで一定の期間（3週間以上）をおくことや、乾燥させてからすき込むなどの工夫がされている。

　なお、畑に雑草を生やし、それをすき込んで雑草緑肥にする例もある。どんな雑草がどの辺りに多いかなどを観察すると、畑の土の状態（肥沃度やpH）も手にとるようにわかる。緑肥のタネ代もかからず、タネをまく手間も省ける方法だ。

天恵緑汁

てんけいりょくじゅう

　ヨモギやクズなどを**黒砂糖**と混ぜて容器に入れておくと、1週間ほどで発酵液（菌液）ができる。1滴も水を入れなくとも、黒砂糖の浸透圧で植物エキスが抽出されるとともに、**酵母菌**や**乳酸菌**の働きで**発酵**する。発酵が加わることで、単なる抽出液以上の効果が期待できる。

天恵緑汁。ヨモギなどの季節の素材に黒砂糖を混ぜる。発酵してアルコールなどが生じ、植物の中のエキスが抽出できる

　この天恵緑汁は韓国の趙漢珪さんが、**土着菌**とともに日本で広めた。天（自然）から恵まれた緑（植物）の汁、として命名。水で薄めて、葉面散布や土壌かん注することで、作物や土に活力を注ぎ込む。

　素材にする植物は、季節に応じてその時期に一番勢いのあるものを、朝一番に採る。なるほどそんな素材で作った天恵緑汁は栄養生長を盛んにし、葉が厚くなったり生命力をアップさせる。いっぽう、アケビの実やイチゴなどの果実を黒砂糖と混ぜ合わせてつくる「果実**酵素**」もあり、こちらは実を大きくしたり登熟をよくしたりと、生殖生長を助ける効果がある。

手づくり酵素液

てづくりこうそえき

　ひと抱えもある巨大なダイコンの写真でおなじみの「○○酵素」など、**酵素**液には人を惹きつけてやまない魅力がある。作物にも使うが、毎日飲んで「病気が治った」「快便、風邪知らず」と健康効果を重視する人もいる。だが、市販品は何といっても高い。100㎖くらいの小瓶で1万円くらいするものもある。これがもし、自分でつくれたらどうだろう。

材料は季節の野草や野菜、果実などが中心だから、農家なら身近なところからいくらでも集められる。白砂糖を加え、毎日手で混ぜるだけ。発酵菌をわざわざ入れなくても、野草などにもともとついている菌で十分。砂糖をエサにどんどん殖えて**発酵**してくれる。手で混ぜるのは、自分の手についている常在菌も酵素液に取り込むためだそうだ。

出来上がった酵素液は、飲んでもいいし、作物にかけてもいい。どのくらいこだわってつくり込むかにもよるようだが、「作物がひとまわり大きくなるようです」という人から、「花の挿し木に使うと根量がドバッと出て、レベルが違うようになる」という人、「何としてもこれを使って毎年のジャンボダイコンコンテストで優勝したい」という人まで効果のほどはいろいろだ。

これらの手づくり植物酵素液では、ほかの**パワー菌液**と同様に**酵母菌**などの微生物が働くようだ。驚くほど効果が出る場合は、やはり微生物の代謝物質がカギを握っていそうだ。材料にはイチジクやパイナップルなど、脂肪やデンプン、タンパクの分解酵素を含むものも入れるとよさそう。

手づくり酵素液を使って、ジャンボダイコンをつくる（赤松富仁撮影）

コッコちゃん

鶏糞（けいふん）

鶏は牛や豚よりも腸が短く、エサの栄養吸収率が低いため、排泄された鶏糞には三要素（とくに**リン酸**）が比較的多く含まれる。また採卵養鶏では卵の殻を硬くする**カキ殻**などをエサに与えるため、糞には**石灰**も多く含まれる。栄養満点肥料であるうえ、値段が安いとあって、肥料代が値上がりするなか、ひっぱりだこである。

高知県の農家、桐島正一さんは、ほぼ鶏糞だけで有機・無農薬の野菜づくりをしている。施用のポイントは、根からやや離れたところ、あるいは株間やウネ間にスポット施肥すること。畑に残る肥料分が偏らないように刈り草や野菜の残渣などを畑に還元すること、などだという。

福島県の「南会津花づくりの会」では、鶏糞による**堆肥栽培**に集団で取り組んでいる。鶏糞の肥料成分を計算して施用量を決めたところ、買う化成肥料は**苦土**肥料くらいですんでいるという。気をつけているのは、鶏糞の入れすぎ。**塩基飽和度**が１００％以上ある畑に入れると根傷みを起こす恐れがある。そのほか、後効きしないように浅く入れる、物理性をよくするために**モミガラ**をいっしょに入れるなど、鶏糞活用

家畜糞堆肥のチッソの効き方イメージ（6カ月）

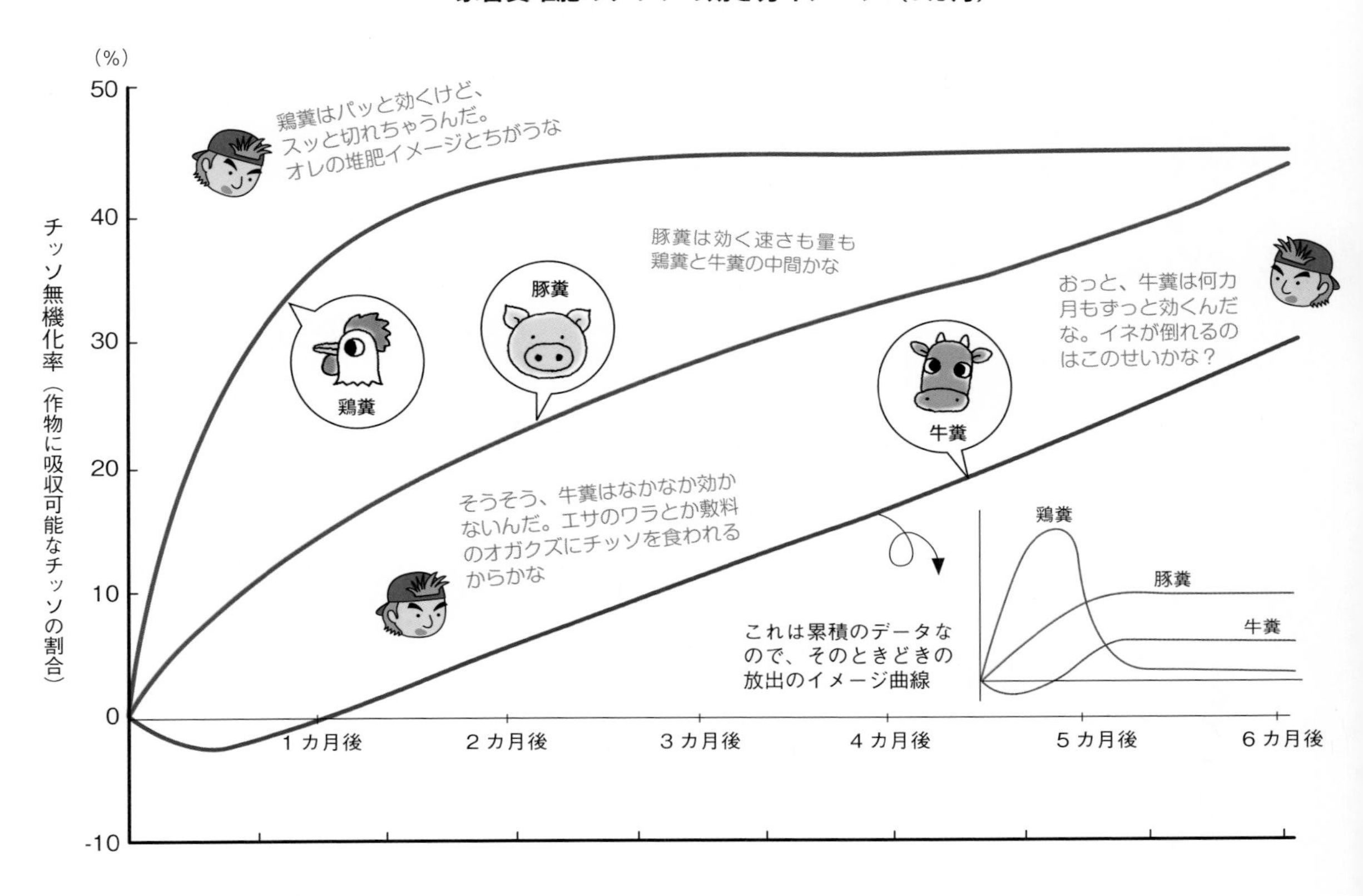

チッソの効き方は熟度によっても変わる。
完熟にすればするほどチッソ量は減少する

堆肥の養分含量と有効成分量の目安一覧（藤原）

種別	原料名	含水率%	炭素率	成分量（現物%）					有効化率（%）			有効成分量（kg／現物1t）				
				チッソ	リン酸	カリ	石灰	苦土	チッソ	リン酸	カリ	チッソ	リン酸	カリ	石灰	苦土
家畜糞堆肥	牛糞	50	15	1.0	1.4	1.4	2.1	0.6	20	60	90	2.0	8.4	12.6	21.0	6.0
	豚糞	40	10	2.2	4.2	1.8	3.9	1.5	50	70	90	11.1	29.4	16.2	39.0	15.0
	鶏糞	20	8	2.8	5.1	3.1	12.7	1.8	60	70	90	16.8	35.7	27.9	127.0	18.0
木質混合堆肥	牛糞	60	20	0.8	1.0	1.1	1.1	0.5	10	50	90	0.8	5.0	9.9	11.0	5.0
	豚糞	50	15	1.4	3.0	1.4	2.8	0.8	30	60	90	4.2	18.0	12.6	28.0	8.0
	鶏糞	40	10	2.3	3.8	1.9	3.9	1.7	30	60	90	6.9	22.8	17.1	39.0	17.0

堆肥の成分量および有効化率（肥効率）は、堆肥の品質に大きく影響されるので、おおまかな目安として利用する。

『堆肥のつくり方、使い方』（藤原俊六郎著）より

の工夫を深めている。

豚糞（とんぷん）

豚糞の**炭素率**（**C／N比**）は10程度で比較的分解が速く、**牛糞**より肥効が出やすいので有機質肥料としての利用価値が高い。肥料成分の量は**鶏糞**と牛糞の中間ぐらい。チッソ、**リン酸**に比べると**カリ**がやや少ない。

広島県のカキ農家で元養豚農家でもある渡辺泉さんは、カキの豚糞**堆肥栽培**を行なっている。豚糞にリン酸が多いことを活かして、栽培に必要なリン酸の全量を豚糞堆肥でまかない、足りない成分（チッソとカリ）を単肥で補うやり方だ。

なお、豚は糞に比べ尿の量が多いため、**堆肥**にするときは水分調整がポイントとなる。それに、豚のエサは濃厚飼料が主体なのでニオイがきつい。これを、**土着菌**や**えひめAI**、**光合成細菌**、**乳酸菌**などの微生物で解決し、耕種農家に喜ばれる豚糞堆肥・肥料を生産している農家もいる。**アミノ酸**たっぷりの豚糞**発酵**肥料だ。

いっぽう、水分が多いままの豚糞尿を生石灰と合わせて肥料化する方法もある。水を吸った生石灰の発熱で水分が飛ぶので乾燥が進み、製品はわずか1週間程度で完成。有機態の**カルシウム**を含む豚糞石灰肥料ができる。

牛糞（ぎゅうふん）

牛は草などの粗飼料を多く食べるため、牛糞は**鶏糞**や**豚糞**より肥料成分含量が低く、繊維素やリグニン含量の高い難分解性有機物に富む。そのため、これまでは土壌改良資材としての利用価値を評価されてきた。だがこれからは**堆肥栽培**の時代。肥料として牛糞をとらえ直し、ゆっくりジワジワ出てくる肥効を上手に使う方法を磨いていく必要がある。

水分が多いので、堆肥化するには、**発酵**補助資材としてオガクズ、**モミガラ**などを混合して調整し、発酵条件を改善する必要がある。成分的には、チッソや**リン酸**に比較して**カリ**の含有率が高く、また分解しにくいので、リン酸が多く分解が速く進む鶏糞や豚糞を混ぜるのもいい。仕上がった良質堆肥を戻し堆肥として敷料にすれば、牛舎によい微生物が殖え、牛の健康にもつながる。

ちなみに、生の牛糞は一般に嫌われるが、上手に活かす方法もある。北海道の畑作農家・中藪俊秀さんは、麦稈の上に10ａ5ｔもの生牛糞をまいて「十勝版・**土ごと発酵**」に取り組む。黒ボク土にたまっていたリン酸の貯金を、生糞土ごと発酵でうまく下ろすことができるようになった。

尿液肥（にょうえきひ）

牛や豚などの家畜尿からつくる液肥。尿そのものに肥料成分（チッソ分で0.5〜1％）が含まれ、かつては速効性肥料として広く利用されてきたものだが、悪臭のせいであまり利用されなくなっていた。これを曝気処理したり、**二価鉄資材**や**乳酸**菌液などと組み合わせることでニオイを抑えて使いやすくしたのが尿液肥。タダで手に入る家畜尿から作るので値段も安く、近年の肥料代高騰で、再び注目が集まってきた。とくに山形県の庄内地方では、ＪＡが地域の畜産農家から尿を集めて曝気処理した尿液肥を大量生産して安価で提供。需要に追いつかないほどの人気になっている。

成分は速効性のアンモニア態チッソと**カリ**の割合が多く、「有機のＮＫ」と考えていい。すぐに効いて後効きしないので、イネの**穂肥**には最適。**流し込み施肥**できるので施用もラクなうえ、化学肥料と比べると成分が薄くて水に馴染みやすいので均一に広がり、ムラができにくい。**堆肥稲作**に利用することで、化学肥料を使わない超低コスト稲作も実現可能。

下肥（しもごえ）

かつて、人間が排泄する屎尿は「下肥」としてじっくり熟成され、利用された。**乳酸菌**など人間の体内にいて健康維持に働いてくれる菌と、肥だめに飛び込んでくる好気的な菌が連合して、下肥は十分**発酵**した菌体肥料といえよう。そこには人間の体が取り込んだ食べものや塩の**ミネラル**が含まれ、また、土に穴を掘って熟成された下肥には、土のミネラルも取り込まれていた。雨でミネラルを流失しやすい日本の耕地へのミネラルの補給・ミネラル循環の一端を、下肥が担っていたのである。

衛生上の問題やニオイなどもあって、現在、屎尿を使う農家は少ないが、自分の家の屎尿に天然のミネラルや微生物資材を混ぜて人糞尿発酵液肥をつくっている農家もいる。

なお、人糞尿はチッソ分が多く、発酵していないものを多く使うと、害虫を呼び寄せることがある。水で薄めて使うか、よく発酵させてから使いたい。

灰（はい）

草や木などの有機物を焼くと、最終的には燃えないものが灰として残る。「燃えカス」どころか、灰こそ、**カリ**（カリウム）、**カルシウム**などのほか、**ミネラル**の宝庫である。草木灰にはカリが、**モミガラ**やイナワラ、**竹**などイネ科の灰には**ケイ酸**が、せん定枝など木の灰にはカルシウムが、**鶏糞**を燃やした灰には**リン酸**とカルシウムが多く含まれる。

だが、専用燃焼炉などであまり高温で焼くと固まって溶け出しにくい形になってしまうので、やや低温で焼いたほうがいい。農家が野焼きで気軽に焼いた灰こそが、効くミネラル肥料。アルカリ性で、作物にまくと害虫よけになり、酸性土壌の改良効果もある。

最近では、薪ストーブ愛好者も増えており、手元に灰のある暮らしが取り戻されつつある。燃やせるものは身のまわりにいくらでもある。ジャンジャン燃やして、ジャンジャン使いたい。

木炭（もくたん）

南米・アマゾン川流域の住居跡で見つかる「黒い土」では、不思議と作物や樹木がよく育つ。その黒い土に炭が含まれていることがわかったのは近年のことだ。炭は、日本の農家にとって**木酢**液と並ぶ代表的な自給資材。畑や田んぼに入れるなら、簡単にやける伏せやきの炭で十分だ。地面に大きな穴を掘って炭を量産し、大いに活用している農家もいる。

作物にとって炭には次のような効果がある。①微生物を定着させる、②肥料成分を保持、③水に溶けやすい**ミネラル**を供給、④保水効果、⑤通気性を高める。おそらくこれらの効果のために、多くの農家が田畑に炭を入れると作物の根張りがよくなるという経験をしている。連作障害などの土壌病害を防げたり、減肥にもつながる。

炭に定着する微生物では**ＶＡ菌根菌**が有名だ。菌根菌が作物の根圏で菌糸を張りめぐらせると、土中のミネラルや**リン酸**をかき集めて根に供給してくれる。空中チッソを固定する**根粒菌**も炭との相性がよい。また、炭に光が当たると発する超音波が微生物を活性化するという研究もある。炭を川や池に入れると、炭に微生物の膜（バイオフィルム）ができて浄化力を発揮するが、これも炭の超音波が引き金になっているという。微生物との相性の良さを活かして、堆肥や**ボカシ肥**と混ぜて使うのもよい。また、畑全面に施さなくても、作物の根まわりや土表面にマルチするだけで効果を実感できる。

炭はこのほかにも、家畜に食べさせて健康や悪臭除去に役立てたり、家屋の調湿やご飯を炊くときに入れるとおいしく炊けるなど、多様に利用されている。旧ソ連のチェルノブイリ事故後には、炭をすりつぶして住民に飲ませたところ放射性物質を排出するのに役立ったという話もある。炭をやき、それを田畑に施用することは、大気中の炭素を封じ込めて地球温暖化防止に貢献するという点からも注目されている。

ちくたん
竹炭

竹をやいてつくる竹炭にも、**木炭**と同様の効果が期待できる。竹炭をやくときに採れる**竹酢**液も、**木酢**液同様に減農薬や土壌改良に役立つ。竹林の荒廃に悩む地域が少なくないが、逆にいえば竹は無尽蔵の地域資源。最近は**竹パウダー**としての利用が増えているが、竹炭としても大いに利用した

竹林の中で勢いよく竹を燃やす。炭化がすんだところから水をかけ消火。「ポーラス竹炭」が完成する（黒澤義教撮影）

い。

竹は木材に比べて維管束数が多く、より多孔質の組織構造であることから、竹炭は内部の表面積が木炭の5～10倍ほど広く、吸着能力が高いといわれる。

静岡県の山本剛さんは、一日かけて切り出した竹を2～3時間で一気にやいて農業利用する。消し炭状のやわらかい竹炭で、穴がいっぱい開いていることから「ポーラス竹炭」と名づけた。畑に入れるにはこういう炭がむいているのだろう。

風に強い保米缶くん炭づくり

高さ90㎝、直径70㎝の5俵缶を使い、途中で目減りした分を足して合計約7俵分をやく（倉持正実撮影）

ジョウロ3分の1くらいの水をかけて温度を下げたらすぐ、ビニールでフタをする

モミガラくん炭

もみがらくんたん

モミガラを炭にやいたもの。モミガラ同様、いろいろに使える農家の基本資材。保水性・通気性の確保に役立ち、微生物のすみかとなって、土の微生物相を豊かにする。**ケイ酸**分などの**ミネラル**が豊富で、作物の耐病性を高める効果もある。くん炭を毎年入れてきた田んぼでは、イネの葉先を握るとバリバリと感じるほど丈夫になるという。

イネや野菜の育苗培土によく使われ、くん炭を覆土したレタス苗は生育が明らかに促進されるという研究もある。炭に光が当たると微生物が交信しあって殖えることも明らかになっており、くん炭覆土の下で肥料を分解する微生物が活発化したのでは？とも考えられている。くん炭はバチルス菌を殖やし、抗菌物質をつくり出すという研究もある。また、くん炭を使った培土は軽くて、苗の移動・運搬がラクになるのも魅力だ（**くん炭育苗**）。

くん炭のやきかたでは、宮城県・白石吉子さんの保米缶を使った簡単な方法が話題となった。倉庫に眠っている保米缶を活用してどんどんやき、消火の際は軽く水をかけたらビニール被覆して酸素を遮断。サラサラで粒ぞろいのよい美しいくん炭ができる。

木酢

もくさく

木材を炭化（熱分解）するときに立ちのぼる煙を冷却して得られる液体。炭化する素材や炭化の方法によって淡い赤色から濃い褐色、黄色みがかったものまで色はさまざまだが、総じて燻製に似た酸っぱいニオイがする。採取したばかりは木タールなどが混ざっているので、静置濾過して用いるのが一般的。

主成分は酢酸、蟻酸など**有機酸**類が中心だが、要は「樹のエキス、樹の細胞液を引っ張り出したもの」（日本炭窯木酢液協会・三枝敏郎さん）と考えればよい。

それ自体にも殺菌や殺虫、あるいは栄養補助的な効果もあるが、作物葉上や土中の微生物を活性化させたり、いっしょに混ぜた資材の散布効果を高めるなどの脇役的な働きが非常に強い。そのため防除や施肥、作物品質の向上など、多様な活用が可能な農家の基本資材となっている。

たとえば農薬を薄く混用して防除効果を上げるなどは、代表的な例。またニンニクやドクダミ、トウガラシ、魚のアラ（魚腸木酢）など身近な素材をつけ込み、それらの成分を抽出して相乗効果を楽しむ人も多い。あるいは木炭を畑にまいてから散布すると、作物の上からと下（根）からの両方の微生物活性が見られ、生育促進効果は高い。蒸留精製したものをエサに混ぜて肉質を上げたり、ニオイの少ない良質堆肥づくりに役立てている畜産農家もある。

有機ＪＡＳ規格でも認められている資材。品質を吟味しながら、自らの創意を凝らし使いこなす農家が増えている。

竹酢（ちくさく）

木酢液とほとんど同様だが、**木炭**ではなく、**竹炭**をやくときに出る煙が煙突で冷えて得られる液体。全体の80～90%が水分、おもな成分は酢酸・プロピオン酸・蟻酸などの**有機酸**類で、そのほかにアルコール類、ホルムアルデヒド、中性成分など、約300種類のさまざまな有効成分が含まれている。木酢液との違いをあえていうと、タール分が少なく、透明度が高く、においもソフトな点か。

抗菌・抗酸化機能、消臭効果、有用微生物の活性化作用などから、減農薬栽培や土壌環境の改善、作物の生育の活性化に有効な自給資材として広く使われている。

濃度により用途を使い分ける人も多く、50倍くらいに薄めて土壌に使用すると、作物の発根を促進し、センチュウや土壌病害虫の発生を防ぐとともに、有用微生物を増殖させる作用もある。５００倍で葉面散布すれば、作物の活力が高まり、品質の向上、ダニなどの害虫駆除・忌避、病気の発生を抑えるなどの効果がある。鹿児島県の久留須俊彦さんは、イネのいもち病、倒伏防止に２００～３００倍液、お茶の新芽の防霜対策に５００倍液を利用して効果をあげている。

農薬との混用や、植物エキスを抽出するのにも有効。福岡県の酒井雅佳さんはミカンの薬剤散布に混用して減農薬と防除効果アップに、静岡県の名高勇一さんはトウガラシなどを漬け込んだ植物エキス入り竹酢を防除や生育の活性化に役立てている。

近年は農業利用以外に、蒸留竹酢を飲用したり入浴剤として使うことも一般的になってきている。

モミ酢（もみす）

モミガラくん炭をやくときに出る煙を冷やして採れた液体。**木酢**液・**竹酢**液同様、主成分は酢酸で、pH３・５～４・０の強酸性。

作物や土に散布すると、**酢防除**効果で作物の代謝が活性化して体質改善や活力、耐病性、ときに**食味**が向上。また微生物が活性化するのか土壌病害が減少するなど、さまざまな効果があり、減農薬を可能にする心強い自給資材である。

茨城県の松沼憲治さんは自給したモミ酢に**カキ殻**を溶かした**カルシウム**モミ酢を散布して健全生育や連作障害の減少に効果をあげている。単独散布で病気予防をしたり、農薬と混用散布したり、原液散布で発芽直後の雑草に除草剤代わりに使用する。

埼玉県の加藤隆治さんは、モミ酢にトウガラシとニンニクを入れ、トマトハウスの中でホットプレートで加熱・気化させる方法で病害虫を防いでいる。強烈な辛味がハウスに充満して、コナジラミも来なくなった。

岡山県の赤木歳通さんは、ペットボトルにモミ酢を入れてコンバイン倉庫に吊し、ネズミ除けに使っている。

発酵カルシウム

はっこうかるしうむ

カキ殻を発酵させて**カルシウム**をとても吸収しやすくする方法を、三重県の川原田憲夫さんが開発。弟子である愛媛県の山本良男さんが誌面で紹介して、大きな反響を呼んだ。

山本さんによると、クエン酸などでカキ殻を溶かしただけのカルシウム資材も売っているが、たいして効かない。そこへ「**発酵**」という過程を加えると、はじめて作物が吸いやすいカルシウムになる。その効果は著しく、作物の暑さ寒さへの抵抗力が増強され、ホウレンソウが霜に強くなったり、サトイモが夏バテしなくなり収量が倍増したりするという。

川原田さん開発のやり方では、カキ殻を同量のクエン酸で溶かしてから（猛烈な反応をする）、ヨーグルトで乳酸発酵させる。このとき糖蜜や、分解**酵素**が豊富なパイナップルなども入れるとよい。乳酸カルシウムの形になったカルシウムは水溶性の度合いが高く、速効性だとのこと。

発酵カルシウム液をつくるには、まずカキ殻をクエン酸で溶かす。猛烈な泡が出る（赤松富仁撮影）

ケイカル浸み出し液

けいかるしみだしえき

手作りする極安の水溶性**ケイ酸**。水で薄めてすぐに効かせるようなケイ酸資材は高価だが、千葉県の花沢馨さんが編み出したのは安価なケイカルを使うユニークな方法。おもにイチゴのうどんこ病対策に使われている。

ホームセンターで一番安いケイカルを買ってきたら、500ℓのタンクに8分目まで入れ、上から水を入れる。水はケイカルの層を通ってタンクの下の蛇口から浸み出してくるというしくみ。タンクに水を足せば液は何回でも作れるのが魅力。花沢さんは、1回入れたケイカルでもう3年以上ケイカル浸み出し液を作り続けている。

この液をかん水のときに薄めて流したら、うどんこ病が見事に抑えられた。殺菌剤やイオウくん煙剤と比べても断然安いし、効きもいい。

ケイカルは土に入れてもなかなか効かないと批判されたこともあったが、こういう使い方もあったのか、と目からウロコの農家技術。

ケイカル浸み出し液のタンク

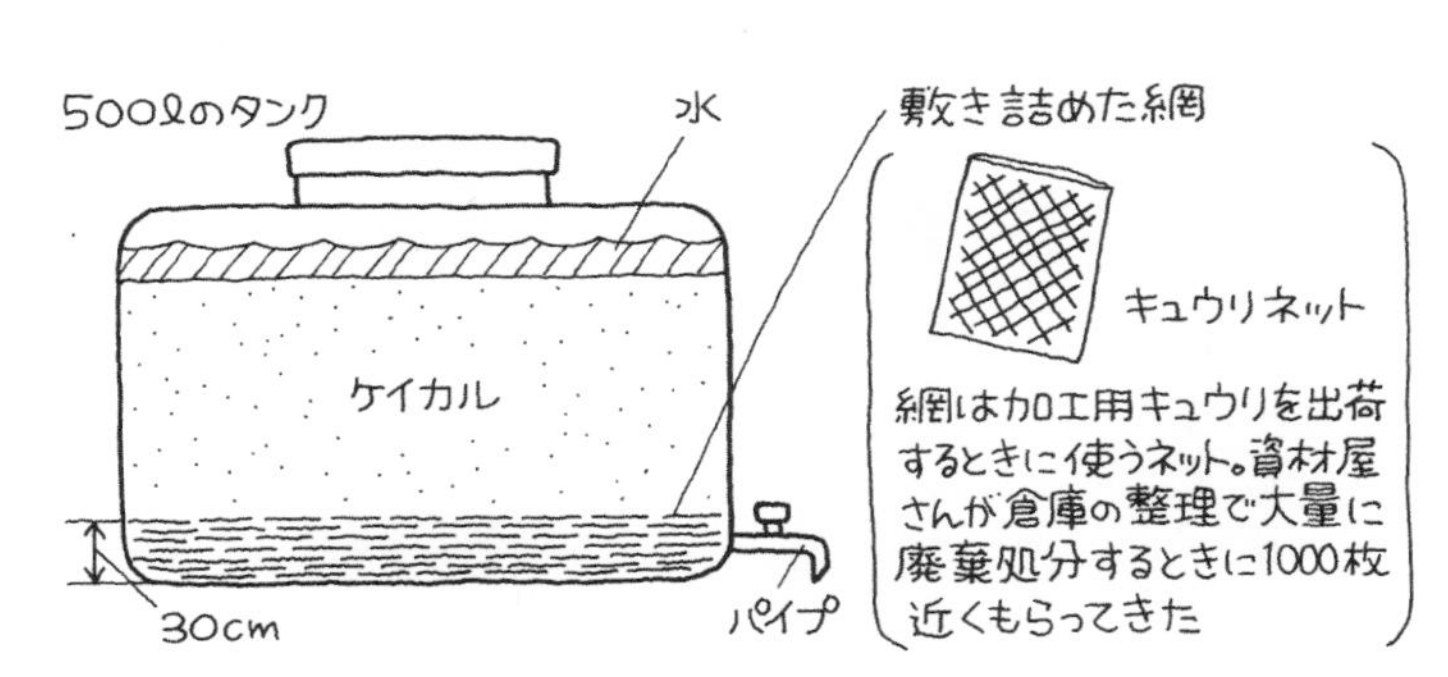

ケイカルの砂がパイプ部分で目詰まりすることなく液はジャーっと出る

元肥一発肥料

もとごえいっぱつひりょう

田植え後すぐ効く化成肥料のほか、追肥の代わりになる緩効性の被覆肥料を何種類か配合した稲作用の肥料。元肥に使えば追肥も省略できるとして各地で広がっている。

各種肥料の配合は、地域によってさまざま。とくに被覆肥料は、積算水温によってカプセルのようなコーティングがゆっくり溶けて中の肥料が出てくるしくみなので、水温によって溶けるスピードが変わる。そのため、地域の気候と栽培方法に合った配合であるかどうかで、収量・品質は大きく左右される。

被覆肥料の溶出の仕方には、リニア型とシグモイド型の2パターンがある。リニア型は、時間の経過とともに成分がジワジワ出てくるタイプで、田植え後から**幼穂形成期**にかけて効かせるのに向く。いっぽうシグモイド型は、一定の時期以後に急激に溶け出すタイプで、ピンポイントで**穂肥**時期に効かせる目的で使われることが多い。

かつては「速効性の化成肥料を4割、残り6割はリニア型とシグモイド型の被覆肥料を半々」で配合するような肥料が多かった。しかし近年、猛暑で被覆肥料の溶出が早まってしまう傾向が続き、肥切れによる**高温障害**が問題になってきて、配合割合が見直されている。各県が、速効性肥料の割合は減らし、幼穂形成期以降に効くシグモイド型被覆肥料の割合を増やした「後期重点型の元肥一発肥料」を開発。農家の要望に合わせて肥料を配合する肥料屋も出てきている。

リニア型・シグモイド型の溶出イメージ（水温25度の場合）

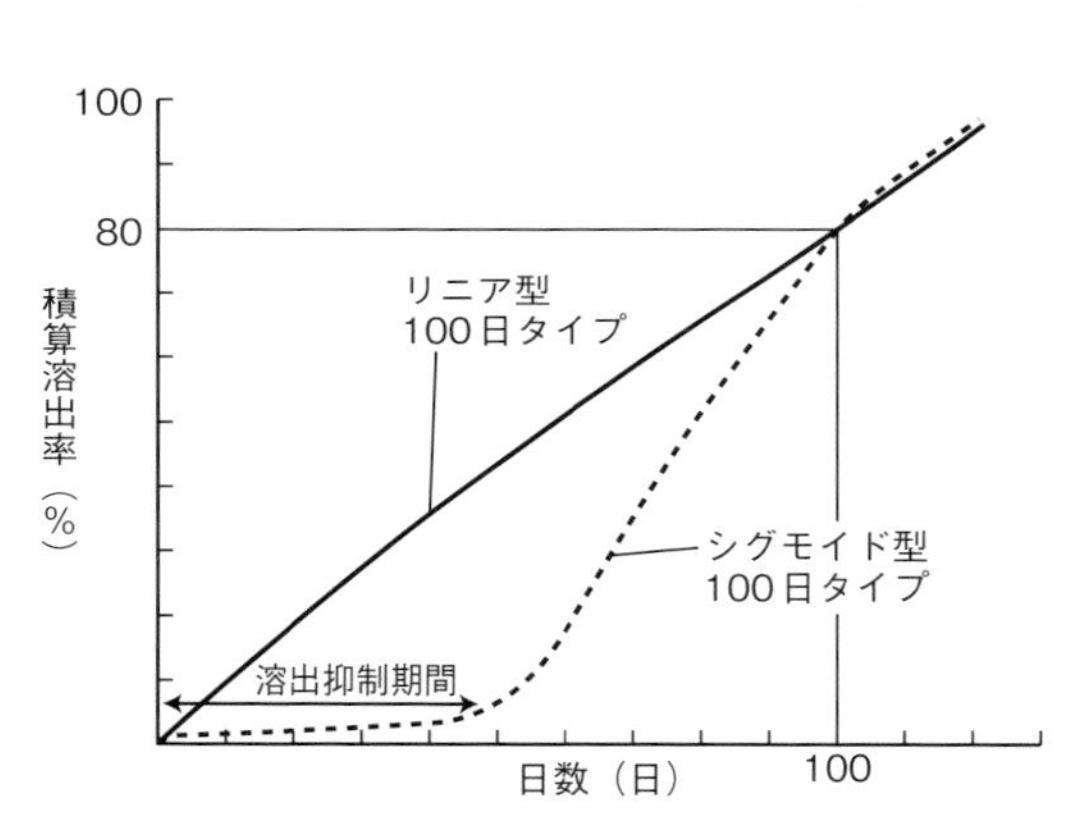

「100日タイプ」とは、水温25度の場合、肥料が80%溶出するのに100日間かかるという意味。同じ100日タイプでも、リニア型は散布後すぐに効き始めるが、シグモイド型は溶出抑制期間が終わってから急激に溶出する

過リン酸石灰（過石）

かりんさんせっかい（かせき）

水溶性**リン酸**を多く含む速効性肥料（副成分は硫酸石灰）。

肥効が高いが、施用すると、土壌中のアルミニウムなどと結合して不溶化し、植物に吸われない形になりやすい。そこで、施肥の仕方に工夫がいる。堆肥や**ボカシ肥**、**米ヌカ**等の有機物に包んで使う方法、なるべく土と触れないように一定の深さにかためて施肥する方法（過石層状施肥）などがある。また、過石を水に溶かした過石水を直接葉面散布する方法も効果的。

への字稲作の井原豊さんは、副成分の硫酸石灰に注目し、**カルシウム**を効かせ**食味**を上げる**石灰追肥**用の肥料として愛用していた。

りゅうまぐ・すいまぐ

硫マグ・水マグ

苦土の代表的な単肥。**海水**に生石灰を混ぜると水マグ（水酸化苦土）ができ、この水マグに硫酸を加えると硫マグ（硫酸苦土）ができる。蛇紋岩などに硫酸を加えても硫マグができる。どちらもマグネシウムに加え、そのほかの微量な**ミネラル**も豊富に含む。**苦土の積極施肥**にも便利な単肥だが、性質が異なり、土の条件によって使い分けたい。

硫マグは水に溶けて酸性を示すので、中性またはアルカリ土壌にむく。元肥でもいいが、水溶性で速効タイプなので、ここぞというときの追肥にむいている。いっぽう水マグは塩基性で、土壌の酸性を中和できる（**pH**を上げる）ので、酸性土壌むき。ク溶性でゆっくりと効くタイプなので、元肥にむいている。

しょうせっかい

消石灰

石灰石を加熱してつくられる生石灰に水を加えて製造する。水溶性というわけではないが、石灰質肥料のなかでは、比較的溶けやすいのが特徴。石灰石を粉砕してつくられる炭カル（炭酸石灰）よりも効きやすく、酸性を中和する土壌改良資材というよりは、カルシウムを補給する肥料としての価値が高い。石灰追肥に使う農家も多い。

施肥以外にも、根こぶ病対策に一時的に根回りを高pHにする植え穴処理、石灰ふりかけや上澄み液での**石灰防除**、牛舎の殺菌などにも使われている。

かきがら

カキ殻

カキの殻。ふつうはこれを粉砕して肥料にする。**消石灰**の原料である**石灰**岩と比較すると、主成分の炭酸カルシウムは47％で約7％少ないが、石灰岩にはほとんどないチッソ、**リン酸**、**カリ**、**マグネシウム**が含まれ、マンガン、ホウ素、亜鉛などの**微量要素**も石灰岩に比べて非常に多く含んでいる。すなわち**海のミネラル**力をもった石灰質肥料であり、さらに2％程度ではあるが有機物も含まれている。

新潟県新穂村のトキ環境稲作研究グループでは、カキ殻満杯のドラム缶をとおした水を田んぼに入れ、良**食味**米の生産に活か

用水は、ドラム缶のカキ殻を通って田んぼに流れ込む（トキ環境稲作研究グループ）（倉持正実撮影）

カキ殻の無機成分（風乾物当たり）

チッソ全量（%）	リン酸全量（%）	カリ全量（%）	石灰全量（%）	苦土全量（%）	酸化鉄（%）	マンガン（ppm）	ホウ素（ppm）	亜鉛（ppm）	銅（ppm）	モリブデン（ppm）
0.29	0.18	0.12	48.5	0.65	0.50	50	250	194	5	2

（『農業技術大系 土壌施肥編 7-②』より）

土と肥料

している。

　1000度以上の高温で焼成したものは酸化カルシウムの形となり、水への溶解度が上がる。焼成貝殻として販売されており、**石灰防除**や**石灰追肥**に使う人も多い。

貝化石

かいかせき

　古代の海生貝類などが隆起・陸地化に伴って化石化し、地中に堆積したもので、粉砕して肥料にする。主成分は炭酸**カルシウム**だが、**苦土**のほか有機物や微量要素が含まれており、**カキ殻**同様、**海のミネラル**力をそなえている。
　イネでは**食味**向上効果が注目され、園地の通気性がよくなるというリンゴ農家もいる。**牛糞**堆肥などとの併用効果も高く、また、有機質肥料に混ぜて発酵させれば、効きやすい石灰と**ミネラル**がリッチな**ボカシ**肥ができる。

カニガラ

かにがら

　カニの殻。粉砕して肥料にする。チッソや**リン酸**とともに、**カルシウム**、**マグネシウム**ほかの**海のミネラル**も豊富だが、さらに特徴的なのは**キチン**質を豊富に含むこと。

　カニガラはキチン質を好む**放線菌**の急速な繁殖を促し、その放線菌はキチナーゼという**酵素**を分泌して、キチン質でできている病原菌の表皮細胞壁を分解する。こうしてフザリウム病などの土壌病害を抑制し、イチゴの萎黄病、キュウリなどウリ類のつる割病、ダイコンの萎黄病、トマトの萎ちょう病などで成果があがっている。カニガラ**米ヌカ**などと混ぜて**発酵**させれば放線菌の多い**ボカシ**ができる。

　ちなみに、エビガラも同様の効果が期待できる。

ゼオライト

ぜおらいと

　おもには保肥力の向上を目的に使用される土壌改良資材。小さな穴がスポンジ状にあいた天然鉱物で、沸石ともいわれる。この小さな穴が吸着力を持っており、その働きが、**塩基置換容量**（**CEC**）の増大、アンモニウムイオンおよび交換性塩基の流亡抑制、チッソ・**リン酸**・**カリ**の肥効促進、保水力の向上、放射性**セシウム**の吸着などの効果ももたらす。

　ただし、一度に多く入れすぎると保肥力が上がりすぎてチッソが効きにくくなったり、乾燥しやすい土になったりする場合もあるので注意が必要だ。

黒砂糖

くろざとう

　精製されていない黒い砂糖。未精製の分、**ミネラル**も豊富。神奈川県の早藤巖さんが提唱した「黒砂糖・酢農法」は、黒砂糖をバイエム酵素で発酵させて米酢とともに葉果面散布する方法で、作物の活力を高め、病害虫防除効果も高い。

　植物エキスを抽出することもでき、**天恵緑汁**に利用される。焼酎や酢でも植物エキスを抽出できるが、黒砂糖を使うと**発酵**を促し微生物の代謝物をも引き出す効果が期待できる。

　えひめAIや**乳酸菌液**、**手づくり酵素液**などをつくるときは、黒砂糖でももちろんいいが、価格が高いので、白砂糖や三温糖を使う人たちも多い。黒砂糖だと、できあがりの色が茶色くなってしまうのも気になるところ。

　ちなみに、農業用にさらに価格が安いも

のを選ぶとしたら、畜産用などで流通している廃糖蜜がある。黒砂糖から白砂糖などを精製していく過程で出る副産物なので、これこそ**ミネラル**たっぷり。微生物は喜んで殖えるので、**土壌還元消毒**用などにも引っ張りだこだ。

自然塩（しぜんえん）

塩には製法によっていろいろな種類があるが、一般的には食塩以外を自然塩と呼んでいる場合が多い。食塩の塩化ナトリウムの純度は99％以上だが、自然塩は80～90％台と低く、**海水**由来のさまざまな微量の**ミネラル**（**にがり**にあたる成分）を含む。海水と同様、水で薄めて散布することで土壌中の微生物や作物の生育を活性化する効果が期待できる。**海のミネラル**の効果と考えられる。

水田の場合はそのまま散布されることもある。イネ刈り後、**米ヌカ**などといっしょにまけばイナワラの分解を促進したり、**冬期湛水**中に**トロトロ層**の形成を促進する効果もあるといわれる。また、田植え後に行なう**米ヌカ除草**で、自然塩が加わると除草効果が高まるという報告も多い。

ちなみに製法と種類について補足しておくと、塩田で最後まで天日で結晶化させたものは「天日塩」、塩田で濃縮した塩を釜で加熱製塩したものが「釜焚き塩」。昨今は高価な「こだわりの塩」も多数販売されているが、天日塩の中でも、2年くらい時間をかけて自然に結晶化させた「原塩」と、それを粉砕した「粉砕塩」はわりと安く入手できる。外国からの輸入物で、結晶化に時間がかかっている分、にがりもやや減ってはいるが農業利用には十分ではなかろうか。

岩塩は、まったく自然に海水が結晶化したものだが、長い時間を経るうちににがり分が抜けるので、意外にも塩化ナトリウムの純度が高いものが多い。

食塩のほうは、電気の力によるイオン交換膜法で、海水からナトリウムと塩素（塩化ナトリウム）を抽出・濃縮してつくる。乾燥機にかけて水分をとばしてサラサラにしたのが「食塩」。乾燥の工程を省いたしっとりタイプが「並塩」（塩化ナトリウム95％以上）。

ミネラル成分の多い自然塩のほうが好まれる傾向があるが、塩化ナトリウム（NaCl）の塩素（Cl）自体に光合成促進作用があることもわかっており、食塩の効能も大きいといえる。

にがり（にがり）

海水から塩をつくるときにいっしょにとれるのがにがり。結晶化する塩化ナトリウムは塩としてほとんどが抜かれるので、**ミネラル**成分としては**マグネシウム**や**カルシウム**の割合が高まる。そのため、農業利用するには海水や**自然塩**よりもにがりのほうがいいという人もいる。最近では「農業用」をうたった製品がいくつも販売されている。

　海水や自然塩と同様に水で薄めて葉面散布するほか、液体であることを利用して水田の水口から点滴施用などもされている。また、高知県の島崎伸興さんは、土佐文旦の収穫のとき、軍手が赤く染まるほど大発生していたダニが、にがりの散布ですっかり姿を消したという。

海水（かいすい）

　作物が海水に浸かれば塩害を起こすが、少量の海水を薄めて葉面散布したり、海水を**発酵**促進剤として利用すれば、**海のミネラル**効果で生育を活性化するのに役立つ。

　台風でも海岸のネギが塩害に強かったことをヒントに10倍希釈の海水をかけて育てている千葉・JA山武郡市のネギはしなやかで太くなり、鉄分やカロテンが多く、味がいい。ほかにもミカンやトマト、あらゆる野菜に海水散布で味や収量がアップした報告が全国から相次いでいる。

　葉面散布の場合、作物の種類によって海水に強い・弱いがあるので、濃度を調節することが必要。生育ステージによっても濃度を変えたほうがいい。一般的には、生育が旺盛な時期は薄めの濃度で、収穫時期が近づくほど濃度を上げてという使い方がいいようだ。

　また海水は、水田の**トロトロ層**の形成を促進する効果もある。**冬期湛水**をする際に、**米ヌカ**散布後に海水を流し込む農家もいる。

　東京農業大学客員教授の渡辺和彦さんによると、海水の多種多様な微量**ミネラル**の効果もあるが、主成分・塩化ナトリウムの塩素に光合成を活発にする作用があるとのこと。さらに防除効果も注目で、ナトリウムとホウ素の葉面散布で作物の**抵抗性が誘導**されるという海外の研究がたくさんある

海水の成分のうちわけ

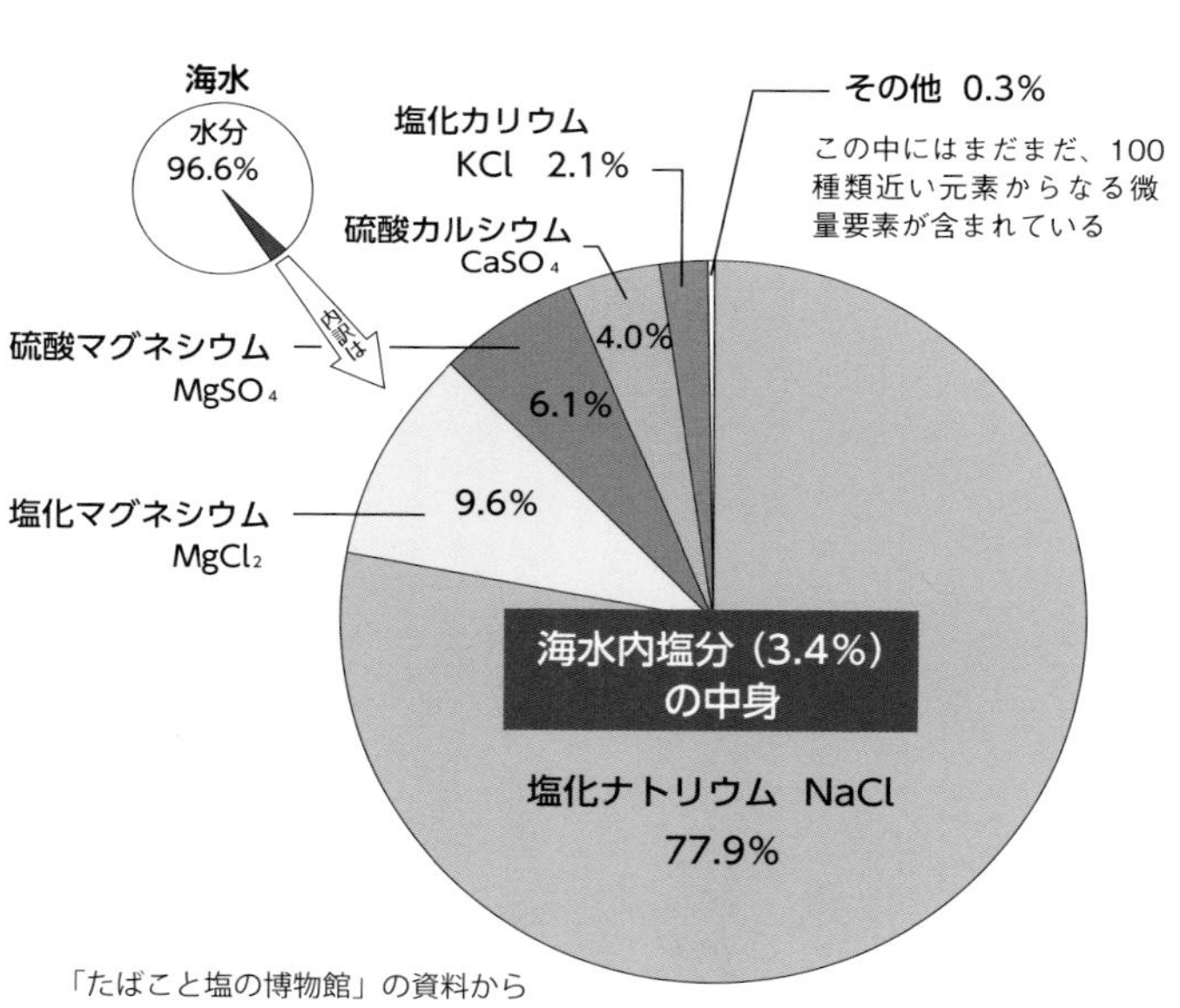

「たばこと塩の博物館」の資料から

海藻（アオサ）の肥料成分（神奈川県農総研）

	含水率	チッソ	リン酸	カリ	炭素率
現物含量	84%	0.50%	0.08%	0.50%	
乾物含量		3.1%	0.5%	3.1%	9

そうだ。
なお日本では、海水の農業利用は江戸時代から行なわれてきた。高知県（続物紛）や愛知県・静岡県（百姓伝記）などの農書に記述がある。

かいそう
海藻

古くから良質の肥料として、日本はもちろん中国やヨーロッパでも使われてきた。昔の利用例ではとくに、ジャガイモやビートなどの**カリ**を多く必要とする作物に卓効があったらしい。分解が速いうえ、雑草のタネや病原菌、害虫の卵などが混じらない利点がある。

海藻の成分には**海水**中の**ミネラル**のほとんどが含まれると思われるが、海水に比べてナトリウムの割合が低く、代わりに**カリ**や**石灰**や**苦土**の割合が高い。そのため海水や**自然塩**に比べて塩分濃度を気にせず安心して使用できる**海のミネラル**補給材といえる。また、アルギニンなどの**アミノ酸**や植物ホルモン、微生物を殖やす多糖類も豊富だ。海藻の効果は、生育を健全にし、免疫力を高め、耐病性や耐虫性を強化すること、収量、品質を上げることなどがある。

にかてつしざい
二価鉄資材

尿液肥のニオイ消しや土への酸素供給の効果が期待できる資材。硫酸鉄が水に溶けると二価鉄ができる。二価鉄は三価鉄に比べて不安定で、安定した三価になろうと、酸素原子を奪ったり、電子を放出したりする。この作用がいろいろな化学反応を引き起こすようだ。

尿溜の尿が発する悪臭は、アンモニアのほか硫化水素やメルカプタンが原因だが、二価鉄が作用すると、アンモニアは硫安に、硫化水素は硫化鉄に変わり、メルカプタンは二酸化炭素などに分解してしまう。だからニオイが消える。

商品にはGEFなどがあり、愛媛県の山本良男さんはオリジナルの強力発酵液（**パワー菌液**）をいろいろ手づくりする際に必ずこれを利用している。肉発酵液などは、いかにもひどいニオイがしそうだが、実際は「焼き肉屋の裏を通ったときのような美味しそうな匂い」の液に仕上がっている。二価鉄資材は、有機物を「**腐敗**」ではなく、「**発酵**」の方向に安定して向かわせるための影の立役者なのかもしれない。

さんそしざい
酸素資材

土や根に酸素を供給することを目的にした資材（酸素供給剤）。土の中に酸素が少ないと根は呼吸ができず、十分な養水分吸収ができなくなる。養分の吸収が**硝酸態**チッソに偏り、チッソ以外の**ミネラル**など（**カリ・カルシウム・リン酸**ほか）が吸われにくくなる。また、酸素不足の土に有機物を施用すると、酸素を嫌う微生物が殖え、有害なガスが発生したり、土壌病害のもとになったりする。そうした問題を解消する目的で、各種の酸素資材が出回っている。

水に溶けやすいラジカル酸素（**活性酸素**）の働きによってかん水する水の酸素量を増やすオキシデーター、過酸化水素を使ったMOX、**二価鉄**など鉄の働きを生かしたGEFなど。

もっとも、酸素供給の基本は団粒形成などにより土の通気性をよくすること。土の表面に土の膜ができるのを防ぐマルチや、この膜を破壊する中耕は、土に空気（酸素）を入れる手段でもある。

重曹
じゅうそう

重曹の効果は幅広い。パンやケーキの膨らし粉として、あるいは、洗剤や入浴剤の代わりとして、日常生活で重宝されている。農業場面では、うどんこ病や灰色かび病への効果が確実ということで「特定農薬（特定防除資材）」に指定されているほどの実力を持つ。さらに近年、誌面で話題になったのは、ダイコンなどの生育初期に水で薄めてまくと断然大きくなるという現象だ。

根菜類での効果が顕著で、生育スピードが早まることが、ほかのものと比べて「大きくなる」と感じる要因のようだ。ダイコンもカブもニンジンも丸々と太る。しかも、スジばったりせずに、やわらかくておいしい。何人もの農家が、重曹の効果をそう証言している。

なぜそのような現象が起きるのかは誰も解明していないのだが、重曹は $NaHCO_3$（炭酸水素ナトリウム）。分離した炭酸水素イオンが**炭酸ガス**の形で作物に吸収され、光合成を促しているのかもしれない。また、水に溶けた炭酸ガスは根からも吸われ、これも光合成に一役買っている可能性がある。

そのほかにも、牛の**雌雄産み分け**にまで、重曹は大活躍である。

重曹で根菜類が丸々太る
（田中康弘撮影）

基礎用語

C／N比（炭素率）
しー／えぬひ（たんそりつ）

有機物などに含まれている炭素（C）量とチッソ（N）量の比率で、炭素率ともいう。C／N比がおおむね20を境として、それより小さい（つまりチッソが多い）ほど、微生物による有機物分解が早く、すみやか

おもな有機物のC／N比（%）

有機物名	全炭素	全チッソ	炭素率（C/N比）
麦稈	40〜45	0.5〜0.7	60〜80
イナワラ	40〜45	0.7〜0.9	50〜60
落ち葉	40〜45	0.8〜1.5	30〜50
牛糞	35〜40	1.5〜2.0	15〜20
豚糞	40〜45	4.0〜4.5	8〜10
鶏糞	30〜35	5.0〜5.5	6〜8
糸状菌			9〜10
細菌、放線菌			5〜6

（「農業技術大系　土壌施肥編　第7—①巻　堆肥づくりの基本と応用　藤原俊六郎」より）

にチッソが放出され（無機化）、反対にC／N比が大きいほど分解が遅く、むしろ土の中のチッソが微生物に取り込まれる（有機化）といわれている。

　C／N比の小さい有機物を土に施すと肥料効果は高いものの、土壌改良効果は低く、過剰施用には注意が必要になる。いっぽうC／N比の大きな有機物を土に施すと、作物の利用できるチッソが少なくなって一時的なチッソ飢餓の心配があるものの、微生物や**腐植**を増やし、保肥力を上げる効果がある。ちなみに、イナワラのC／N比は50〜80、**モミガラ**は70〜80、**落ち葉**は30〜50、生ゴミは10〜20。C／N比は堆肥つくりや堆肥の品質診断にも重要で、材料のC／N比を20〜40に調整し、仕上がった堆肥が15〜20になるのがベスト。

　作物診断にも役立ち、樹液のC／N比が高いとき（糖度計で樹液の糖度が高いとき）には未消化チッソが少なく健全生育で収穫物も日持ちがいい。追肥の診断などの目安にもなる。

pH

ぴーえいち・ぺーはー

酸性・アルカリ性を示す値で、ピーエイチまたはペーハーと読む。7が中性で、それ以下が酸性、以上がアルカリ性。その数値が小さくなるほど酸性が強く、大きくなるほどアルカリ性が強い。

　pHによって、土の中に溶け出してくる養分量が異なり、中性から弱酸性が一番バランスがいい。pHが6〜5・5以下の酸性は、一般に**石灰**、**苦土**など塩基成分が不足した状態で、**リン酸**は不溶化し、微生物による**硝酸化成作用**も低下して、作物の生育は悪くなる。

　いっぽう、アルカリ化・高pHでは、リン酸は石灰と結合して作物に吸収されにくい形態に変わり、鉄、マンガン、ホウ素、亜鉛などの**微量要素**も効きにくくなり、各種の欠乏症状が発生する。このような高pH土壌では**塩基飽和度**が100％を超え、**塩基バランス**も崩れている場合が多い。

　酸性化の原因には雨によ

土と肥料

pHが変わると土壌養分の溶解度が変わる

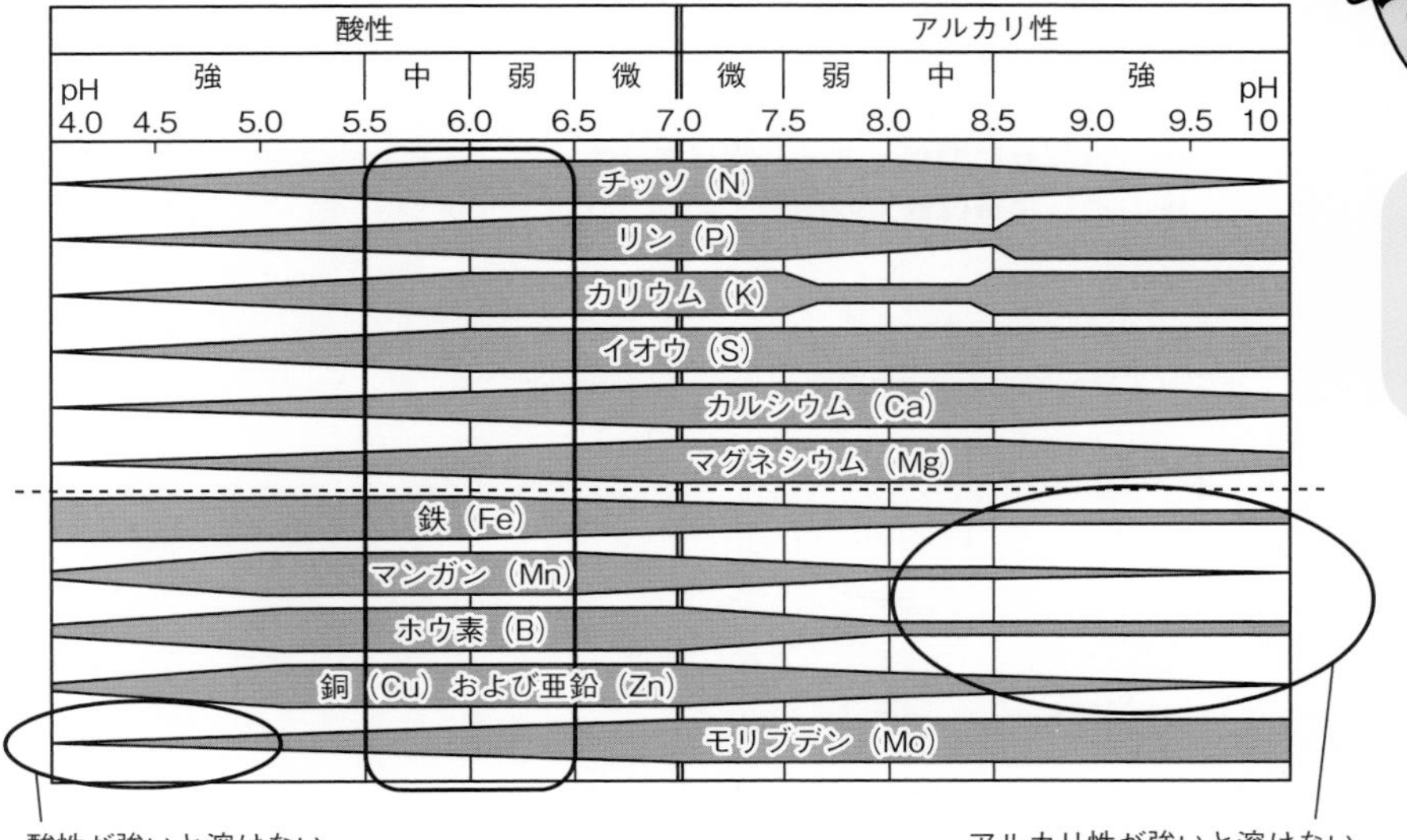

いろんな肥料成分がバランスよく吸われやすくなるのがpH5.5〜6.5の間なんだな

pHが高いと鉄、マンガン、銅、亜鉛、ホウ素が溶けにくくなり、欠乏症が出やすくなる

る塩基成分の溶脱や酸性肥料の施用などのほか、チッソのやりすぎによって生成した硝酸による酸性化があり、ポリマルチ下やハウス内での急激な酸性化が指摘されている。**EC**との関連も見逃せない。アルカリ化の主原因は石灰のやりすぎによる過剰蓄積であり、とくに雨が入らないハウスなどではアルカリ化しやすい。最近では土壌のpHだけでなく、作物の樹液pHの測定によって健康不健康を診断する方法も開発されてきている。

いーしー

EC

土の中の養分の濃度を示し、イーシーとか電気伝導度とか呼ばれる。作物の種類によって適正な濃度があり、それより高いと作物の根は濃度障害を受けて養分を吸収できなくなり、低すぎると栄養不足に陥る。一般的な作物の場合、0・2〜0・5mS／cmが適正とされている。

ECは**硝酸**態チッソ含量と密接に関係しており、数値が高いと硝酸態チッソもたくさん含まれていると考えてよい。この値が高いと、目に見えた生育障害はなくとも収穫物の硝酸態チッソ含量が増えて病気に弱くなったり日持ちが悪くなったりする。土壌中に硝酸が増えると土壌のpHは低くなるため、酸性改良しようと**石灰**などを施すとさらに塩類（肥料）の濃度を高めることになるので要注意。

土ではなく、樹液のECを測って作物の栄養状態のリアルタイム診断をしたり、トマトなどで果実の糖度と酸のバランス、つまりおいしさを数字でつかむのに使う人も出てきた。

えんきばらんす

塩基バランス

土の中に含まれている塩基（**石灰**、**苦土**、**カリ**、ナトリウムなど、交換性陽イオン）の比率。とりわけ石灰、苦土、カリの三つの成分の比率が重要とされる。これらの成分の間には拮抗関係があり、その比率が崩れると、土の中にはそれぞれの塩基が十分含まれていても作物には吸収されにくくなる。一般的には、石灰：苦土：カリが当量比で5：2：1がよいとされている。

ただ、生長が速く呼吸量も多くなる夏場は、細胞間をがっちりとくっつけるために

塩基は相互に関係しあう。図は苦土を中心とした各種養分の関係（藤原俊六郎）

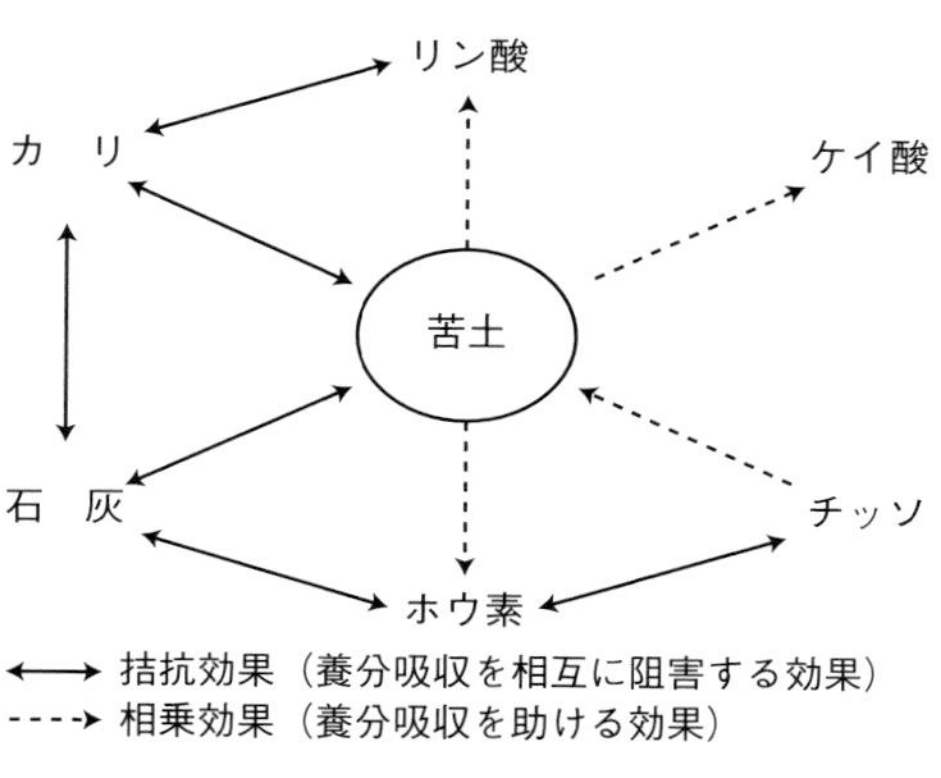

リン酸
カ リ
ケイ酸
苦土
石 灰
チッソ
ホウ素
⟷ 拮抗効果（養分吸収を相互に阻害する効果）
- - -> 相乗効果（養分吸収を助ける効果）

石灰の割合を増やし、呼吸量を抑えるよう設計するとよい。また5：2：1はあくまで目安で、適正範囲には幅がある（石灰／苦土比、苦土／カリ比ともに2～6）。

塩基バランスが整うと、肥料の吸収だけでなく微生物も活発に活動し始める。なお、施肥設計を行なう際には、塩基バランスと同時に**塩基飽和度**が80％になるようにするとよい。

苦土の積極施肥は、塩基飽和度100％を超える過剰状態でも相対的に不足している苦土を施用するという、塩基バランスを最優先したやり方。バランスをとることで作物の活力が高まり、土にたまった石灰や**リン酸**が動きだす。

えんきちかんようりょう（しーいーしー）

塩基置換容量（CEC）

土が肥料を吸着できる能力（保肥力）のことで、いわば「土の胃袋」みたいなもの。吸着できる最大量を塩基置換容量とか、塩基（陽イオン）を吸着することから陽イオン交換容量（CEC、単位はmeq／100g）という。塩基置換容量が大きいほど土はたくさんの肥料を保持することができるため、肥料が作土から流れ出すのを防ぎ肥効も持続する。また、土壌の**pH**や**EC**の変動を緩和している。

CECをおもに担っているのは粘土と**腐植**で、一般にこれらが多い土はCECも大きい。また、微生物の代謝産物と腐植と粘土が結びついてできる**団粒**が発達した土はCECが高まる。

塩基置換容量（CEC）

CECの大小は、土質や腐植の量に大きく影響される。10meは、マイナスの荷電が10あるということ。下図のように、その8割が塩基類（Ca、Mg、K）なら、塩基飽和度は80%

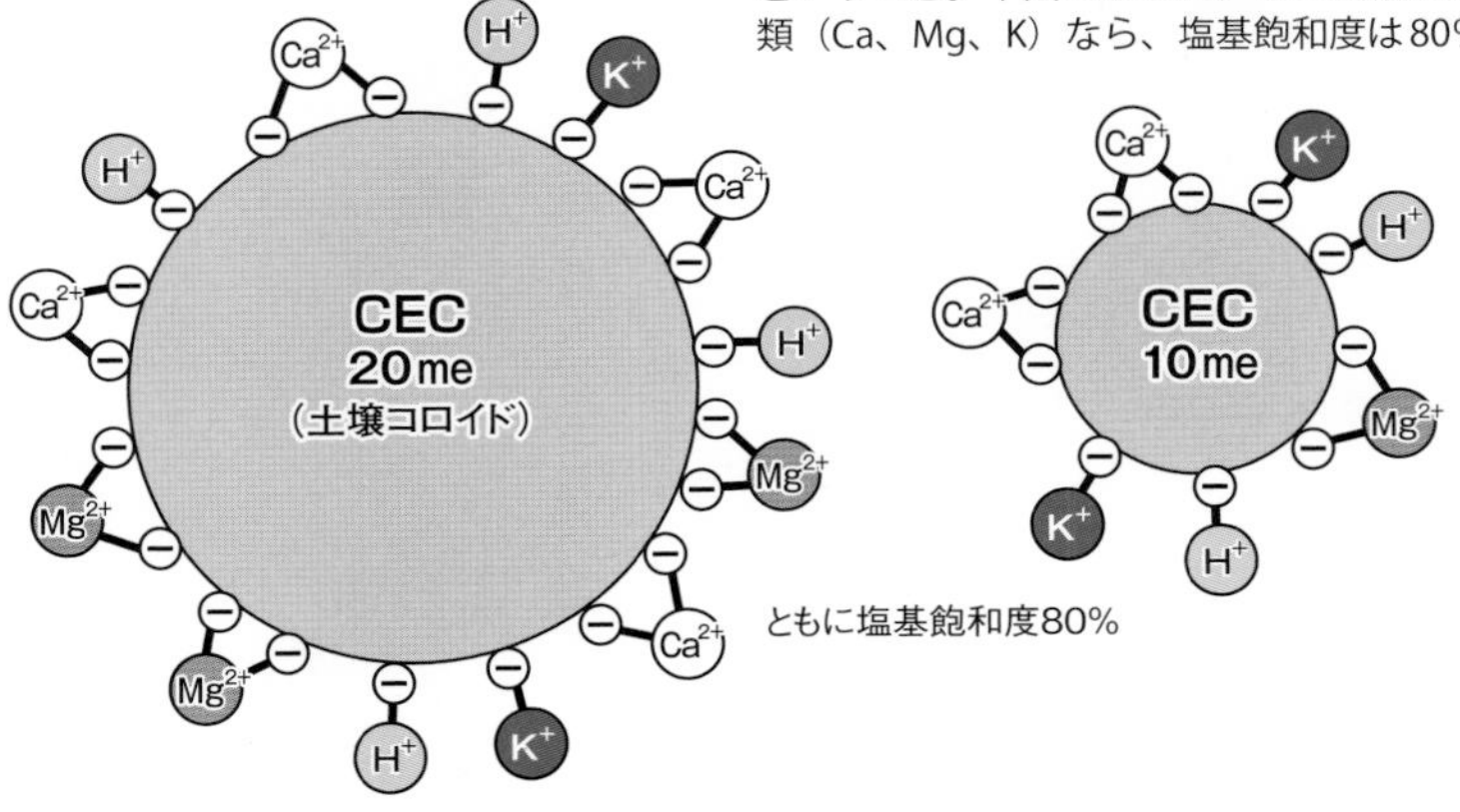

CEC 20me（土壌コロイド）

CEC 10me

ともに塩基飽和度80%

CECを大きくするには、CECの大きい粘土や**ゼオライト**などの施用と、堆肥などの有機物を施す方法とがある。粘土などで短期間に実効をあげるためにはかなりの量が必要になり、有機物から腐植がつくられるのも時間がかかる。その意味で、CECを高めるには毎年の積み重ねが重要になるが、いっぽう**土ごと発酵**により表層の土が**団粒**化し、CECが2～4（meq／100g）高くなったという例もある。

また、多量の有機物を施したとき、土壌診断のCEC値は高く出ても、有機物の分解が停滞して実際に働いているCECを反映していない場合も多い、との指摘もある。いっぽうCECには表われなくても、堆肥などを施用すると繊維質などで物理的に保水力が高まって、水に溶けた肥料も保持されやすくなり、「保肥力そのもの」は高まる場合もある。

えんきほうわど

塩基飽和度

土の**塩基置換容量（CEC）**のうちの何%が塩基で占められているかを示す数値。陽イオン飽和度ともいう。理想とされているのは「腹八分目」の飽和度80%、ただし茶は40%ぐらいがいいなど作物によるちがいがある。

塩基飽和度は**pH**と相関があり、塩基飽和度が高い土ほどpHが高い。およそ、塩基飽和度100%でpH7・0、80%で6・5、60%で5・5とされる。

ハウス土壌などでは塩基飽和度100%を超えているところが多く、そんな過剰状態では次のような現象が起きていると考えられる。①土（CEC）に吸着されなかった**石灰**などの塩基があふれ、ハウスでは、表層に**塩類集積**する。②あふれた石灰などは**リン酸**などと結合し化合物としてたまる。その結果、リン酸が効きにくくなり、土の物理性も悪くなる。③施用したチッソ肥料（アンモニア）を吸着するスペースがないので、アンモニアがあふれ、**硝酸化成菌**によって硝酸に変わり、電気伝導度（**EC**）つまり土壌溶液濃度を高める。その結果、根は濃度障害で傷み、それが土壌病害発生の引き金になる。

こうした過剰状態を解消するには、CECそのものを大きくする、**苦土の積極施肥**などで**塩基バランス**をとりながら施肥を減らす、微生物を繁殖させて微生物に塩類を食べてもらうなどの方法がある。近道は湛水除塩だが、地下水を汚染する可能性があるし、第一もったいない。化合物を貯金（リン酸貯金など）とみて活かす方法を工夫したい。

塩類集積

えんるいしゅうせき

土壌中の水に溶けている各種の塩類が、蒸発などによる水の移動にともなって土壌表層に集積する現象。とくに、雨水の流入がない施設栽培では、水の移動がおもに下から上になるため塩類集積が起きやすい。塩類集積が起こると、濃度障害で作物の生育が停止したり、葉がしおれたり枯れたりするなどの障害が出る。

塩類集積を回避するためには、施肥診断や栄養診断によって必要以上の施肥を避けることが基本。発生した場合の対策としては、湛水による塩類の除去、深耕や客土による塩類濃度の希釈、吸肥力の高い作物（クリーニングクロップ）の栽培・圃場外への持ち出しなどがあるが、資源の有効活用や環境保全の面からも塩類集積を起こさない施肥や栽培法が求められている。たとえば、局所施肥（深層施肥、溝施肥、側条施肥、**ウネだけ施肥**など）は、全面全層施肥に比較して一般に肥料の利用率が高く、環境に対する影響（負荷）も小さい。

また、福島県の薄上秀男さんは、味噌やヌカ床からとった耐塩菌・好塩菌を培養・強化し、畑の中で**米ヌカ**などを栄養源として増殖させることで、集積した塩類の有効活用ができるとしている。

ガス障害

がすしょうがい

施設栽培で発生するアンモニアガス障害や亜硝酸ガス障害が代表的なもので、その発生のしくみは以下のようである。

チッソ肥料（とくにアンモニア態肥料）や有機質肥料、**未熟堆肥**などを大量に施したときに、その分解によって発生したアンモニアが土壌中にたまり、それが温度上昇や土壌乾燥にともなってガス化して作物の葉などに急激に障害が発生する（とくに中性やアルカリ性の土壌で発生しやすい）。

また、酸性土壌（**pH5**以下）や土壌消毒などによって土壌微生物（とくに亜硝酸酸化細菌）の働きが低下すると、アンモニアから変化した亜硝酸が土壌に蓄積し、それが同様にガス化して障害を与えることもある。これらのガスが施設内の水滴に溶けて土壌に入ると、土壌の酸性化をうながし、**石灰**（**カルシウム**）などの要素欠乏症が発生することもある。

ガス障害の判別には、ハウスのカーテン内側の水滴を集めて酸度（pH）を計測する方法（pHが5・5以下ならかなりのガスが放出されている）がある。八代嘉昭さんは、アンモニアガスは濃度が低い場合でも、施設内で発生するモヤや霧の水分と結合して作物に付着し障害を及ぼすと指摘している（とくに、花卉の花弁に付着すると細胞を死滅させシミが発生する）。

硝酸

しょうさん

肥料として施されたアンモニア態チッソは、土中で**硝酸化成菌**によって硝酸態チッソに酸化されて作物に吸収される。このとき、量が多いと、硝酸態チッソが土に吸着されていた**石灰**などの塩基を引き出して土の**EC**を高め、吸収されなかったものは雨によって地下に流れ去って地下水汚染の原因となる。

作物に吸収された硝酸態チッソは体内で再びアンモニアに**還元**され、**アミノ酸**やタンパク質などに変化していく。このときに植物体内の糖が使われるが、樹液に硝酸態チッソが異常に多ければ糖の不足で作物は軟弱に育ち、病気や害虫に侵されやすくなり、日持ちも悪くなる。収穫物にも硝酸態チッソが蓄積されることになる。

この硝酸は人の体内で亜硝酸に還元され、食品中の第2級アミンと反応して発ガン物質を生成するなど、健康への害作用が懸念され、硝酸の少ない野菜を求める声が高まっている。そんななか、硝酸を減らすことを意識して施肥・土つくりを考える農家が増えている。

作物体内での硝酸のダブつきを招かないようにするには、土の硝酸過剰を招かない施肥・土つくりとともに、光合成を高め、チッソの代謝をよくするのが基本。診断方法としては、硝酸イオンメーターなどによる樹液診断があるが、農家はトータルに体内の硝酸と光合成産物の流れをつかむ手段として**糖度計診断**を工夫している。さらに、だぶついたチッソを消化（同化）する方法として、**酢防除**、**海水**など**海のミネラル**利用、糖やアミノ酸の葉面散布など、さまざまな工夫が盛んに行なわれている。

カリ

かり

植物の必須元素の一つだが、チッソや**石灰**や**苦土**などのように体の構成物となるのではなく、つねに動き回りながら生体内の調整や**酵素**の活性化などにかかわっている養分で、早い話が細胞を肥大させる働きを持つ。このため、果樹の玉肥やイネの**穂肥**などに積極的に用いられてきたが、家畜糞堆肥が多量に施されるようになって様相が変わってきた。

一般に家畜糞堆肥には**リン酸**やカリ（カリウム）が多く含まれており、家畜糞堆肥の過剰施用はカリ過剰を助長する。カリと苦土と石灰は拮抗関係にあり、カリ過剰は苦土や石灰の吸収を抑制する。しかし、カリが少なすぎると病気が発生しやすくなるという見方もあり、やはり石灰、苦土、カリの**塩基バランス**を整えることが基本である。また一般的な土壌診断で用いられているカリの基準値は土壌改良目的の施用量しか考慮されていないため、「カリ過剰」と診断されることが多い。カリ過剰と思ってカリを控えていたらいつのまにかカリ不足に、ということも起こっており、注意が必要だ。

カリは放射性**セシウム**と性質が似ていて拮抗関係にあるため、カリの施用量を増やすことで作物のセシウム吸収を抑制できる。

リン酸
りんさん

植物の必須元素の一つ。リン酸は植物体内でのタンパク質合成や遺伝情報の伝達に重要な働きをする核酸の構成成分であり、エネルギー代謝にかかわる重要な物質でもある。リン酸をやると根の伸びがよくなる、葉にツヤが出て硬くなる、チッソ過多の作物でもチッソの代謝がすすむなど、効果が実感できることが多く、リン酸好きの農家は多い。

過剰障害も目に見えにくく、三要素肥料として、あるいは熔リンなどの土壌改良材や家畜糞の形で入れられ続け、流亡もしにくい。したがって現状では過剰蓄積畑が多い。

リン酸過剰が根こぶ病を助長するという研究もあり、リン鉱石の枯渇も近い将来問題になる。**過リン酸石灰**を堆肥にくるんで施すなど、効率的な施用方法の工夫とともに、蓄積されたリン酸を「リン酸貯金」として活かす工夫が大事になってきた。**苦土の積極施肥**もその一つ。また鉄と結びついて不溶化したリン酸を吸収できるラッカセイやソバの活用など、作物によるリン酸有効化技術も重要。**VA菌根菌**やリン溶解菌、**有機酸**もリン酸を有効化してくれる。**タンニン鉄**の施用も効果がありそうだ。農家の実践では、「生糞**土ごと発酵**」でたまっていたリン酸が吸えた！という北海道畑作農家からの報告もある。

なお、根量が増し、作物の病害抵抗性を引き出すとして注目される**亜リン酸**は、リン酸より酸素原子が一つ少ない物質だ。

ケイ酸
けいさん

ケイ酸は長年、田んぼの土壌改良資材「ケイカル」のイメージが強かったが、最近はうどんこ病・いもち病などの抑制効果や、イネの光合成を高めて登熟をよくする効果など、積極的な活用が注目を集めている。「**ケイカル浸み出し液**」は農家が開発したうどんこ病対策だし、ケイ酸の積極施肥でイネ1tどりを達成した須坂園芸高校のことは、誌面上でも大きな話題となった。

シリカゲル肥料などの新しいケイ酸肥料も製品化されているが、**モミガラ**や**竹**など身近な素材にもケイ酸はたくさん含まれており、**竹パウダー**や**モミガラくん炭**、**発酵モミガラ**堆肥などの施用に手応えを感じている人も多い。さらには、**米ヌカ**を散布して**土ごと発酵**させ、微生物の力で土の中の鉱物からケイ酸を溶かしだすことをねらう人も出てきた。

話題の「**スギナ汁**」のスギナも、ケイ酸のかたまりみたいな植物である。

石灰（カルシウム）
せっかい（かるしうむ）

植物の必須元素の一つ。従来は酸性改良など土壌改良資材としての施用が中心だった石灰だが、いっぽうでカルシウムは細胞壁などの組織つくりの必須成分で、新根や生長点の組織を充実させるのに欠かせない養分でもある。早い話、カルシウムは細胞を締める成分、細胞がしっかりすれば病害

ジャガイモの頭から消石灰をふりかける
（田中康弘撮影）

抵抗力も高まる。

石灰追肥・石灰防除で積極的にカルシウムを吸収させようとする取り組みが盛んになってきた。作物に石灰を直接ふりかけたり、水溶液や**有機酸**石灰で葉面散布するなど手法もいろいろだ。

果樹農家では細根を発達させるために**過石（過リン酸石灰）**やスイカルなどを施し、樹勢を維持しながら酸を減少させて甘みを増す栽培技術が生まれている。また、魚のアラや家畜糞尿などの水分の多い地域資源に、生石灰を加え発熱・乾燥させた肥料も、吸収されやすい石灰となっていておもしろい。

苦土（マグネシウム）

くど（まぐねしうむ）

植物の必須元素の一つで、葉緑素の核となる重要な成分。また、**酵素**の成分でもあり、糖や**リン酸**の代謝に関与し、**食味**向上や果樹の糖度向上などに役立つ。リン酸と苦土は植物体内を供連れ移動し、リン酸とともに苦土を施用したり、リン酸が蓄積した土に苦土を施すと、リン酸の吸収が著しくよくなる。そのため、**苦土の積極施肥**で、土壌に蓄積された**石灰**やリン酸を作物に吸収させ、病気に強い作物体をつくり、高品質と増収をねらう施肥法が話題を呼ぶようになった。これの背景には、家畜糞堆肥の多用による**カリ**過剰が苦土の吸収を妨げていることや、有機栽培に移行することによる苦土の不足、あわせて、石灰質資材の多用による苦土との競合などがある。

苦土を施用すると、作物が根から出す**根酸（有機酸）**が大幅に増え、アルミナなどの土の有害物質から根を守っている事実も明らかになってきており、興味深い元素の一つである。

亜リン酸

ありんさん

リン酸よりも分子が小さくて、水や**有機酸**に溶けやすく、根や葉から吸収されやすい。花芽形成や着果、結実促進や根量増加など、一般的なリン酸の効果が、より早く少ない量で表われる。また、植物体内での移動も早い。

こうした働きから生育初期に使用するとよく、苗の株元に亜リン酸をまいた黒ダイズが14％も増収したり、植え穴に大さじ1杯入れて定植したトウモロコシの茎の太さが倍になるなど、その後の生育に明らかな違いが出る。リン酸肥料より高価だが、苗に使用するなら量も少なくてすむ。

亜リン酸には、作物の病気を予防する効果も確認されている。ブロッコリーのべと病やダイズの茎疫病など、研究機関で試験されたもののほかに、トマトの重要病害である黄化葉巻病が止まるという農家の経験もある。農薬ではない亜リン酸で病害が抑制されるしくみは明らかになっていないが、

植え穴に亜リン酸を処理した6月下旬のトウモロコシ（右）。生育に圧倒的な差（倉持正実撮影）

病害抵抗性誘導の可能性が指摘されている。また、亜リン酸はもともと強酸性の物質なので、酸度矯正されていないpH3以下の資材の場合は、葉面が酸性になることで静菌作用が働くことも考えられる。

せしうむ
セシウム

東京電力福島第一原発の事故後、突然、身近になった元素。問題なのは放射線を出す放射性セシウムで、半減期（放射性物質が崩壊によって半減するまでの期間）が2年のセシウム134と30年のセシウム137がある。

一般食品に含まれる放射性セシウムの基準値は、2012年4月に100ベクレル／kgと定められた。これを超える食品は流通できないが、事故から時間が経過するとともに、農産物から100ベクレル／kgを超えるセシウムが検出されることは非常に希となった。セシウムは土壌中の粘土粒子と結びつきやすく、そうなってからは作物に吸収されることはまずない。

セシウムは**カリウム**と化学的な性質が似ているので、作物の根のまわりにカリウムがあると、セシウムと拮抗して吸収抑制効果を発揮する。反対に、土壌中の交換性カリウムが少ない水田（乾土100g当たり10mg未満）ではセシウムが吸われやすくなる。福島県農業総合センターの水田での試験では、セシウムの吸収抑制に利用するにはケイ酸カリよりも塩化カリのほうが有効で、追肥よりも元肥で施用したほうが効果が高いという結果が出ている。

事故後、農水省は、土壌から玄米に移行するセシウムの割合を示す移行係数を0・1（玄米から検出されるセシウムの濃度が土壌中の濃度の10%になる）と仮定したが、その後の試験研究機関の調査によると、実際はその10分の1から100分の1程度のようだ。ただし、東京大学の根本圭介さんらの研究により、大雨などの後に用水中のセシウム濃度が高まり、それがイネの上根が発達する**出穂**期頃の水田に流れ込むと、非常に高い割合で米に移行することがわかってきた。用水中のセシウムを除去できる身近な素材としては**モミガラ**が有効だ。

また、水田に蓄積したセシウムを除去するには、代かきで浮いた泥水を排水することが有効であることもわかってきた。セシウムが付着した粘土や**腐植**が水中に浮遊しやすいからだが、これを水の中から回収するのにもモミガラが利用できる。

びりょうようそ
微量要素

植物の必須元素は16～17種。そのうち微量元素といわれているのは、モリブデン、銅、亜鉛、マンガン、鉄、ホウ素、塩素の7元素。これらの微量要素は、微量ではあるが、体内で光合成や**硝酸還元**などの代謝に重要な役割を果たしているため、不足するとチッソ代謝を狂わせて、チッソ過多の農産物の原因になり、病気に弱い体質をつくったり、味を悪くしたり、日持ちを悪くしたりするといわれている。

収穫物に含まれたこれらの微量要素は食事を通じて人間にも影響する。たとえば亜鉛が不足すると、生殖機能不全、精子の減少、前立腺肥大、動脈硬化や高血圧などの生活習慣病、さらには味覚障害などの症状が現われるという。

微量要素はもともと土にあり、堆肥などから供給されるからあえて施用する必要はないという考えがあるいっぽう、土壌分析にもとづいて積極的に施用するやり方もある。微量要素は過剰害もでやすく注意が必要。また、その吸収は**pH**の影響を受け、とくにアルカリ化すると鉄、マンガン、ホウ素、亜鉛などが効きにくくなる。**米ヌカ**などを活用した**土ごと発酵**は、土や有機物の微量要素を引き出す方法ともいえる。

みねらる
ミネラル

一般には、チッソ、炭素、水素、酸素以外の元素を無機質またはミネラルと呼ぶ。『現代農業』では、**石灰**、**苦土**、**カリ**、ナトリウムなどから各種**微量要素**まで、作物・家畜の生体内の生理活性に関わり、食べものを通して人間に影響を与える物質をミネラルと呼んでいる。ミネラルはきわめて微妙なバランスのなかで、相互作用しながら働くものなので、個々の成分のみではなく、ミネラルという総体的なとらえ方も重要だ。

ミネラルはもともと岩石（鉱物）に由来し、田畑の土にも、森からくる用水にも、刈り敷きなどに使う**落ち葉**にも、沼のヨシや**カヤ**などにも含まれ、これらを生かしながら農業は営まれてきた。同時に、**魚肥料**や人糞尿（**下肥**）などを通して**海のミネラル**も活かしていた。つまり、山―川―田畑―海という流れに人間が加わってつくられる「ミネラル循環」のなかで農業が営まれてきたのである。雨が多くミネラルが貧困化しやすい日本で、このミネラル循環をどう維持し強めていくかは、農業生産から食べものの質にまで関わる大きな課題。**土ごと発酵**も、海のミネラル活用も、土や作物を活性化する手段であると同時に、ミネラル循環をとりもどし強める技術といえる。

あみのさん
アミノ酸

タンパク質を構成する基本単位となる有機チッソ化合物で、作物体では20種が知られている。作物に吸収されたチッソ（**硝酸態**）は、体内で亜硝酸→アンモニアへと変化し、グルタミンなどの各種アミノ酸がつくられる。これらのアミノ酸はその後タンパク質に合成されるが、アミノ酸自身も旨味や甘味などに影響を与える。

農業の生産場面で話題になっているのが、アミノ酸を直接に作物に散布（葉面散布）したり、根から吸収させる技術である。これは、体内でアミノ酸がつくられる過程で糖ができるだけ消費されないことをねらった技術。作物が弱っているときや、天気が悪くて光合成がすすまないといったときに効果が高いが、味をよくしたいときや、作物をさらに元気にしたいといったときにも用いられる。市販の資材もあるが、魚のアラなどの**魚肥料**やコンブなど、いずれもアミノ酸たっぷりの素材を使えばよい。

作物の有機吸収に関する最新研究では、ニンジン・チンゲンサイなどがアミノ酸より大きいタンパク様物質を直接吸収していることが明らかになっているし、小祝政明さん（ジャパンバイオファーム）は「アミノ酸はカロリーつきチッソ」といって、アミノ酸吸収を基本にした技術の提案をしている。

ゆうきさん
有機酸

植物や動物（微生物も含む）が、体内で糖を分解してエネルギーを得る過程でつくりだされる酸のことで、クエン酸やリンゴ酸など多種の有機酸がある。果実に含まれる酸、ホウレンソウで嫌われるシュウ酸も有機酸の一つである。

根から出された有機酸（**根酸**）は、作物に吸収されにくい**ミネラル**などを溶かして作物が吸収しやすい形に変え、作物の養分吸収を助ける働きをする。微生物が有機物を分解するときにも有機酸を出す。

発酵に詳しい福島県の薄上秀男さんによると、「有機酸とは、微生物の汗です」。微

根と微生物とのやりとり

生物は一生懸命、糖を分解してエネルギーを取り出しながら酸性の汗をかく。そしてその汗が土の中からミネラルを溶かしだしたり、**キレート化**して作物が吸いやすい形に変えたりと、役に立つのだそうだ。

根酸（こんさん）

作物の根が分泌する**有機酸**のことを根酸という。植物は、根から分泌した有機酸によって有害な物質を無毒化するだけでなく、必要とする元素の取り込みにも役だてている。

　根を守る例をあげると、茶は根が分泌する有機酸によって有害なアルミニウムの動きを封じ込めているし、ソバは有機酸の一種であるシュウ酸を分泌してアルミニウムによる酸性害を軽減している。

　養分吸収促進の例では、アルカリ性の土壌に育つヒヨコマメは根からクエン酸を分泌して根のまわりを酸性化し、アルカリ性では溶けにくい鉄を吸収しやすくしている。イネやムギで有名な根酸がムギネ酸で、鉄不足になりそうなときには大量のムギネ酸をつくりだして、**キレート化**によって根のまわりの不溶性の鉄を溶かし、鉄欠乏から身を守る。

　苦土の吸収は根酸（クエン酸）の分泌を大幅に増やすという興味深い研究もある。なお、肥料などの「ク溶性」という表示は、こうした根酸によって溶け出してくる養分を想定したものである。

根圏微生物（こんけんびせいぶつ）

根のまわり（根圏）約0・7㎜の厚さの世界に生息する微生物のこと。根圏では、**根酸**そのほか根からの分泌物などをエサに微生物が殖え、その微生物が土の養分を作物が吸収しやすい形態に変えたり、微生物が分泌する養分を作物が受け取るなど、作物と微生物が共生する活性の高い場となっている。チッソ固定菌、リン溶解菌、糸状菌、細菌、**菌根菌**など多様な微生物がおり、①養分吸収、②根の形態、③生理活性物質生産、に対する働きを通して、直接植物の生育に影響を及ぼしている。

　見逃せないのが、④根圏微生物が根圏環境を保護し病原菌の植物根への感染の防除に役立っているという点である。**根まわり堆肥**が、良質の微生物で根を守り、病害虫にかかりにくい環境をつくっていることにもつながる。**落ち葉**の踏み込み床なども最高である。

葉面微生物（ようめんびせいぶつ）

葉の表面に生息する微生物のことで、糸状菌（カビ）、**酵母**、細菌などが多い。**米ヌカ**を葉の表面や通路に散布したら病害が激減したという報告から、葉面微生物に注目が集まっている。

　一見何もなさそうに見える葉の表面だが、葉から分泌される糖類や**有機酸**、古くなった細胞がはがれたものなどが付着しており、葉面微生物はこれらを分解して葉面をきれいに保ったり、病原菌から植物を守ったりしている。

そのしくみには、①葉面微生物が抗菌物質を出す、②病原菌に寄生する、③栄養分を病原菌と奪い合う、④作物を刺激して**抵抗性を誘導**する、⑤作物に**アレロパシー（他感物質）**を出させる、などが考えられる。

米ヌカの散布は、葉面微生物にエサを補給して繁殖を助ける役割を果たす。人間が歩いたり、動くものがあると、葉面微生物の胞子も飛ぶ。畑によく足を運ぶと、結果的に菌もよく飛散することになるというからおもしろい。

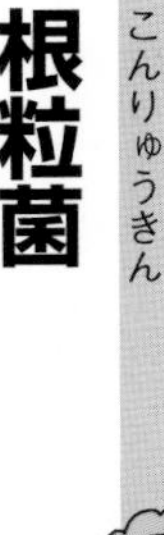

根粒菌（こんりゅうきん）

マメ博士

マメ科植物の根に根粒をつくり、大気中から取り込んだチッソをアンモニア態チッソに変換し（空中チッソの固定）、マメ科植物に供給する土壌微生物。根粒内にはマメ科植物から光合成産物が供給され、根粒菌とマメ科植物は共生関係にある。

土壌中にチッソ肥料が多いと、根粒菌の働きは低下する。マメ科植物が、土壌中のチッソ肥料の量に合わせて根粒菌の働きをコントロールするらしい。また、根粒菌がチッソ固定するためには、好気的な呼吸でエネルギーを得る必要があるので通気性が重要になる。

ただしマメ科のなかでもセスバニアは、根粒のほかに「茎粒」をつくり過湿状態に強い。茎粒のなかにも根粒菌がすみついているので、根が水に浸かってもチッソ固定ができるからだ。茎でチッソ固定が行なわれるので、土壌中にチッソ肥料が多くてもチッソ固定能力が低下しにくいという特徴もある。

菌根菌・VA菌根菌（きんこんきん・ぶいえーきんこんきん）

菌根菌は糸状菌（カビ）の仲間で、①菌糸が根周辺に伸びて根を包むようになる外生菌根菌、②カンキツなどの多くの植物に感染するVA菌根菌、③ランなどの特定の植物のみに感染する内生菌根菌が挙げられる。注目される理由は、菌根菌が**リン酸**の吸収や**ミネラル**の吸収を促進するからである。

リン酸は土壌に吸着されやすく、しかも土の中では動きにくい。ところがVA菌根菌は十数cmも菌糸を伸ばし、リン酸を吸収する根の根毛の働きをしてくれる。それだけでなく、不良環境のなかでも光合成を促進したり、乾燥害を軽減する効果も明らかになっている。VA菌根菌を含む資材も販売されているが、炭を施すとVA菌根菌が殖えるし、ナギナタガヤなどの**草生栽培**やヒマワリ、トウモロコシ、マメ科作物などの緑肥を取り入れても菌根菌が殖える。

ただし、施肥が多い肥沃な畑では、菌根菌は殖えてくれない。

こうじ菌（こうじきん）

糸状菌（カビ）の仲間。酒づくり味噌づくりはもちろん、**ボカシ肥**や発酵肥料づくり、**土ごと発酵**もこうじ菌から始まるので「発酵のスターター」といわれる。「**酵素の宝庫**」と呼ばれるくらい多様な消化酵素を出して有機物を分解する。デンプン以外にタンパク質や脂肪も分解できる。

一番得意なのは、炭水化物＝デンプンを微酸性下でブドウ糖や果糖などの単糖類に分解（糖化）すること。この糖類は

こうじ菌

微生物 それぞれの性格を知る

乳酸菌や**酵母菌**などの微生物のエサとなり、活動を活性化する。

37～38度でよく殖えるが、低温にも強い。「寒さが苦手なほかの菌が活動できないうちに」ということで酒も味噌も寒仕込みするしボカシも冬によくつくられる。冬から春に、竹林などの**落ち葉**の下からとる**土着菌**の「ハンペン」にはこうじ菌が多い。

日本酒や味噌づくりなどによく使われるのは黄こうじ菌。泡盛や焼酎づくりに使われるのは黒こうじ菌。黒こうじ菌はクエン酸をつくって雑菌を抑える力があるのが特徴で、暑い地方でも酒づくりがうまくいく。

ブームになった塩こうじは、こうじに塩と水を混ぜて発酵させた昔ながらの調味料。塩こうじに肉や魚、野菜を漬けると、**アミノ酸**や糖がつくられるうえ、アルコール発酵、乳酸発酵の芳醇な香りと酸味がプラスされ、奥深い旨味が引き出される。

こうじ菌

納豆菌

納豆菌（なっとうきん）

名前のとおり納豆ができるときに働く菌で、タンパク質やデンプン、脂肪を分解する力が強く「分解屋」の異名を持つ**好気性菌**。分類上は、バチルス属のなかの枯草菌の仲間で細菌の一種。

田んぼや湿地を好み、ワラや枯れ草などにすみつく。**pH**7～8の弱アルカリを好む。「宇宙から来た菌」「世界最強の菌」と呼ぶ人もいて、高温や低温、乾燥などの悪条件下では芽胞を作り（休眠）、何万年でも生き延びる。ほとんどの農薬に混ぜても平気。紫外線や放射線にも強い。

増殖スピードが速いので病原菌との椅子取りゲームに強く、抗菌物質やセルロース分解**酵素**も出すので、作物の病気対策に力を発揮。納豆菌の仲間のバチルス菌が微生物農薬として市販されているほどで、食品の納豆を利用した**納豆防除**に取り組む農家も増えている。

薄上秀男さんによると、極上の発酵肥料をつくる際には、最初に糸状菌（**こうじ菌**）による糖化作用、続いて納豆菌によるタンパク質の分解作用、最後に**酵母菌**による**アミノ酸**の合成作用という3段階が必要で、なかでも納豆菌による分解作用が十分

発酵肥料はこうじ菌がスターター

発酵第1段階 糖化作用（中温 微酸性） ①発酵のスターター こうじ菌

発酵第2段階 タンパク質・アミノ酸分解作用（高温 アルカリ性） ②分解屋の納豆菌

③掃除屋の乳酸菌

発酵第3段階 アミノ酸合成作用（低温 酸性） ④合成屋の酵母菌

に行なわれるかどうかがカギになるという。

　納豆菌は家畜や人間の健康にも役立つ。納豆水を飲ませると子豚の**下痢**が減り発育がよくなったり、子牛のスターター（濃厚飼料）に納豆粉末や枯草菌資材をふりかけて食べさせると下痢予防になったりする。倉敷芸術科学大の須見洋行さんによると、納豆菌は**乳酸菌**を殖やして人間の腸内環境を整え、納豆菌が出す抗菌物質には病原性大腸菌を抑制する効果もある。

乳酸菌
にゅうさんきん

　通性**嫌気性菌**で、嫌気的な条件で乳酸をつくるが、酸素があっても平気。桿菌と球菌があり、桿菌にはヨーグルトや乳酸菌飲料をつくるラクトバチルス、球菌にはチーズやヨーグルトをつくるストレプトコッカスなどがいる。

　糖をエサに乳酸などの**有機酸**を多くつくり出し、抗菌作用を発揮するため、「掃除屋」の異名を持つ。pHを下げることで食中毒細菌などの有害菌を抑えるが、**こうじ菌**などのカビや**酵母菌**（真菌類）は乳酸の影響を受けない。

乳酸菌

　乳酸菌の増殖には、糖類のほか、**アミノ酸**やビタミンなどが必要。牛乳、**米ヌカ**、**竹パウダー**などでよく殖える。**ボカシ肥**や発酵肥料づくりでは、こうじ菌や**納豆菌**がデンプンやタンパク質からつくった糖をエサに増殖、乳酸は酸性なのでボカシ肥のpHが下がり、酸性を好む酵母菌が次に増殖しやすくなる。

　薄上秀男さんが勧める**米ヌカ防除**では、葉面にふりかけられた米ヌカのまわりに乳酸菌が増殖し、乳酸によって葉面のpHが4・5以下の酸性になるため病原菌はほとんど活動できなくなるという。また、乳酸などの有機酸には、土の中の**ミネラル**を溶かしたり**キレート化**したりして、植物に吸われやすくする効果もある。

　乳酸菌をメインにした微生物資材も市販されているが、茨城県の福島みよ子さんは、米のとぎ汁に牛乳を混ぜて手作りする乳酸菌液を野菜に散布している。とくにネギの白絹病が激減。**石灰防除**を組み合わせて黒腐菌核病まで抑え、農薬の使用量は10分の1まで減ったという。

　乳酸菌による健康効果の研究も進んでいる。腸内環境を整えて有害菌を抑制することに加え、ある種の乳酸菌が、血圧を下げる、免疫機能を高めてガンやアレルギーに対する抵抗力を増す、インフルエンザなどのウイルスの感染を防ぐ、などの効果を持つことが明らかになってきている。

酵母菌
こうぼきん

　糸状菌（カビ）の仲間だが、カビ特有の長い菌糸はつくらず、カビの胞子が独立したような丸い形で、カビと細菌の中間的な性質を持つ。

　糖をエサに、体の中で**アミノ酸**、ビタミン、核酸、ホルモンなどさまざまなものをつくり出す「合成屋」。人間の体内ではつくり出せない必須アミノ酸も合成する。

　酸素があってもなくても元気。水中など酸素のない状態では糖をアルコールと**炭酸ガス**に分解して泡を出し、酸素があると各種のアミノ酸などを合成する。味噌やパン、漬物をおいしくするのも酵母菌の働きによ

酵母菌

る。

自然界では熟した果実の表面などに多く、リンゴの皮などを砂糖水に漬けて密閉、ガス抜きしながら培養する天然酵母はパン作りに使われる。

弱酸性の状態で殖えやすく、薄上秀男さんが勧める発酵肥料作りでは仕上げの段階で増殖して、アミノ酸、ホルモン、ビタミンなどが豊富な肥料を作り出す。たくさん増殖した酵母菌が死ぬと、各種アミノ酸をはじめ、人間の健康や作物の栄養に有用な成分がたっぷり出てくる。

小祝政明さんが勧める酵母菌液は、3%の砂糖水にドライイーストを0・1%混ぜて密閉して作る。時々フタを開けてガスを抜きながら3日ほどでできる。これを300倍で作物に散布すると、病気を防ぎ、光合成能力を高め、根張りをよくし、根傷みを防ぐ。また、酵母菌資材を**種モミ処理**に使うと**モミガラ**のまわりを酵母菌が占有し、苗いもち病菌など有害な菌を寄せつけないという。

酢酸菌（さくさんきん）

酵母菌が糖からつくったアルコールをエサに酢酸を作る、酢醸造には不可欠な菌。**好気性菌**であり、**柿酢**など自家醸造の果実酢を作るには通気性を確保することが大切。酢酸菌の好きな温度は40度、冬はあまり働かない。

米ヌカの葉面散布では、**乳酸菌**とともに酢酸菌が殖え、乳酸や酢酸によって葉面のpHが3前後に低下し、これが防除効果（**米ヌカ防除**）をもたらす。

放線菌（ほうせんきん）

細菌の仲間とされるが、糸状菌（カビ）のように菌糸を出し、先端に胞子を形成する。堆肥の断面やマルチ下の土などに白くて毛足の短い菌を発見できたら、放線菌である可能性は高い。

放線菌

自然界に広く分布しているが、その最大のすみかは土壌である。春になって、各種作物の生育が急によくなる頃、土に顔を近づけると、冬の間は感じられなかった土の香りがただよってくる。これは放線菌が冬の眠りからさめて、土の中で菌糸を伸ばし活発な活動をしているときに放つ特有の香りである。「緑の下の土のにおい」が放線菌のにおいだと言う人もいる。

糸状菌や細菌に比べて、難分解性有機物の分解が得意。元神奈川農総研の藤原俊六郎さんによると、堆肥ができるまでの微生物リレーは以下のようだ。

・堆肥の材料を積み込むと、まず**こうじ菌**などの糸状菌（カビ）がスタートダッシュ。糖類やタンパク質、**アミノ酸**などを分解する。
・有機物の分解が急激に進んで堆肥の温度が上がると、高温に弱い糸状菌に代わって、次に殖えるのが放線菌。糸状菌が食べられなかったセルロースやヘミセルロースなど、やや硬い繊維質を分解する。堆肥はこの時期がもっとも高温で、条件がよければ60℃以上に上がる。放線菌には抗生物質を作るものが多く、病原菌を抑制する堆肥にする役割もある。
・エサが少なくなると放線菌もおとなしくなり、代わりに細菌（バクテリア）が殖えて、軟らかくなった繊維を食べる。
・最後に残ったリグニンは、キノコ菌などやや大型の微生物が分解。この頃になると、堆肥の中に**ミミズ**のような小動物が見られるようになる。

堆肥化の微生物リレー（イメージ図）

これは単純化した概念図であり、実際には堆肥化のすべての過程ですべての種類の微生物が働いている。乳酸菌や酵母などの嫌気性菌も、部分的には働いている。

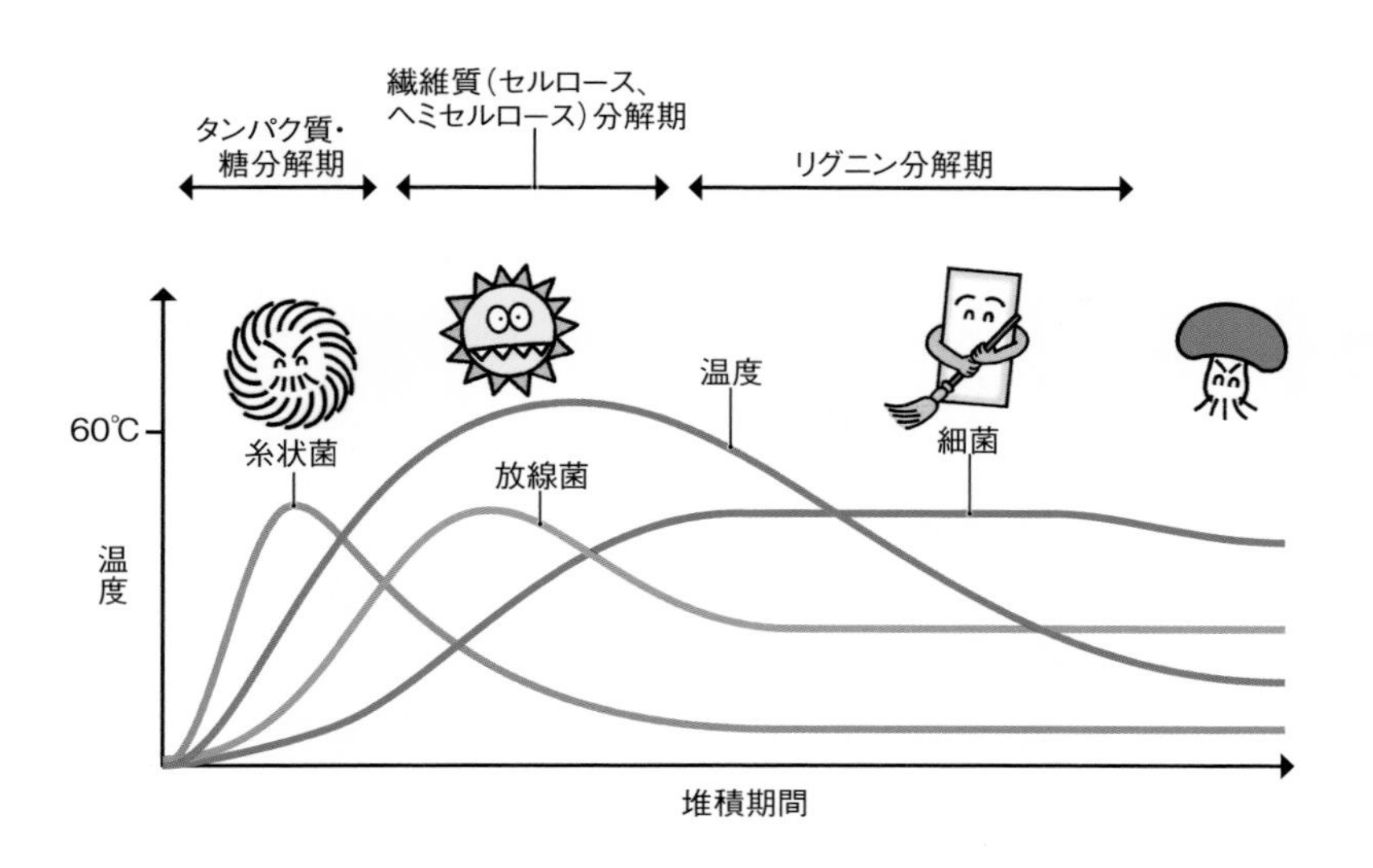

ここでの放線菌の働きを薄上秀男さんの発酵肥料づくりに当てはめると、「分解屋」の**納豆菌**の役割に相当しそうだ。

また、放線菌はキチナーゼを出してフザリウムの増殖を抑えることでも有名。ほかにも有用な代謝物をいろいろ産生する菌で、世の中の抗生物質の約7割は放線菌由来のものといわれている。

光合成細菌（こうごうせいさいきん）

赤い色がトレードマーク。湛水状態で有機物が多く、明るいところを好む**嫌気性菌**。べん毛で水中を活発に泳ぎまわり、土にも潜る。田んぼやドブくさいところに非常に多く、イネの根腐れを起こす硫化水素や悪臭のもとになるメルカプタンなど、作物に有害な物質をエサに高等植物なみの光合成を行なう（酸素は出さない）異色の細菌。一説によると、地球が硫化水素などに覆われていた数十億年前に光合成細菌やシアノバクテリア（酸素を出す）が現われ、現在の地球環境のもとをつくったそうだ。

空中チッソを固定し、プロリンなどの**アミノ酸**や核酸のウラシル・シトシンをつくるため、作物の味をよくしたり土を肥沃にしたりする。赤い色の元であるカロテン色素によって果実のツヤや着色をよくする効果もある。菌体にはタンパク質やビタミンも豊富で、家畜や魚のエサにすると、生育が早まったり、産卵率が上がったりする。もちろん、田んぼのガスわき対策に施用する人が一番多い。

酵母菌やバチルス菌などの**好気性菌**と共生すると、相互に働きが活性化される。ダイズの根につく**根粒菌**も、光合成細菌と共生すると活性が長く維持される。話題の**ヤマカワプログラム**でも「3点セット」の一つとして、重要な役割を担う。

光合成細菌は買うと高価な資材だが、田んぼや水たまりから土着の光合成細菌を採取する人もいるし、市販のタネ菌から自分で培養して簡単に殖やせる。農家は、より安価で確実に殖やすためエサを追求し続けており、誌面には**海藻**肥料や煮干し、粉ミルクを使う方法まで登場した。

光合成細菌

こうきせいきん・けんきせいきん

好気性菌・嫌気性菌

好気性菌は、酸素呼吸しながら有機物を分解するタイプの菌で、酸素がないと生育できない。反対に酸素がなくても生きていける菌を嫌気性菌という。有機物発酵にかかわる好気性菌の代表は**こうじ菌**と**納豆菌**。さらに**放線菌**や**酢酸菌**も好気性菌。

いっぽう、嫌気性菌には、酸素があると生育できない絶対的嫌気性菌と、酸素があっても好気性菌なみに生育する条件的嫌気性菌（通性嫌気性菌）がいる。**ボカシ肥**で活躍する**乳酸菌**や**酵母菌**は条件的嫌気性菌。**腐敗**したサイレージにすむ酪酸菌やメタン生成菌は絶対的嫌気性菌（偏性嫌気性菌）。水田にいる菌の大部分は好気・嫌気の両刀使いの条件的嫌気性菌で、水の駆け引きにも耐える。畑では、表層は好気性菌が多いが、下層は嫌気性菌がおもになる。

地球ができて酸素がない条件に生きた嫌気性菌は有害物質を浄化し、酸素や各種の有機成分を合成し、生命進化の土台をつくった。酸素が豊富になり植物が繁栄するなかで、好気性菌は有機物の分解者の役目を担うようになった。こうして地球の有機物循環は保たれている。

おもに分解型の好気性菌と、おもに浄化型、合成型の嫌気性菌を、どう組み合わせ、リードするかが、農家の**発酵**技術の腕のみせどころである。

みみず

ミミズ

畑でよく目にするのはおもにフトミミズ。未熟有機物が好きで、堆肥や**生ゴミ**の分解に活躍するのはおもにシマミミズ。**米ヌカ**をふった田んぼで**トロトロ層**つくりに働いているのは**イトミミズ**。

ミミズは豊かな土壌を作る最高の立役者だ。というのも「食べる・糞をする・尿を出す・動きまわる・死亡する」というミミズの何気ない毎日の活動そのものが、すべて土や作物に多大な好影響を与えているからだ。

ミミズは大量の土や有機物を食べ、細かく分解しながら土中を進む。通った道はヌルヌルの尿（全身から出る）に塗り固められてしっかりとした空隙になり、土壌の通気性をよくする。しかもその尿にはアンモニアと多種類の**酵素**が含まれていて、通り道は植物の根や微生物にとって理想的なすみかとなる。

糞は良質の**団粒**そのもの。水をよく吸収し、しかも水に浸かっても形が崩れにくい。不溶性だった土中の**ミネラル**もミミズの体を通ることで水溶性に変わり、作物は吸収しやすくなっている。

フトミミズ

そして死骸もまた最高の速効性肥料。ミミズの体はタンパク質と**アミノ酸**、酵素、ビタミンの塊だからだ。

不耕起や**有機物マルチ**は、ミミズがすみやすい環境づくりでもある。

じかつせいせんちゅう

自活性センチュウ

センチュウというと、ネコブセンチュウなど、有害な寄生性のセンチュウを思い浮かべがち。だが、じつは地球に生息するセンチュウの90%が、無害どころか土つくりに欠かせない重要な存在である自活性センチュウだ。

自活性センチュウは**落ち葉**などの有機物を食べて分解し、微生物が働きやすい環境をつくる。自らの死骸も含め、他の小動物や微生物とともに土壌の**腐植**を増やす。なかには、寄生性センチュウを食べる捕食性センチュウもいる。肥沃な土なら反当たり800kgもの自活性センチュウがおり、その数が多い土壌ほど寄生性センチュウは居心地が悪く減少する。

自活性センチュウの力を借りて土を豊かにするには、豊富なエサと水分条件などの安定した環境が必要、その効果的な方法に**堆肥マルチ、有機物マルチ**がある。

団粒（だんりゅう）

土壌粒子などの小粒の集合体。ミクロ団粒と、それが集まってできたマクロ団粒とが「団粒構造」を構成する。団粒構造の発達した土は水はけも水もちもよく、微生物もすみやすくて有機物の分解が早く、肥料の効きがいいのが特徴。これに対し、土壌粒子がバラバラの状態は「単粒構造」と呼ばれる。

まずミクロ団粒とは、粘土やシルトなどの土壌粒子、**腐植**、植物破片、陽イオンなどが結びついてできたもの。細菌が出す粘物質でまとめられており、比較的安定。耕耘や降雨では簡単には壊れない（耐水性団粒）。内部の間隙には水分が保たれ、土が乾燥しても容易には抜けないので、干ばつ時に植物が毛細根を伸ばして吸うことができる。またミクロ団粒内は細菌類の部屋になっており、種類ごとに分かれて暮らしている。

マクロ団粒はミクロ団粒が集まってできるが、これをまとめているのは糸状菌などの菌糸と植物の根が出す粘物質。マクロ団粒どうしの間には大きな隙間（間隙）があるので、大雨が降っても重力水として速やかに排水され、その後は酸素が入ってきて通気性もいい。糸状菌はおもにこの隙間にすんでいる。

団粒構造の模式図

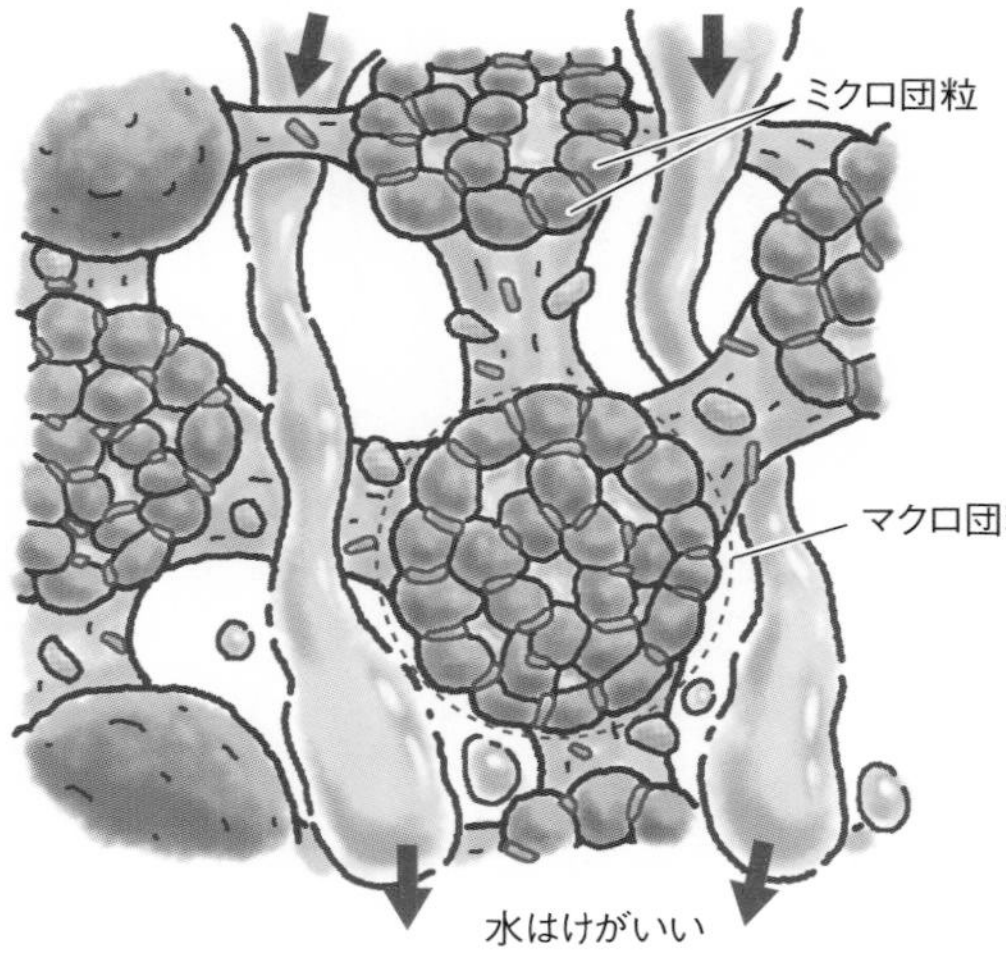

ミクロ団粒
マクロ団粒
水はけがいい

マクロ団粒はミクロ団粒に比べて壊れやすい。有機物がなくなり糸状菌が減ってくると崩壊するが、有機物を入れるとすぐに再形成される。このとき投入するのは、**モミガラ**やイナワラ、せん定枝など**C／N比**の高い「**カタイ有機物**」がいい。分解にじわじわ時間がかかる分、団粒が長もちするからだ。チッソの多い「やわらかい有機物」だと団粒ができる間もなく分解してしまうし、**米ヌカ**や**コーヒー粕**などの「やわカタイ有機物」だと、団粒はたくさんできるが長持ちしにくい。

腐植（ふしょく）

土壌有機物と同じ意味で用いられることもあるが、とくに土壌中で動植物遺体が土壌生物によって分解・再合成された暗色無定形（コロイド状）の高分子化合物（腐植物質）をさすことが多い。

腐植は機能的な面からは、栄養腐植（土壌微生物に分解されやすく養分供給源となる）と、耐久腐植（土壌微生物に分解されにくく土壌の物理性を良好に保つとともに陽イオンを保持する）に大別される。化学的（溶解性）な面から腐植酸、フルボ酸などにも分けられる。

腐植の役割としては、栄養腐植による作物や土壌微生物への養分供給、耐久腐植による**団粒**の形成、腐植酸による**CEC**（**塩基置換容量**、陽イオン交換容量ともいう）や緩衝能の増大、フルボ酸による鉄・アルミニウムの**キレート化**など、じつに多岐にわたり、作物の生育に適した土をつくっていくうえで、きわめて重要なものである。土壌中の腐植を維持・増加させるためには、有機物の施用や**緑肥**作物の導入などが有効である。

発酵
はっこう

有機物が微生物の作用によって分解され、**アミノ酸**や**乳酸**、**有機酸**、アルコール類、二酸化炭素などが生成される現象で、一般には人間や動植物の活動にとって都合がよく役立つもの（有用物質）が生産される場合を「発酵」という。対比的に、有害物質が生産されたり悪臭を発したりする場合が「**腐敗**」とされる。

好気性微生物（糸状菌、細菌、**放線菌**など）による好気発酵と、**嫌気性**微生物（**酵母**、細菌〈**乳酸菌**、**光合成細菌**〉など）による嫌気発酵とがあり、有機物の堆肥化（コンポスト化）や**ボカシ肥**づくりはおもに前者を、発酵食品やサイレージの製造は後者を利用したものである。

微生物の働きを高め発酵を順調に進めるには、栄養源（有機物）、温度、水分、酸素、**pH**などが適正な条件にあることが大切で、たとえば堆肥化で発酵を促すためのポイントは素材の含水率50～60％、**C／N比**（有機物中の全チッソと全炭素の比率）20～40％とされている。また、発酵をより効率的に進めるために、有用な微生物を添加することもある。

発酵を利用した有機物の農業利用としては、堆肥やボカシ肥があり、最近では田畑の中で発酵を行なわせる「**土ごと発酵**」が注目されている。

腐敗
ふはい

有機物（有機チッソを含む物質）が微生物の作用によっておもに嫌気的に分解され、有害な物質が生成されたり悪臭が発生したりする現象。一般には、食品や農畜産物などが微生物の作用によって変質することをさす場合が多いが、農業関係では土や畑の状態をさすことも少なくない。

水口文夫さんは、土壌中にすき込む有機物（**緑肥**など）の水分の多少が、畑の土が**発酵**型になるか腐敗型になるかの分かれ道になるという。水分が多くて（酸素の供給が不十分で）腐敗菌を繁殖させてしまうと、その畑は病気が蔓延しやすい圃場になってしまう。腐敗菌が優占してすみ着いているので、ちょっと条件が悪いとすぐ病気が出て、薬ばかりかけるような畑になるという。

キレート化・錯体
きれーとか・さくたい

吸収されにくい養分を吸収しやすくするしくみの説明によく使われる。キレートとは、ギリシャ語で「カニのハサミ」という意味で、吸収されにくい養分を**アミノ酸**や**有機酸**でカニバサミのようにはさみ込んで、吸収されやすい形に変えたり、有害物質を包み込んで無害化したりする。作物が**根酸**を分泌して周囲にある**ミネラル**をキレート化して利用しやすくするのはその典型である。また、話題の**タンニン鉄**も茶葉のタンニンが鉄をキレート化したものだ。

こうしてできたものがキレート錯体。錯体とは、金属を有機物が包み込んだ状態で、吸収されやすい一つの物質のように振る舞う化合物をさす。光合成を司る葉緑素（クロロフィル）は**苦土**を包み込んだ錯体だし、血液中のヘモグロビンは鉄を包み込んだ錯体である。

土ごと発酵は、土中の**有機酸**やアミノ酸を豊富にし、キレート錯体化によって、ミネラルを作物が吸収しやすい形に変えていると考えられる。

こうそ

酵素

味噌や醤油、日本酒などは微生物の**発酵**の力を借りた食品だが、その作用が微生物の体内にある酵素によるとわかったのは100年ちょっと前。酵素は生きものの体の中でつくりだされた物質（タンパク質）で、体内に取り込んださまざまな養分の代謝（分解・合成）に関わり、その速度をコントロールしていることがわかっている。

体内での物質の**酸化・還元**に関わる「酸化還元酵素」、糖やタンパク質や脂肪の代謝に関わる「加水分解酵素」など、自然界には酵素の数は2万5000種、その働きが明らかになっているものだけでも4000種といわれる。酵素は一種類につき一つの働きしかできない。

農家はよく果実や野草を砂糖と合わせて発酵させたものを「酵素」と呼ぶが、この**手づくり酵素液**も、繁殖した微生物内の酵素の働きで出来上がったものだ。

これら酵素の働きをサポートしているのがビタミンや**ミネラル**で、酵素と併せて注目されている。

さんか・かんげん

酸化・還元

「酸化」とは酸素と結びつくか水素を奪われることで、「還元」とはその逆の現象である。

たとえばチッソ肥料の硫安（チッソはアンモニアNH_4）を施すと、アンモニアは、土の中でNH_4^+→NO_2^-→NO_3^-と変化して作物に吸収される。この現象は、チッソが酸素と結びつくから「酸化」であり、**硝酸**に変化していくことから「硝化」とも呼ばれる。その逆の現象が「脱窒」で、NO_3^-→NO_2^-→NO→N_2O→N_2と変化していく。これは酸素を奪われていくことから「還元」。この反応には微生物が深く関わっている。

水田のように田面を水が覆う環境では、微生物の呼吸によって土中の酸素が消費され、表層部を除くと酸素不足、つまり還元状態になっていく。そうすると、**リン酸**やマンガンなどが溶け出し、**有機酸**などが増えていく。このほかにも、**米ヌカ除草**にみられる土壌還元による雑草発芽抑制技術、土壌病害を抑制する「**土壌還元消毒法**」など、「還元」を利用する技術が生まれている。

生物の体内でも酸化還元反応によってエネルギーのやりとりがなされ、生命維持活動が営まれている。例をあげると血液に含まれるヘモグロビン（鉄の**錯体**）は、電子のやりとりによって二価と三価を行ったり来たりしながら酸素を運んでいる。こうした動きを電子に着目してみると、「酸化」とは電子を失うことであり、「還元」とは電子を得ること。この反応には**酵素**が関わり、**ミネラル**が大きく関与している。

7 防除の用語

かけるなら、
ピシャリと効かせて減農薬

RACコード（らっくこーど）

　最近、ようやく市民権を得た防除用語。農薬を作用機構（作用機作、効き方）ごとに分類したもので、たとえば殺虫剤の有機リン系は1B、ネオニコチノイド系は4Aなど、すべての農薬にIRACコードがある。同様に、殺菌剤ならFRACコード、除草剤ならHRACコードで分類される。

　同じ農薬を繰り返し使うと害虫や病原菌、雑草に抵抗性（耐性）がついてしまうが、異なるコードの農薬を順番に使えば、その心配がグッと減らせる。いわゆる「系統」と同義なのだが、RACコードは、より厳密に分類された国際基準だ。数字とアルファベットの組み合わせなので、長ったらしいカタカナの系統名より覚えやすい、と評価する農家もいる。

　RACコードが注目されるのは、農薬が

農薬名も成分も違うが、すべてネオニコチノイド系の殺虫剤。これらを知らずに「ローテーション」すると、害虫に抵抗性がつきやすくなる

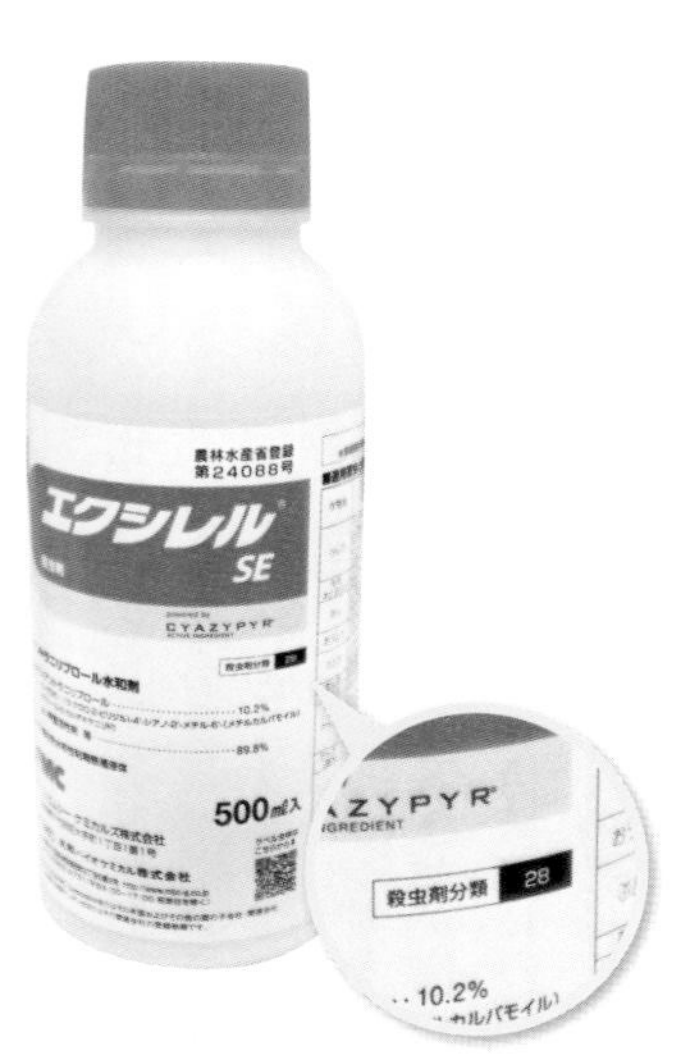

農薬ラベルに表示されるようになったRACコード

効きにくい病害虫や雑草が各地で出現しているからだろう。アブラムシやハダニ、アザミウマにコナガ、イネのイモチ病やリンゴの黒星病など、今までの切り札剤が使えなくなってしまった病害虫や雑草は増えている。新規剤の登場が年々減りつつある今、RACコードを活用したローテーション防除はもう待ったなしだ。

　近年、都府県が「病害虫防除指針」に掲載したり、農薬メーカーがラベルに記載を始めたり、ホームセンターのコメリがカタログに掲載したり、一気に身近になってきたRACコード。たとえば殺菌剤のM剤やP1やP2などPがつく剤は万能の「予防剤」、除草剤の3や15は土壌処理剤、1や9は茎葉処理剤など、農薬の性格を把握するツールにもなる。しっかり活用して、ピシャッと効かせる。それが、農薬代を減らす近道だ。

※『現代農業』では毎年6月号で、おもな農薬をRACコードごとに分類、一覧表にまとめている。

大潮防除

おおしおぼうじょ

月のリズム（月齢）を意識して、満月か新月の前後にあたる大潮のときに防除する方法。虫（害虫）はこの時期に産卵することが多く、孵化直後のまだ弱い1齢幼虫をねらえることから、害虫の防除に効果が高いといわれている。

　同じ大潮でも満月の時のほうが効果があり、とくに満月の3～5日後の防除がもっとも効果的だと感じている農家が多い。満月の日に産卵し、数日たって孵化した頃のタイミングに合うからだろうか。

　また、害虫の防除は満月だが、病気の防除は新月を意識するという農家もいる。栄養生長と生殖生長のバランスを保ちながら長期間栽培する果菜類では、新月になると栄養生長に傾いて、病気が発生しやすくなる。そこで、新月の前に防除や**微量要素**などの葉面散布で対処するという考え方である。

尿素混用

にょうそこんよう

まぜまぜくん

チッソ肥料である尿素を農薬の薬液に少量混ぜると防除効果が高まる。ハンドクリームに浸透力の高い「尿素入りクリーム」があるが、同じような原理なのか、尿素が葉の表面のワックス層やクチクラ層の細胞をゆるめ、農薬を浸達しやすくする作用があるようだ。

　おかげで農薬の希釈濃度を薄くすることが可能で、尿素混用は減農薬に役立つ。栃木県の山崎英さんは、除草剤をまくとき、18ℓの薬液に一つかみ程度（200～500倍）の尿素を混用。枯れ始めが迅速で、スギナでも根までしっかり枯れるという。殺菌剤や殺虫剤にも尿素を200～1000倍で混用している。

　農薬への尿素混用はアメリカでも一般的で、少量散布でも効果にムラが出ないようにするために利用されている。また、尿素で浸み込みやすくなるのは農薬だけではないようで、生育活性剤や**リン酸**の散布液に混ぜて効きをよくする使い方もある。

砂糖混用

さとうこんよう

殺虫剤に少量の砂糖を混ぜて散布すると、花弁やガクに隠れていたスリップス（アザミウマ）が砂糖におびき寄せられ出てくるので殺虫効果が高まる。バラ農家の間で密かに広がっていた不思議な裏技。トルコギキョウやアスターなどバラ以外の花や、ナスなど野菜類でも同様の効果を実感する農家が増えている。愛知県のバラ農家・河合正信さんは、希釈した殺虫剤３００ℓに１kgの三温糖を溶かして散布している。スリップスのほか、ハダニにも効果を実感している。

「砂糖のにおいにおびき寄せられて」という理屈については、この手の研究がなく首をかしげる研究者が多いが、ミカンキイロアザミウマやヒラズハナアザミウマなどは花の中で花粉といっしょに蜜を吸うことから、砂糖水を好む可能性はあるという見解もある。また砂糖水のベタベタが、展着剤やデンプン液剤のような役割をしているとの指摘もある。

雨量計

うりょうけい

文字通り降雨量を調べるための道具だが、自分の圃場における防除適期がわかるので、「ミカンの黒点病が防げた」「カキの炭疽病を撃退できた」という農家続出。じょうごとポリタンクで自作できる「防除器具」と位置づけたい。

考案した佐賀県上場営農センター・田代暢哉さんによると、散布した農薬（殺菌剤）の残効は散布後の累積降雨量で決まる。雨が少なければ残効はもつし、多ければ切れる。それなのに一般には防除暦や散布後の日数で防除のタイミングを決めているから失敗する。雨量計があれば、自分の圃場における散布後の降雨量がひとめでわかり、次回の散布時期がわかるから防除の失敗が防げる。なお田代さんは、おもな殺菌剤について、どのくらいの雨量で残効が切れるかを調べ、その結果を一覧表にまとめている。

ちなみに、福岡県のカキ農家・小ノ上喜三さんは、雨量計のことを「平成の**虫見板**」と評価している。確かに、地域ごと圃場ごとに違うはずの雨量を自分で測り、農薬をかけるかどうかを自分で決めるためのこの道具は、「防除という仕事を百姓の手のうちに取り戻す」大きなツールである。

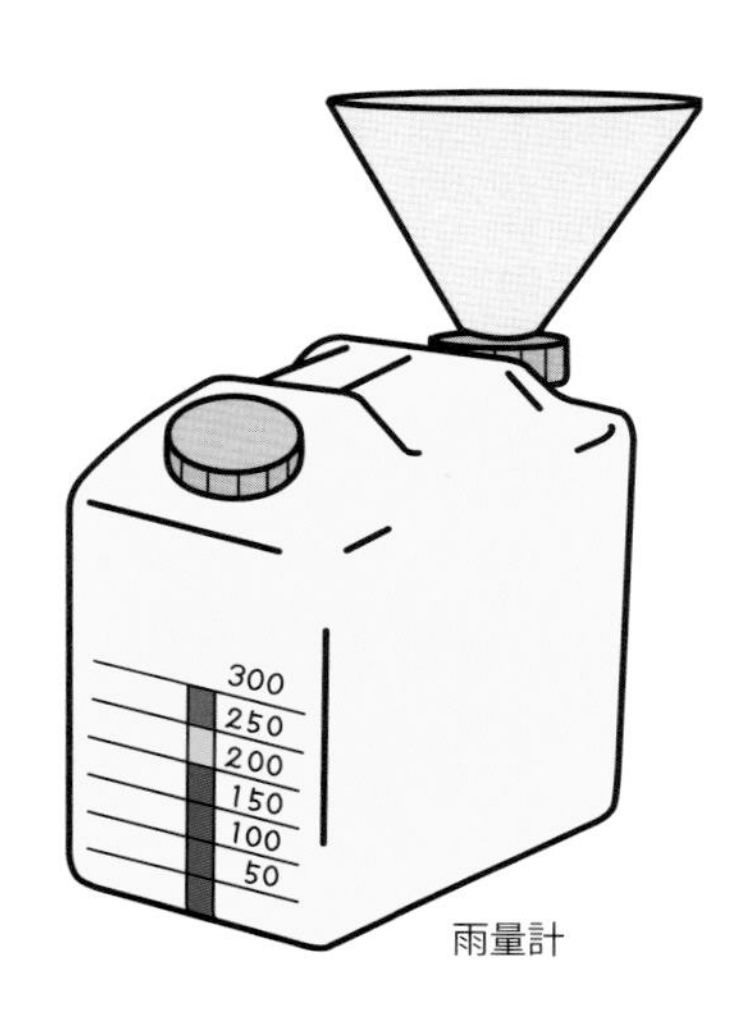

雨量計

雨前散布

あめまえさんぷ

せっかく散布した薬剤が流されないように、防除は雨上がりに。しかし、これは必ずしも正しくない。佐賀県上場営農センターの田代暢哉さんによると、殺菌剤の場合は雨前散布が原則だという。そもそも、病原菌の大部分は雨で拡散し、感染する性質を持っている。その前に殺菌剤で樹体を保護しておかなければならない。あるいは、雨水中に殺菌剤の成分を溶け込ませる必要がある。要は、残効の切れめをつくらない。前回散布したクスリの効果が切れないうちに、次の手を打っておく。

そのためにも、まずは薬剤の耐雨性（流されやすさ）を把握する。そして、**雨量計**を駆使して散布適期をつかむ。たとえば、耐雨性３００㎜の殺菌剤を散布して、その後の累積降雨量が２５０㎜の場合。予報で10～20㎜の雨なら慌てる必要はない、50㎜以上の雨なら早急に雨前散布、と判断する。

なお、殺虫剤の場合は、病原菌と違って害虫が雨の間に活動することは少ないうえ、殺菌剤より耐雨性が低いので雨後散布が原則。

キリナシノズルは大粒の薬滴を噴き出す（赤松富仁撮影）

キリナシノズル

きりなしのずる

農薬散布に使われる噴口の一つ。一般に使われる「霧ありノズル」は薬液が細かい霧状になって噴き出すが、「キリナシノズル」は霧よりもっと大粒の薬滴が噴き出す。

霧ありノズルは、薬液の粒子が小さいため葉を包み込むようにかかるが、少しの風でもドリフト（飛散）しやすい。薬液が遠くに飛ばないので、立体的な作物ではとくに竿をていねいに動かす必要がある。一方、キリナシノズルは薬液の粒子が大きいぶん、ねらったところにかかりやすく散布がラク。ドリフトしにくく、自分が薬液を浴びることも少ない。とくにドリフトが問題になる露地栽培でキリナシノズルが注目されている。

また、キリナシノズルは防除効果も高いというのが佐賀県上場営農センターの田代暢哉さん。防除効果は薬液の付着量に左右される。果樹の防除では、薬滴が大きいキリナシノズルは霧ありノズルに比べて付着量が多く、散布量が半分でも効果があるとのこと。

静電防除

せいでんぼうじょ

薬液の粒子を帯電させ、静電気の力で作物体に付着させることで防除効果を高めたり、農薬使用量を減らしたりする方法。農薬がかかりにくい葉裏や茎葉の混み入ったところにも、重力に逆らって薬液を付着させられる。周囲へのドリフト（飛散）を減らす効果もある。

静電防除には2タイプある。濃厚少量散布の常温煙霧方式は、散布粒子が非常に細かいので400V程度の低い電圧で帯電できる。ただし、散布機が数十万円以上と高いうえ、常温煙霧用に登録されている特定の農薬しか使用できない。

それに対して、慣行濃度散布の静電噴口は通常の登録農薬が使用できる。価格も10万円前後と安価なので、農家の間にかなり普及している。常温煙霧ほどの少量散布はできないが、薬液の量を半分程度に減らしても十分な防除効果があると実感している農家は多い。メーカーからも薬液を30～

静電防除

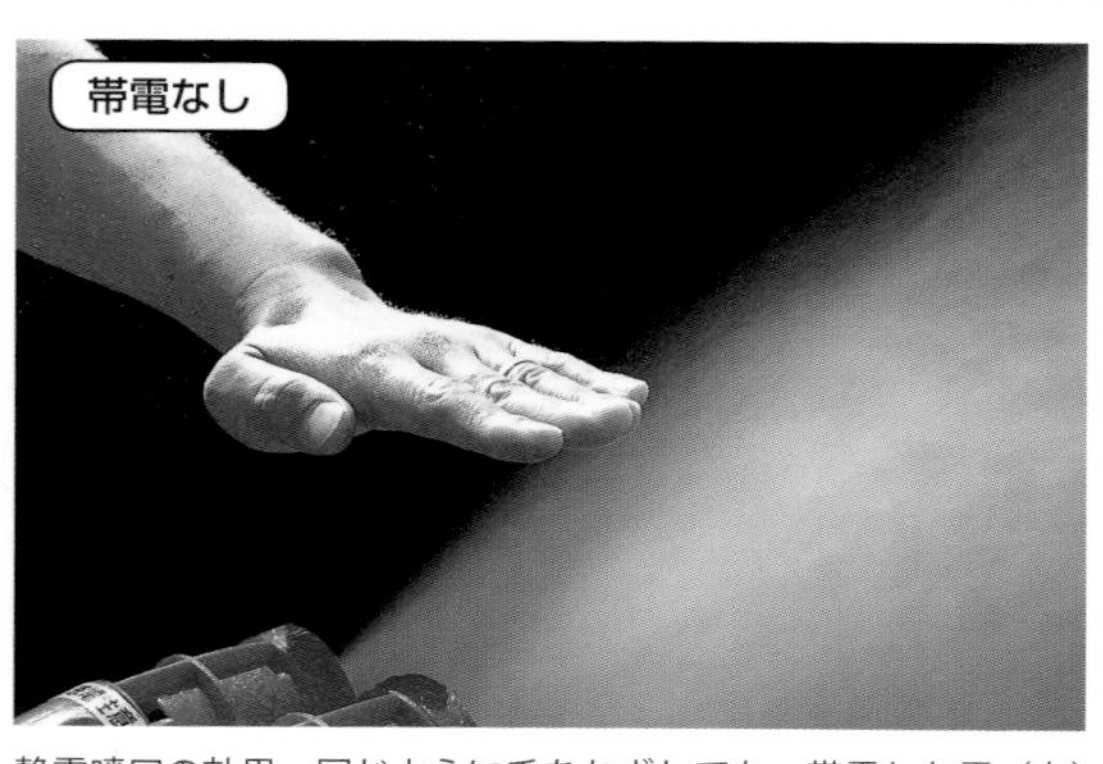

静電噴口の効果。同じように手をかざしても、帯電した霧（右）は、手のひらと甲に吸い寄せられる（倉持正実撮影）

農薬以外の防除方法もどんどん進化している

50%減らせるというデータが出ている。ただし、散布粒子が大きいので高電圧で帯電する必要があり、漏電で帯電効果が落ちるトラブルがたまに聞かれる（電源は単3電池など）。なお、静電噴口を肥料などの葉面散布に使って成果を上げている農家もいる。

光防除

ひかりぼうじょ

光の波長は色として表われるが、特定の波長（色）の光を照射したりカットしたりすることで、害虫を忌避もしくは誘殺、また、病気に対する作物の抵抗力を引き出すことができる。

光で害虫を忌避・誘殺するのは、いわば虫をだます方法。たとえば黄色の防蛾灯は、オオタバコガなどの夜行性のガに昼と思わせて交尾・産卵をさせない。誘虫灯は、虫が好む青色光でおびき寄せて捕殺する。いっぽう、紫外線カットフィルムは、紫外線を感じることでうまく飛べる害虫の性質を利用した防除法で、自然光から紫外線をカットすることでハウス内での動きを鈍くすることができる。

病気に対する光防除は**病害抵抗性誘導**による効果。「タフナレイ」（パナソニック）は、イチゴのうどんこ病を抑制、緑色蛍光灯「みどりきくぞう」（四国総合研究所）はキュウリ・イチゴの炭疽病、トマト・キュウリの灰色かび病を抑制する。また、愛知県の長坂正己さんは、家庭用の青色LEDのイルミネーションをイチゴに照射し、灰色かび病やうどんこ病を抑えているが、これも同様の効果だろうか。

光防除では、消費電力が安く寿命が長い

LEDの活用が今後期待される。少ない電力で発光できるため、小型の太陽光パネルと黄色LEDを組み合わせて防蛾灯に活用する例も出てきた。

けむりぼうじょ
煙防除

ハウスの中で**モミガラ**や薪などを燃やし、煙を充満させることで病害虫の発生を抑える方法。エンドウやイチゴのうどんこ病、灰色かび病などカビ性の病気予防に効果があるほか、ダニやスリップスなど害虫の発生も少なくなるという報告もある。また、煙でハウスの中に霧をつくったような状態になり放射冷却を防げるため、厳寒期でもハウス内の気温が氷点下にならないという保温効果もある。

三重県の青木恒男さんは、1反のハウスにホームセンターで買った2980円の薪ストーブを1個だけ置き、一晩に一抱えの薪を燃やす。福岡県の宮崎安博さんは、1斗缶で自作したくん煙器をやはり1反に1個置き、いっぱいに入れたモミガラを燃やす。いずれの場合も、煙が長くたくさん出るようにゆっくり燃焼させるのがコツ。もちろん**木酢・モミ酢**効果に通じる。

こうおんしょり（ひーとしょっく）
高温処理（ヒートショック）

栽培中の作物を一時的に高温にさらすことで病害虫を減らす「温度防除」法。温度コントロールだけで農薬使用量を大幅に減らせてしまうじつに画期的な方法だ。高温処理は、**病害抵抗性誘導**により作物の抗菌活性を高めることがわかっている。

神奈川農総試では夏場、キュウリハウスを密閉して内気温を45度まで上げることで、ヨトウムシ、アブラムシ、ハモグリバエ、うどんこ病、べと病、褐斑病など、ダニ類以外の病害虫はかなり抑制できることを発表している。耐暑性のキュウリ品種を使って、定植1～2週間後の雌花が咲き始めた頃から処理開始。まずは5～7日間、午前中の1時間ほどハウスを密閉し、40度くらいの高温にキュウリを慣れさせる。その後、45度まで上げて1時間後に元に戻すという処理を数日繰り返す。キュウリと病害虫の発生の様子を見ながら7～10日に1～2日の割合で処理を続ける。

この防除法の開発にかかわった佐藤達雄さんは、その後、茨城大学に移り、イチゴに50度の温湯を散布（20秒）する方法で同様の効果を引き出すことに成功した。うどんこ病、炭疽病、灰色かび病に対して抵抗性が高まり、温湯が直接かかることでアブラムシ、コナジラミに対する殺虫効果も認められている。

びょうがいていこうせいゆうどう
病害抵抗性誘導

植物は、病原菌の攻撃から自分の体を守るしくみを備えている。しかし、その防壁のようなしくみをかいくぐる菌がいるために作物に病気が出るのだが、病原菌の侵入前にあらかじめ体内に「指令」を出して防壁を強化しておく（抵抗性を増す）方法が「病害抵抗性誘導」である。

病原菌に侵された植物が抵抗性を発揮することは、病斑がついた葉の後に出た新しい葉には同じ病気がつきにくかったり、ほかの病気も抑制されたりする現象から発見された。このしくみを応用して、植物が病原菌に侵入されたと錯覚させる物質を使って病害抵抗性を高めておくことができるのである。

たとえば、イネのイモチ病に使われるオリゼメートは、イモチ病菌を直接殺菌するわけではなく、イネの病害抵抗性を誘導する成分を利用した農薬である。農薬以外でも、**キチン**（カニガラなどの成分、**キトサ**

ンの原料）は、病原菌の主要構成成分でもあるため、植物が病原体と認識して抵抗性を誘導することがわかっている。最近の研究では、微生物**発酵**液にも同様の効果があることがわかってきた。**天恵緑汁**や**えひめAI**などの**パワー菌液**で病気が抑えられたという事例があるのも、病害抵抗性誘導の効果なのかもしれない。

太陽熱処理

たいようねつしょり

『現代農業』では、「太陽熱消毒」とは呼ばず「太陽熱処理」と呼ぶことが多い。単なる「消毒」ではなく、「土をよくする技術でもある」という意味も込めてのことだ。臭化メチル全廃や脱土壌消毒剤の動きが強まるなかで改めて注目を集めている。

土壌病害やセンチュウ、雑草のタネを殺すのを目的に、湛水後、ビニール被覆してハウスを密閉し、太陽熱を利用して地温を上げるわけだが、事前に有機物を施用する人が多い。イナワラと石灰チッソを入れる人もいるが、**米ヌカ**やビール粕など微生物が食いつきやすい有機物を散布して**発酵**を促すと、**土ごと発酵**のようになり、「いい菌」を殖やしつつ「悪い菌」を抑える作用をする（悪い菌は比較的熱に弱く、いい菌は強い）。太陽熱による地温上昇のみで殺菌する場合は、普通40度で20日間以上必要だといわれるが、白いカビが表面に生え、微生物が急増して発酵熱が十分に加わるような場合は、「いい菌」の静菌作用も手伝って処理期間が10〜14日くらいですむという人もいる。

土壌還元消毒

どじょうかんげんしょうどく

大量の有機物と水で畑を**還元**状態にして土壌病害を防除する方法。北海道の道南農試がネギの根腐萎ちょう病（フザリウム菌）対策として開発した方法から始まった。土に**米ヌカ**や**フスマ**など、微生物のエサになりやすい有機物を約1tまいて耕耘、タップリかん水してからビニール被覆すると、バクテリア（細菌）などが急増し、土壌中の酸素を奪って強還元状態となり、病原菌を死滅させる。殺センチュウ効果もある。

太陽熱処理と似ているが、地温を高めることよりも強還元効果で殺菌することをねらう。地温30度でも効果がある。ただし、処理後によく耕耘して酸素を入れてやらな

米ヌカをたっぷりまいてからハウスに湛水し、レンコン用カゴ車輪で代かき。空気を追い出して土壌還元消毒（赤松富仁撮影）

いと、根傷みなどの障害が出ることがある。
　土が還元状態になっているかどうかの目安はドブ臭。このニオイが強いほど強還元になっている。より強い還元状態にするため、代かき湛水処理を組み合わせる農家もいる。また、米ヌカ・フスマの代わりに廃糖蜜を使う例もある（糖蜜消毒）。液体で浸透しやすいためか深層まで強還元にできるという。

ぺたぺたのうやく

ペタペタ農薬

　デンプン液剤（粘着くんなど）やデンプン還元糖化物液剤（エコピタなど）のこと。粘着成分で、ダニ、アブラムシ、コナジラミなどの動きを封じたり、気門を塞いで窒息させたりするほか、うどんこ病の子のう胞子や分生子の拡散も抑える。物理的な作用で防除するので連続散布が可能、天敵への影響が少なく、抵抗性がつく心配もない。
　イチゴのうどんこ病に悩んでいた群馬の越野創さんは、身近なものでペタペタ農薬と同じ効果が得られないかと考え、水あめに着目。水あめ50～100倍に展着剤を加えて300ℓ散布。7～10日間隔で見事に抑えた。その後、よりコストを抑えるために、デキストリンや粉あめなども試して効果を確認している。
　ペタペタで気門封鎖をねらうものとしてはほかに、**海藻**資材（ピカコーなど）も注目されている。これも、海岸から海藻を拾い集め、手作りする農家が絶えない。

すぎなじる

スギナ汁

スギナちゃん

　雑草のスギナから抽出したエキス。その**自然農薬**としてのデビューは華々しかった。たとえば、鹿児島県の山下勝郎さんは、スギナを乾燥させて煮出した液をキュウリに散布。うどんこ病など「ほとんど見ていない」という。茨城県の米川二三江さんは、スギナを水に漬け込んで**発酵**させた液のおかげで減農薬に成功。アオムシが寄りつかず、うどんこ病にも強い野菜となった。
　材料のスギナはどこにでもある。しかも駆除するのがやっかいな雑草。農家は、その憎らしいほどの生命力を逆手にとる喜びに沸いたのである。スギナは、**カルシウム**と**ケイ酸**の塊のような植物でもある。おかげで作物の細胞が強くなり、抵抗性が増すとも考えられる。
　難点は、発酵エキスが発する猛烈なニオイ。だが、このニオイにこそ害虫忌避効果があると見る農家もいる。

みかんのかわ

ミカンの皮

　野菜や果物の皮には、外界（紫外線や病害虫）から身を守るためにフラボノイド（抗酸化成分）などの機能性成分が多く含まれている。その不思議なパワーを農業に利用する例として、ミカンの皮の人気は根強い。たとえば、ネギの植え穴や土寄せするときに乾燥させて細かくしたミカンの皮

ネギの赤サビ病防止にミカンの皮
（田中康弘撮影）

を入れることで赤サビ病を防いでいる農家が各地にいる。ほかにも、アブラムシやトマトの立枯れ、ミカンのサビダニなど、さまざまな病害虫対策として使われている。

からしなすきこみ

カラシナすき込み

カラシナのように辛味成分を持つアブラナ科作物をすき込んで土壌病害を抑制する新しい防除法。バイオフューミゲーション（生物的くん蒸）と呼ばれる。辛味成分のグルコシノレートが土中で加水分解すると、イソチオシアネートというガスが発生する。イソチオシアネートは、肺ガンや直腸ガンなどのガンを抑えるという研究もある機能性成分だが、土壌消毒剤のバスアミドの成分と同じ仲間でもある。アブラナ科作物には、少なからず辛味成分が含まれているが、なかでもカラシナ類、とくにチャガラシに多く、トマト青枯病の試験では、バスアミドよりも効果があった。

効果が確認されているのは、ホウレンソウの萎ちょう病、テンサイ根腐病、トマト青枯病など。センチュウに対しては、冬育てて春すき込むなら効果があるが、夏はチャガラシの根にセンチュウが寄生して殖えてしまう可能性がある。また、栽培作物がアブラナ科の場合は根こぶ病を助長する心配があるので導入は難しい。

やり方は、地上部をフレールモアなどで細かくしてすぐにロータリですき込むか、モアがなければロータリを2回がけする。水分が多く、温度が高いほど効果が出る。ハウスならすき込み後にしっかりかん水し、さらにポリなどで被覆すると効果が高くなる。20日程度で完全に分解し、ガスが抜けていることを確認したら定植できる。

せんちゅうたいこうしょくぶつ

センチュウ対抗植物

センチュウに対する有害物質を含有あるいは分泌し、土中または植物組織内外のセンチュウの発育を阻害するか死に至らせる作用をもち、その栽培や施用がセンチュウ密度の積極的な低減をもたらす植物。**混植**や**輪作**で活用する。

代表的なのはマリーゴールドやラッカセイ。そのほか、ネコブセンチュウ類に有効なクロタラリア（マメ科）やギニアグラス（イネ科）、ネグサレセンチュウ類に有効なエンバク野生種（イネ科、ヘイオーツほか）などがある。

りんさく

輪作

同じ作物を毎年同じ畑につくる連作に対し、異なる作物を順につくること。輪作することで土の養分の偏りを防ぐことができ、土壌病害虫の防除効果も期待できる。

輪作による病害虫防除には大きく、①性質の違う作物を入れて病原菌の増殖を抑える、②**おとり作物**や**対抗植物**で積極的に病原菌の密度を下げる、の二つの方法がある。ただし、土壌病害は、濃度障害や**塩基バランス**の悪化などが引き金になる「栄養病理複合障害」だという見方もあり、輪作の効果は総合的に考える必要がある。

ナガイモ大産地・青森県十和田市では、褐色腐敗病で一時、面積が半減してしまっていたが、輪作にネギを導入して以来、腐敗をゼロに抑えている。茨城県の鷹野秋男さんは、ダイコンやニンジンの前にサトイモをつくれば、キタネコブセンチュウもキタネグサレセンチュウも防げることを見いだしている。

なお、有原丈二さんが提案しているように、麦・ソラマメ・**緑肥**などの冬作でチッソの汚染を防ぐ、ヒマワリやトウモロコシなど**VA菌根菌**とよく共生する作物を前作にして**リン酸**の施肥量を減らすなど、環境保全の面からも輪作が見直されている。

こんしょく・こんさく
混植・混作

自然の野山では一つの植物だけが広範囲に植わっていることはあまりなく、雑多な混植・混作状態でお互いバランスをとっている。人為的に「栽培」するとなると、ある程度決まった作物を作付けせざるを得ないわけだが、そんな中になるべく他の作物も取り入れて、多自然型・複雑系の畑にしようという工夫が各地で生まれている。

1種類の作物で埋めつくされた畑よりも、いろいろなものが植わっている畑のほうが病害虫にやられにくい。**土着天敵**や根のまわりの菌もいろんな種類が増える。作物どうしの**アレロパシー**（他感作用）もある。いっしょに植えると生育がよくなったり、病気よけ、虫よけになる**コンパニオンプランツ**や、ナスの周囲にソルゴー障壁をつくって天敵を呼ぶ**バンカープランツ**、**マルチムギ**、果樹の**草生栽培**なども、混植・混作の事例といえる。

市場出荷型の経営では、複雑系の畑は機械作業がしにくいし、農薬散布も作物ごとに登録が違うのでやりにくいだけだったが、少量多品目栽培の直売農家なら取り入れやすい。広島県の伊勢村文英さんは、コマツナやホウレンソウなどの葉ものとニンジンを混播すると、畑が乾燥するときでもニンジンの発芽がよくなることを発見。また、違う野菜を何種類も混播しておくと次々に収穫できて、直売所で売るにはむしろ都合がいいそうだ。これもまさに**直売所農法**。

混植・混作畑で無農薬栽培。作物どうしが助け合っているようだ
（赤松富仁撮影）

病害虫に強い空間をつくる

ネギ・ニラ混植の方法

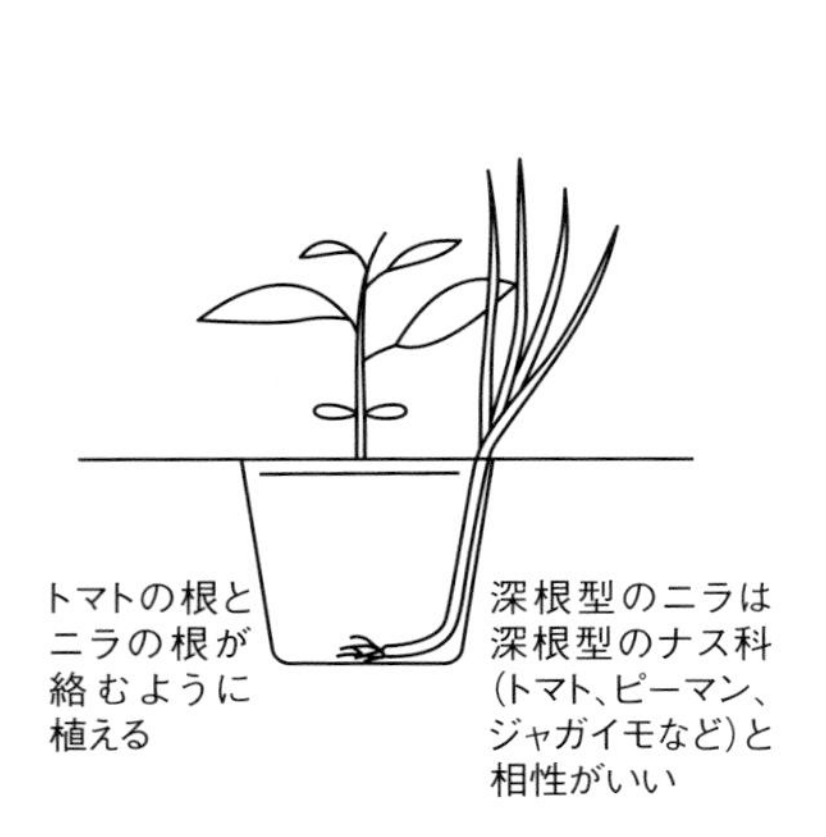

浅根型のネギは浅根型のウリ科作物（キュウリ、ユウガオ、メロン、スイカ）と相性がいい

コンパニオンプランツ
こんぱにおんぷらんつ

「共栄作物」ともいう。自然のなかで植物は、お互いに影響し合って生きている。私たち人間の社会と同じように、作物の世界にも好き嫌いがあり、**混植・混作**などはこれを利用したもの。組み合わせにはいろいろな型があるが、性格がちがう作物を混植しお互いに補い合うやり方が代表的。たとえば、日照を好むものと、日陰を好むもの。根を深く張るものと、浅く張るもの。養分を多量に必要とするものと、少量でよいもの。生長の早いものと、遅いものなど。

　農家の畑では、病気よけ・虫よけになる組み合わせがよく利用される。代表的なのがネギ・ニラ混植。栃木県のユウガオ産地では、２００年以上前からユウガオを連作しているのにつる割病が出ない。調べていくと、昔からユウガオの株元にネギを混植していた。その後の研究で、ネギの鱗茎や根にユウガオの土壌病害に対して強い抗菌活性のある微生物（シュードモナス細菌）が生息していることや、ネギの産生する**アレロパシー**（ファイトアレキシン）が作用していることなど、効果のしくみも明らかにされてきた。スイカやメロンなど浅根型のウリ科作物にはネギ類が、トマト、ナスなど深根型のナス科作物にはニラ類がよいとされる。

　そのほか、キュウリとラッカセイの混植でネコブセンチュウ被害がなくなったり、バジルとトマトを近くに植えるとアブラムシも来ないし生育促進作用もある、ピーマンの株元にマリーゴールドを植えるとミナミキイロアザミウマが来ない、などの組み合わせもある。

おとり作物
おとりさくもつ

「蓼食う虫も好き好き」とはよくいったもので、農作物に大きな被害をもたらす害虫や病原菌にも食物に対する好みがあり、おとり作物は、それを活用するもの。以下の三つの活かしかたがある。

①モニタリング（害虫監視）：オンシツコナジラミは本当はトマトよりキュウリやインゲンを好む。そこで、それらをトマトハウスの片隅やウネ間に植えておき、初発生をいち早く確認するのに利用。

②害虫防除：マメコガネは**緑肥**作物のクロタラリアを好む。そこでレンコン圃場の周りに１ｍほどの幅でクロタラリアを植え、集まったマメコガネに薬剤を散布して一網

打尽に。

③病気対策：病原菌を誘惑しておびき寄せ、自滅させ、その数を減少させるような効果をねらう。たとえば根こぶ病菌は休眠胞子からアブラナ科が植わると一気に発芽してくるが、それがダイコンである場合、感染はしても根部内で増殖できない（おとりダイコン）。やがて密度が減ってしまう。これを応用し、ハクサイなどを作付けする前にダイコンを栽培すると、根こぶ病の危険度がずいぶん低下する。

ナスの前作にブロッコリーをつくるとナスの半身萎ちょう病が半減する「ナス前ブロッコリー」も、ブロッコリーのおとり効果によるものといわれている。

ばんかーぷらんつ

バンカープランツ

天敵を増やしたり温存する作物・植物のこと。バンカーは「銀行」の意味で、天敵を畑の銀行に貯金しておき、作物に害虫が発生したときにはいつでもこの銀行から天敵を払い戻せるようにするわけだ。無防除だと害虫増加の後を追うように天敵が増加するのが自然の摂理だが、それでは被害抑制に間に合わず、収穫が激減する。バンカープランツを設置すれば、天敵が害虫を待ち伏せする形に持ち込める。

各地に広がっているのは、ナスなどの周囲にソルゴー障壁をつくるやり方。ソルゴーで、ヒメハナカメムシ、クサカゲロウなどの**土着天敵**が増え、それがナスのミナミキイロアザミウマやハダニ、アブラムシなどの害虫を食べてくれる。これで大幅な減農薬に成功した農家も多い。ハウス栽培のナスやピーマンのアブラムシ対策にムギ類を生かすやり方も注目。ムギ類につくムギクビレアブラムシをエサにして、天敵コレマンアブラバチが維持される。ほかに、ソラマメ、ゴマ、オクラ、クローバ、クレオメ、周年開花するバーベナ、マリーゴールドなどがバンカープランツとして有望視されている。

どちゃくてんてき

土着天敵

天敵を活用した防除には、資材化されている購入天敵を利用する場合と、地域にもともといる土着天敵を捕まえて利用する場合がある。

高知県では土着天敵の活用が広まっており、購入天敵とも組み合わせて、殺虫剤ゼロという農家も出てきた。コナジラミ類やアザミウマ類をバクバク食べるクロヒョウタンカスミカメやタバコカスミカメ、アブラムシ類の捕食力が高いヒメカメノコテントウを有力視する農家が多い。

自然界はもともと食う食われるの関係を基盤に成立しており、作物を加害する困った害虫にも必ず土着の天敵は存在する。

殺虫剤散布をやめたハウスでシシトウの花をのぞくと、土着天敵ヒメハナカメムシがたくさん来ていた（赤松富仁撮影）

防除

時、トマトの黄化葉巻病などを引き起こすタバココナジラミの蔓延に、有効な購入天敵がおらず、頭を抱えた高知県だったが、この難敵コナジラミにさえもクロヒョウタンカスミカメという土着天敵が出現したのだ。

　土着天敵にハマると農家も変わる。大産地の園芸農家たちが捕まえるための捕虫器を開発して、日課のように捕獲している。遊休ハウスを「天敵温存ハウス」にして土着天敵を飼育し、圃場に入れたいときにいつでも自在に入れられるような工夫も生まれた。ハウスの中に天敵のすみかをつくる**バンカープランツ**も、じつに多様になってきた。

　土着天敵に目が向くと、ハウスの中が多自然空間になっていき、農家の地域自然を見る目も変わってくる。

ただのむし

ただの虫

　虫といえば、まず頭に浮かぶのが「害虫」。作物を加害する困った虫である。その次に思いつくのは天敵などの「益虫」。害虫を食べてくれるありがたい虫である。だが、**虫見板**などを使って田畑の虫を見てみると、じつは害虫でも益虫でもない「ただの虫」が圧倒的に多い。

　だがこの「ただの虫」、本当は「何でもないただの虫」ではない。たとえば水田のユスリカなどは、ふだん害虫でも何でもないが苗箱施用剤の影響を受けやすい。このクスリでユスリカが減ってしまうと、それをエサにするクモやカエルなどの**土着天敵**生物が減ってしまうという現実がある。目にはつきにくいが「ただの虫」は田畑で重要な役割を担っている。

　害虫と益虫の一対一の関係だけ見ていたのでは問題は解決しにくい。ただならぬ「ただの虫」へのまなざしは、これからますます重要である。

りさーじぇんす

リサージェンス

　ハダニが発生してきたので農薬を散布したら、かえってハダニが増えてしまったというように、害虫防除のために農薬を散布すると、害虫が散布前よりも、かえって多くなる現象のこと。

　その要因として、①天敵の減少、②競争種の除去、③農薬が寄主植物の生理を変えることによる間接的な害虫の増殖率の上昇、④農薬の直接刺激による出生率の増加、⑤殺虫剤抵抗性害虫の出現、などがあげられている。

　ムダな農薬散布はムダなだけではすまない。**土着天敵**を殺し、**ただの虫**を殺し、田の中の虫の世界を不安定にしてしまう。このリサージェンスへの着目はその後、田んぼごとに違う害虫の発生状況を**虫見板**で農家自ら確かめる減農薬の取り組みに発展。天敵を生かす防除への道を大きく広げた。

むしみばん

虫見板

　田んぼにいる「虫（生きもの）」を見るための板（プラスチック製の下敷きのようなもの）。1978年に福岡県の農家が考案したもので、その後、農業改良普及員だった宇根豊さんを中心に全国的に広まった。

　田んぼに入り、イネの株元に「虫見板」を添えて、葉を軽く揺すって、そこに落ちてきた虫をのぞき込む。ウンカなどの「害虫」、それを食べる「**土着天敵**」、そして悪さをしない「**ただの虫**」など、どんな虫がいるのかがわかる。そして害虫の発生状況から、田1枚ごとの「防除適期」が推測で

株元に虫見板を当て、反対側から3～4回、手のひらでたたく

き、むやみに防除することもなくなる。こうして多くの農家が農薬の散布回数を減らすことに成功、イネの減農薬運動の盛り上がりを大きく支えた。

ふぇろもんとらっぷ

フェロモントラップ

昆虫の多くは成熟した雌成虫が性フェロモンを分泌し、これに雄成虫が誘引されて交尾をする。性フェロモンを人工的に合成して、ゴムやプラスチックなどに吸着させたものが誘引剤。誘引剤を捕獲器（トラップ）の中に入れたものがフェロモントラップで、これに誘殺された雄成虫の数を調査することによって、目的とする害虫の発生状況を把握することができる。

フェロモントラップを活用すれば、自分の畑に発生する虫の種類や生育ステージを正確に把握できて、防除の可否や適期の判断ができる。

なお、フェロモンを直接、防除手段に使う「コンフューザー」などのフェロモン剤もあり、果樹を中心に利用が広がっている。雌の性フェロモンを園地に蔓延させて、雄が本当の雌を見つけるのを邪魔して交尾ができないようにする（交信攪乱）もので、地域全体で取り組むほうが効果が高い。

ぼうちゅうねっと

防虫ネット

露地野菜にトンネル被覆したり、ハウスのサイドや妻面に張って害虫を防ぐネットのことで、無・減農薬栽培に重要な資材。

目合いが細かいほど防げる害虫の種類は増えるものの、通気性が悪くなるというのが通説だが、通気性の良し悪しを決めるのはネットの密閉度。密閉度とは防虫ネットのふさがり度合いを示すもので、ネットの材質や編み方によって大きく異なる。たとえば、目合いが大きくても素材が太く毛羽があるものは、密閉度が高く通気性が悪い。

最近では、害虫忌避効果の高い赤い防虫ネットも登場している。これを利用した試験では、ミナミキイロアザミウマに対して、0・8㎜目合いでも0・4㎜目合いの白いネットと同等の侵入防止効果があったという。

パイプハウスを防虫ネットですっぽり覆ってしまう「ネット栽培」という栽培法もある。アブラムシ防除効果はもちろん、風によるキュウリのスレ果を減らすなど、防風効果も高い。

すとちゅう

ストチュウ

酢、焼酎、糖を混ぜて発酵させたもの。水で薄めて葉面散布すると、酢による**酢防除**効果や焼酎による殺菌・消毒効果に加え、糖分により葉の光沢が増すなど、病気に対する抵抗力が高まる。材料はいずれも人が飲めるもので、安全そのもの。使用する農家のなかには、毎日おちょこ1杯程度を健康飲料として飲んでいる人もいる。

殺菌剤や殺虫剤に混ぜ合わせることもできるので、不安な場合は、殺菌剤と同時散布するのも手。対照区を設けて実験し、自信がつけばその殺菌剤を抜けばよい。

また、EM菌、**光合成細菌**などの微生物資材のほか、トウガラシ汁やニンニク汁など、いろいろな資材を混ぜ込むことで、自分の畑に合わせた工夫ができるのも魅力。農薬を使う・使わないというのではなく、そもそも発病させない作物づくりのための**自然農薬**といえる。

きちん・きとさん

キチン・キトサン

キチンはカニの甲羅やエビの殻を構成する成分で、昆虫や多くの微生物の表皮もキチンで構成されている。キチンを水酸化ナトリウムで処理したものがキトサンで、キチンとキトサンを総称してキチン質という。

キトサンは免疫力強化作用や抗菌作用が注目されており、健康食品や医薬品向け製品の研究が活発だ。乳牛への使用では、牛が健康になり、乳房炎が治ったり乳量が上がったという農家の声も多い。

植物はキチン質を含まないが、昆虫が接触するとキチナーゼというキチン質分解**酵素**を分泌し、侵入を防ぐしくみが働く。一方、昆虫の死骸は土壌の微生物や根から分泌されるキチナーゼなどにより分解され、根に到達したキチン質の断片は、植物のタンパク質合成を活発にし、細胞が活性化されて抵抗力も高まり（**病害抵抗性誘導**）、病原微生物やウイルスの侵入、増殖を防ぐという。また、土中にはキチナーゼを分泌する**放線菌**がおり、フザリウム菌などキチン質でできている病原菌の細胞壁を溶かし、その増殖を防ぐ。この放線菌は**カニガラ**やキトサンを施用することで増殖し、**ボカシ肥**や堆肥にカニガラを混ぜる工夫もある。

かっせいさんそ

活性酸素

活性酸素は、生物にとって害になるものとして説明されることが多いが、毒はまた薬としての働きもする。活性酸素の一種、過酸化水素は、植物の生長過程では積極的につくり出されていて、過酸化水素を適当な濃度に薄めて施用すると生長促進効果が見られるという研究もある。適量の活性酸素を植物に与えると、抗酸化物質（グルタチオン、ペプチドの一種）の合成が促され、その抗酸化物質が活性酸素とともに病害抵抗性を向上させたり、生育を促進し、最終的な収量が増加するというのだ。

イネや野菜のタネ・苗を低温にさらしたり、かん水をひかえたりして極限状況に遭わせると、その後の生育が活性化されることが知られている。こうしたストレスも、タネや苗の中に活性酸素を発生させ、活性酸素と抗酸化物質のあいだで起こる反応で生育が促進されるメカニズムが働いているそうだ。

あれろぱしー

アレロパシー

訳して「他感作用」という。植物に含まれる化学物質によって、他の植物（自分自身や動物を含めてもよい）が何らかの影響を受けること。植物にはいろいろな物質が含まれ、それらのなかには殺菌作用をもったり、虫を誘引あるいは忌避する作用をもったり、あるいはホルモンのように、生長をコントロールするものなどがある。

たとえばマメ科のヘアリーベッチ。**緑肥**効果だけでなく、根から出る物質や被覆下の密閉空間に充満する揮発性物質によって広葉雑草を強く阻害することがわかり、果

樹の**草生栽培**や田んぼの畦畔などで利用されている。

混植・混作の効果にもアレロパシーが関わっているし、アスパラガスの収量が年々低下する現象もアレロパシーが原因の一つ。自らの根から分泌される物質で自家中毒のようになってしまうらしい。

アレロパシーは古くから知られていた。江戸時代の農書『農業全書』に「ソバはあくが強い作物なので、雑草の根はこれと接触して枯れる」とあり、焼き畑などでは、雑草害の激しくなる3～4年目にソバが栽培されていた。

ざっそうのたかがり
雑草の高刈り

高刈りとは、地面すれすれではなく、ある程度高い位置で草を刈る方法。「刈った～」という作業の達成感に欠け、人の目も気になるが、それを差し引いても、お釣りがくるほどの利点がある。静岡県農林技術研究所・稲垣栄洋さんが田んぼのアゼ草を例に説明してくれている。

ポイントは雑草の生長点の位置だ。広葉雑草の生長点は高い位置にあるが、穂を出す前のイネ科雑草の生長点は地際にある。

したがって、地面近くで刈ると広葉雑草は枯れ、**斑点米カメムシ**が好むイネ科雑草ばかりになってしまう。その点、高刈りなら広葉雑草は**摘心**されるようなもので、生き残ってイネ科雑草を抑えてくれる。高刈りは、クモやカエルなど、**土着天敵**のすみかを守ることにもつながる。

果樹農家の間でも高刈り派がじわりじわりと増えてきている。天敵の温存はもちろんのこと、作業面でも、刃の減りが遅かったり、燃料を節約できたり、なにより作業性のよさが魅力なのである。

草刈りの高さで優占する草の種類が変わる

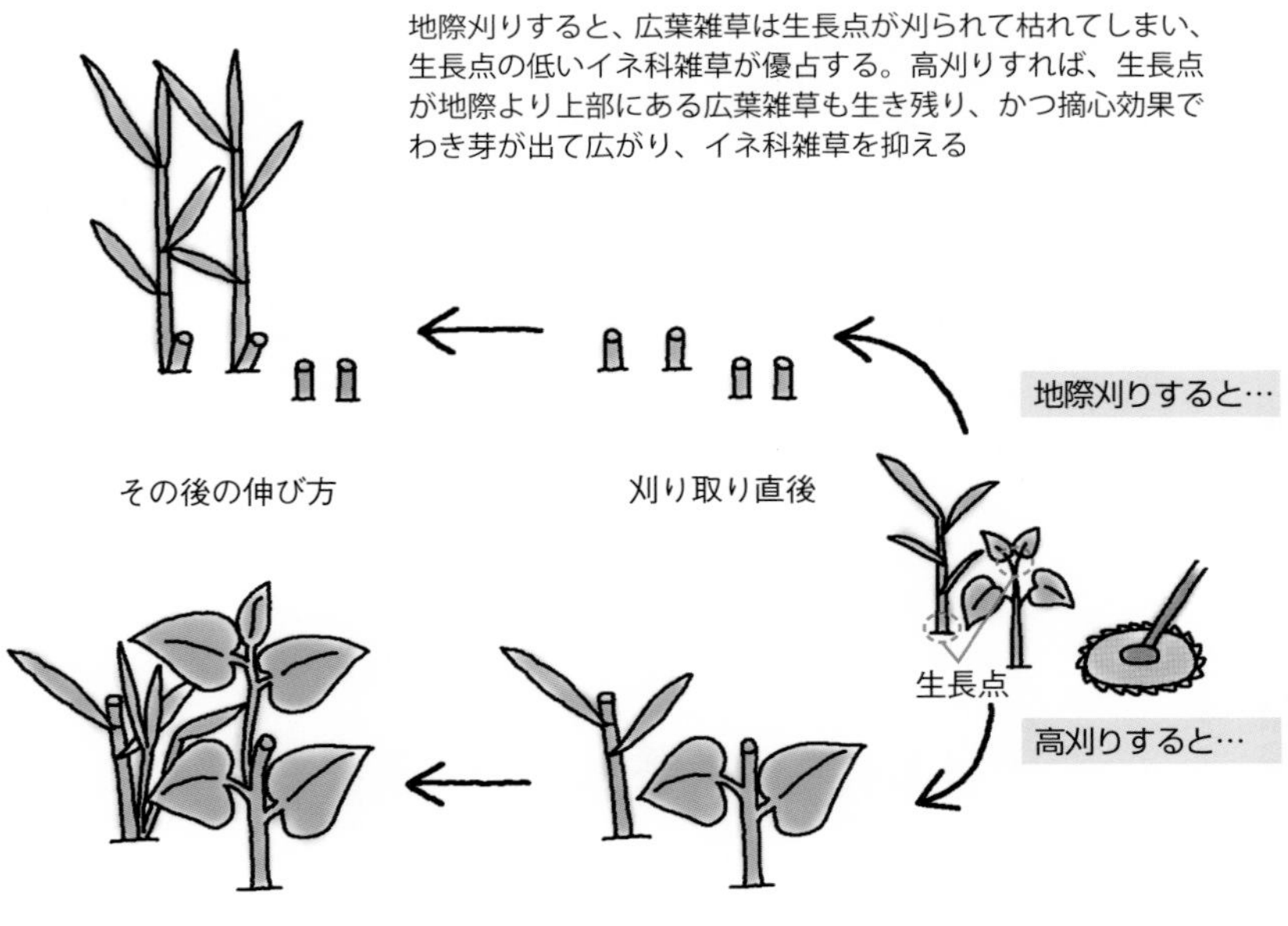

防除

8 機械・道具の用語

その能力を、120%使いこなせ

メンテ術（めんてじゅつ）

「農機の修理は機械屋の仕事、でも故障の予防は農家の仕事」と考え、自分でできる簡単なメンテナンスをしっかりやって農機の故障を防ぐこと。じつは経営改善の一番の近道でもある。サトちゃんこと福島県の佐藤次幸さんの経営哲学。

農機は忙しいときほど壊れがち。現場に機械屋を呼び出すと、通常の工賃に加えて出張修理代、工場への引き取り代、夜間・休日割り増しなど、修理代は雪だるま式に上がっていく。農作業もストップするので気持ちが焦り、ますます故障しがちで損が増える。

いっぽう日頃からちゃんとメンテして機械を壊さなければ、修理代がかからない分、貯金が増える。作業も止まらないので余裕が生まれ、忙しい時期でもしっかりメンテできてますます故障が減る。下取りに出すときには機械屋が喜び、新品が安く買えてますます得する……という流れに乗れる。

必要なメンテは、**トラクタ**のロータリや田植え機の植え付け部分など回転軸のゴミの絡まり掃除、グリス注入、塗装・サビ止め、オイル交換など、ポイントさえ知っていれば誰でもできることばかり。サトちゃんにポイントを教わった新規就農者・コタローくんこと神奈川の今井虎太郎さんも、さっそく実践。年間の修理代が約10分の1に激減した。

低燃費・高速耕耘法（ていねんぴ・こうそくこううんほう）

田んぼや畑を耕すとき、たいていは**トラクタ**の最高出力（馬力）は必要ない。そこでエンジン回転数を最高出力の出る定格回転数（2400～2500回転）より2～3割落とし、それでも余る力を車速を上げることに使って低燃費と高速耕耘を同時に実現する効率のいい耕し方。サトちゃんが提唱した。

　たとえばエンジン回転数を１６００回転以下にする。これだけだとロータリの回転数も落ちて土塊が粗くなってしまうので、標準の５４０回転に近づくようにＰＴＯのギアを１段上げる。それでも馬力の大きなトラクタならまだエンジンの力は余るので、走行ギアを上げる。負荷がかかってエンジン音が小さくなってしまうまでは、どんどん上げていけばいい。

　サトちゃんの場合、耕す深さも約10㎝と浅起こしなので、馬力にますます余裕ができる。エンジン回転数を落としても車速はかなり速くできる。

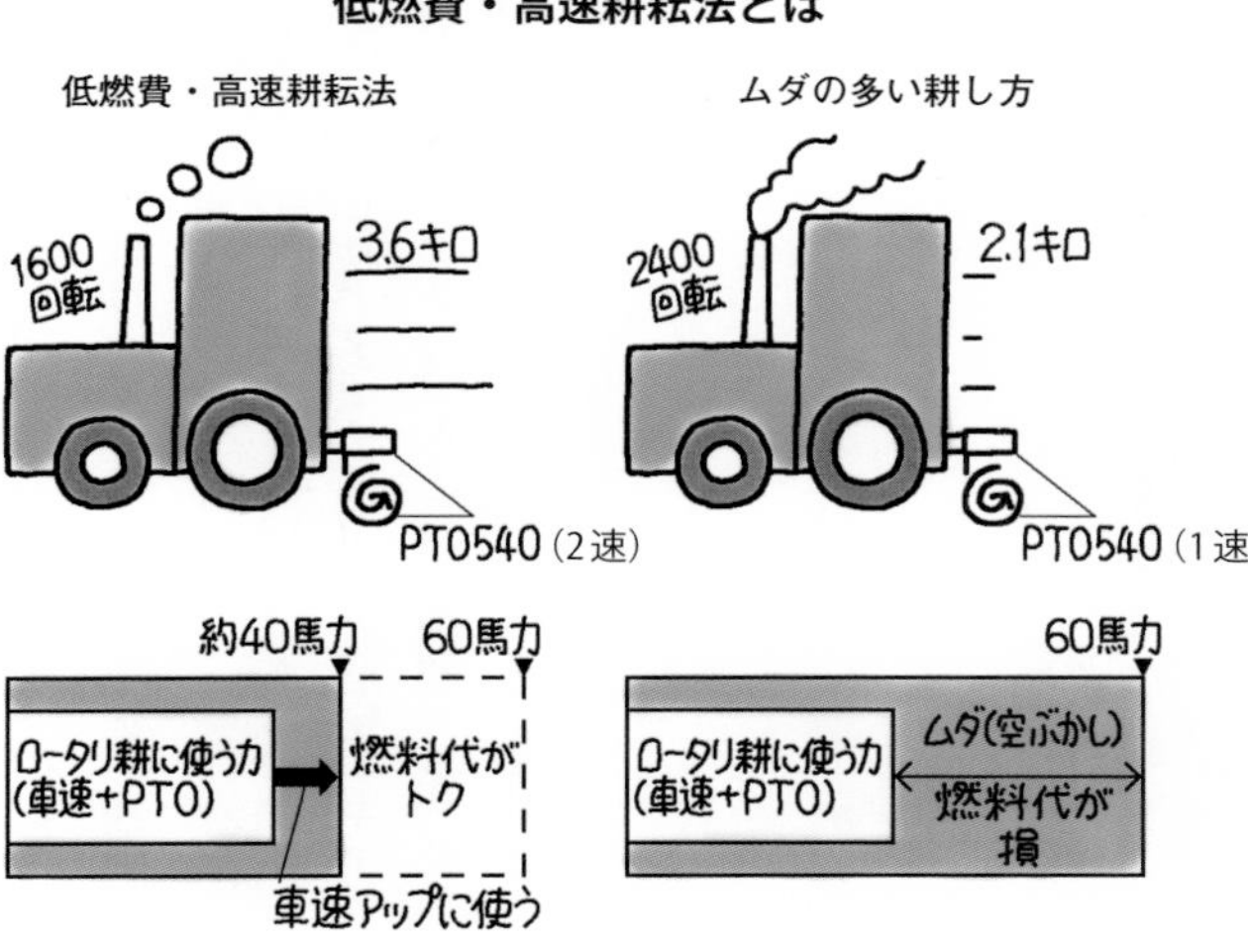

トラクタ（とらくた）

　田んぼでも畑でも大活躍。さまざまな作業機（アタッチメント）を取り付けて使う、農家にもっとも身近な農業機械。

　作業機にはまず、エンジンの動力を伝えるＰＴＯを通じて駆動させるタイプのものがある。耕耘や代かき作業に使うロータリ、ドライブハローはその代表。ブロードキャスタを取り付ければ肥料散布、マニュアスプレッダでは堆肥散布ができる。ＰＴＯにつないだ発電機を駆動させて電力供給することも可能だ。

　トラクタの強力な牽引力を活かす作業機もある。畑の深耕に使うプラウや心土破砕に使う**サブソイラ**など。また、トラクタから油圧を取り出して利用する作業機として、堆肥の切り返しや土砂の運搬、牧草の収集に使うフロントローダーなどもある。油圧を利用して自作の薪割り機を使う農家もいる。

　四輪のホイールトラクタが一般的だが、最近は、前輪がホイールで後輪がクローラのセミクローラタイプもよく見かけるようになった。フルクローラタイプもある。

管理機（かんりき）

　アタッチメントの付け替えで、耕耘・整地・ウネ立て・培土・マルチ張りなどさまざまな作業に使える歩行型の耕耘機。直売所向けに多品目の野菜をつくる畑や家庭菜園など、全面耕起はあまりせず一部分を耕すことが多い畑に最適の機械。また、野菜専業農家がウネ立てや土寄せに使ったり、田んぼに明渠を掘ったりと、鍬代わりに使えて用途は広い。

　車軸に耕耘爪を付ける車軸型ミニ耕耘機、一輪のタイヤとロータリが付いた一輪管理機、車軸とＰＴＯがあって、車軸作業もＰＴＯに各種アタッチメントを付けた作業もできる二輪管理機（汎用管理機）など、畑の規模や用途に合わせたさまざまなタイプがある。

　トラクタと比べると機械自体が軽くて畑

の土を踏み固めないため、耕すときに土壌構造が壊れにくい。排水性をよくする半不耕起栽培にはうってつけ。旋回や畑の四隅での取り回しもラク。

誰でも手軽に使える機械ではあるが、作業に合わせたアタッチメントの選定、ギア設定、ロータリカバーの角度調整、抵抗棒や尾輪の高さなどの工夫で、さらに劇的に作業改善できて、仕上がりも美しくなる。

けいとら
軽トラ

「軽トラック」の略称で、名前のとおり軽自動車の規格に合わせて作られたトラック。最大積載量は350kg。メーカーによって前輪やエンジンの位置などに違いがあり、農家によって好みが分かれる。前輪が運転席の真下にあるタイプは「フルキャブ」と呼ばれ、前輪と後輪の間隔（ホイールベース）が短いために、狭いアゼ道の角を曲がったりUターンするのに有利。一方、車体の前端にタイヤがあるタイプは「セミキャブ」といい、衝突安全性や走行安定性が高いという利点がある。エンジンの位置では、車体の前寄りに置かれているものと、後ろ寄りに置かれているものがある。

また、各車種（メーカー）とも農業用の装備を備えたタイプが売り出されている。たとえば、荷台作業灯を標準装備したり、片側の車輪が浮いたときに左右の車輪を直結して、ぬかるみなどから脱出しやすくなるデフロック機能を備えている。また、畑の中など悪路を走るのに便利な機能として、1速ギアの下に超低速ギアを装備したものや、荷台が持ち上がることで堆肥などの積み荷が下ろしやすくなるダンプタイプもある。なお、車種によって荷台の長さに違いがある。

軽トラはいわば農家の必需品。自分が使いやすいよう、荷台や運転席にさまざまな工夫を凝らした軽トラ好きが多い。現在、ダイハツ、スズキ、ホンダの3社が生産しているが（他社はOEM車を販売）、ホンダは2021年6月に軽トラの生産を中止することを発表しており、農家からは嘆きの声が聞こえる。

マッド＆スノータイヤを付けて、ダイコンを満載しても畑を走れるようにした軽トラ（フルキャブタイプ）

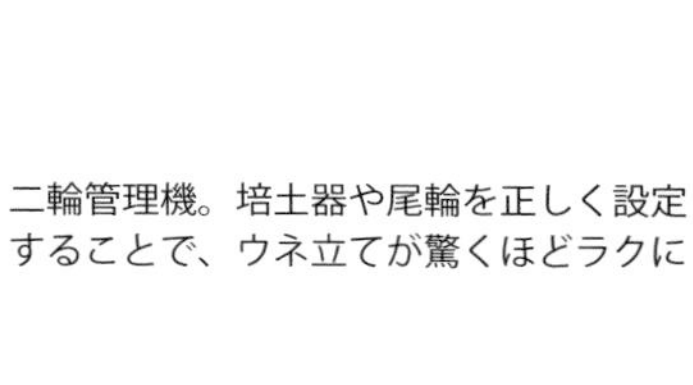

二輪管理機。培土器や尾輪を正しく設定することで、ウネ立てが驚くほどラクに

竹パウダー製造機

たけぱうだーせいぞうき

竹を繊維状に細かく粉砕し肥料などに利用するためには、以前は高価な植繊機や竹粉砕機が使われてきたが、手作りの**竹パウダー**製造機が考案されたことで、農家の竹利用は飛躍的に伸びた。要となる粉砕部は、刈り払い機などに使われるチップソーを10数枚以上重ね合わせて実現。動力はエンジンでもモーターでもよい。このアイデアがすばらしい。徳島県の竹治孝義さんが開発し、その後、同県の武田邦夫さんなどが、より安価に使いやすく改良。全国各地で手作りされるようになった。

徳島県の武田邦夫さんが作った竹パウダー製造機の粉砕部
（田中康弘撮影）

穴あきホー

あなあきほー

長い柄の先についた刃が輪になっている除草道具（ホー）。刃は薄く、平刃が一般的だが、ノコ刃のものもある。雑草の根際から土の表層を薄くスライスするように削るので、土を動かすことなく、力があまりいらない。土ごと掘り起こす中耕だと雑草がふたたび活着することがあるが、根と地上部を確実に分断する穴あきホーなら雑草が枯死しやすい。さらに毛細管を切断し土の表層が乾くので、その後、雑草が生えにくい効果もある。また、輪になっていることで、作物やマルチを傷つけることなく、ギリギリまで刃を寄せて除草できるのも大きな特徴だ。

穴あきホーなら作物の株元ギリギリまで除草できる
（倉持正実撮影）

カルチ

かるち

北海道の畑作地帯で進化を遂げてきた中耕除草器で、従来の機械除草では難しいといわれていた株元ギリギリや株間まで確実に除草できる。道内で飛躍的に普及したあと、全国にも広がっている。

一般的には**トラクタ**や**管理機**に装着して使うが、ＰＴＯ（動力）は使わない。弾力のある細いタイン（針金）や回転式の除草輪、カゴ車輪、爪、ディスク、熊手、チェーンなどさまざまな形状のパーツを複数組み合わせ、「土を動かす」「土を寄せる」「土をほぐす」「砕土する」「雑草を引っ掛けて抜く」などいくつもの作業を同時にこなすことで、高い除草効果を発揮する。

カルチによる初期除草が適期に3回でき

れば、除草剤よりも効果が高いといわれる。また土中に空気を入れ、土を乾かし、地温を上げるため、初期生育を促す二次的効果も大きく、除草剤のコストや生育停滞を考慮すると、費用対効果はかなり高い。

カルチは北海道の農家が使い方を工夫し、メーカーとともに開発してきた。PTOを使うロータリタイプや人力タイプもある。

ほうきんぐ

ホウキング

松葉ぼうき（熊手）を利用した手作り株間除草犁。**アイガモ水稲同時作**を確立した福岡県の古野隆雄さんが開発した。

除草剤を使わない有機農業の実践者らにとって、株間除草は永遠の課題だ。条間は**カルチ**などの機械除草で効率化できるが、株間は三角鍬で削ったり手で抜くほかない。時間と労力がかかり、腰やヒザへの負担も大きい。

しかし、ホウキングは作物の生えている上を引っ張っても、作物を傷つけることなく、雑草だけを抜くことができる（選択除草）。100mのウネの除草にかかる時間は、わずか1分だ。

選択除草のしくみは、針金が土の表層1cmほどに鋭角に突き刺さり、引きずられながら上下左右前後に揺動することで、雑草の根を直接引っ掛けたり、土ごと動かして枯死させる。その際、作物は深さ2〜3cm（播種した位置）から根を下ろしているため、影響を受けない、というものだ。

古野さんによってホウキングは日々進化している。たとえば、作物の生育初期に発生した「1番草」ほど、のちのち悪影響を及ぼす「厄介な草」となるが、生育初期は作物も小さく選択除草はより困難になる。とくにホウレンソウやニンジンなど初期生育の緩慢な作物は、さすがのホウキングでも、播種後2週間以内での選択除草は至難の技だった。しかし、針金の太さや角度を変えたり、揺動の大きさを調節できるスタビライザーを取り付けるなどの工夫をこらして、現在では播種後7日の「超初期」や播種後4日の「出芽前ホウキング」も成功している。「播種前ホウキング」の有効性も確認済みだ。

ホウキングは「上農は草を見ずして草をとる」という篤農家の教えを、ラクラク痛快に実践してしまう道具である。

ホウキングが選択除草するしくみ

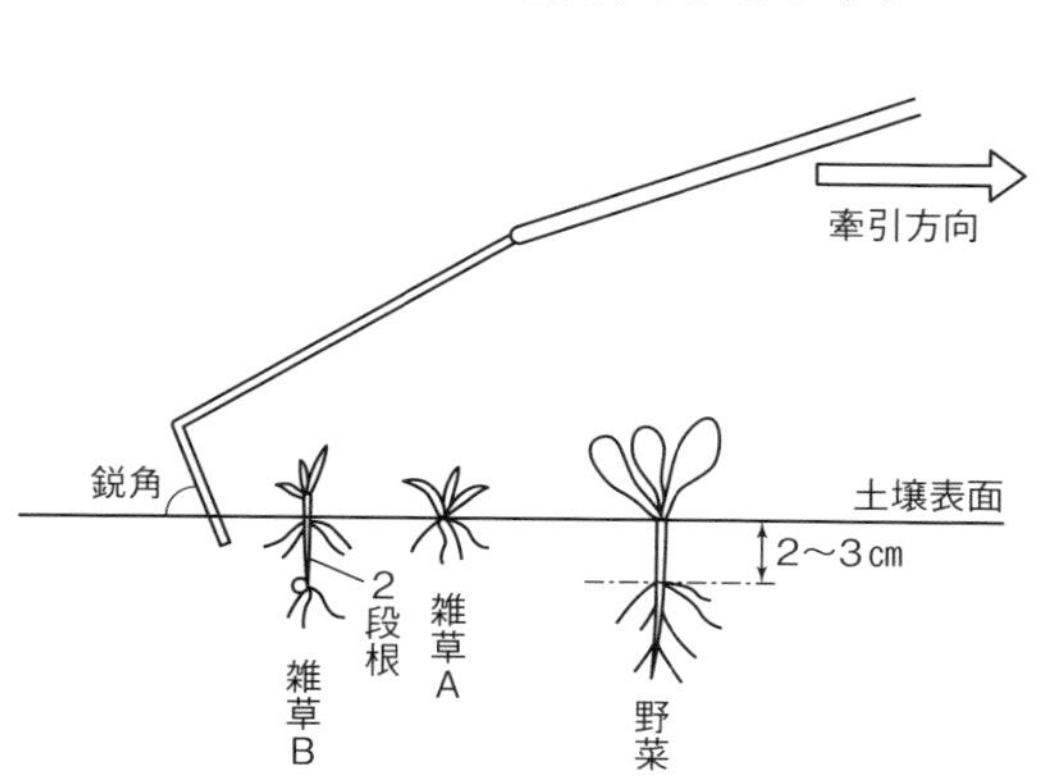

雑草は地表面から発芽し、表層に根を広げる（A）。地中から発芽したものも2段根となり、表層にも根を広げる（B）。ホウキングは雑草だけを引っ掛ける

改良を重ねたホウキング3号（2020年使用）。超初期の作物を傷つけないよう、細い針金を使い、針金どうしを連結するスタビライザーを取り付け、揺動の大きさを調節する
（依田賢吾撮影）

さぶそいら

サブソイラ

水田の作土の下にあるすき床層（心土）や、大型**トラクタ**の重みでできた畑の硬い層（硬盤）を破砕し、水みちをつけて排水をよくする機械。トラクタに装着し牽引する。効果を高めるために羽根を付けたものや、低馬力のトラクタで牽引可能なものなどいろんなタイプがある。

サブソイラに心土を持ち上げるプラウ的な効果を加えたプラソイラはよく知られている。また最近では、プラソイラのように心土を上げながら割るが、途中までしか上がらないハーフソイラや、サブソイラよりも作業幅が広く牽引抵抗が小さいパラソイラの人気も高まっているようだ。水田転作の安定化や、脱プラウ（**省耕起**）の実現に、サブソイラを愛用している農家は多い。

乾きの悪い田にサブソイラをかける

はんまーないふもあ（ふれーるもあ）

ハンマーナイフモア（フレールモア）

緑肥作物や前作の残渣を細かく粉砕する機械。スイートコーンの太い茎も、畑一面に残ったカボチャのツルも、**耕作放棄地**の背の高い草やぶも、縦に高速回転するフリー刃で粉砕。

自走式のタイプと、**トラクタ**に装着するタイプとがあり、メーカーによっては後者をフレールモアーと呼んでいる。

ばっくほー

バックホー

ユンボ、パワーショベルなどの名称でも呼ばれる重機。クローラ（キャタピラ）で

放置された休耕田の草もハンマーナイフモアでラクに刈れる
（倉持正実撮影）

下から覗いたところ。Y字型の刃がネジ留めされていて、回転に伴い前後に自由に動く

走行、アームの先端に付いたバケットを油圧で動かして、土を掘ったり運んだりする作業が自在にできる。バケットの形状には作業に応じていくつかのタイプがあるほか、ハサミ型のアタッチメント（グラップル）を取り付けて木材の運搬などもできる。

暗渠や水路、農道の整備、**耕作放棄地**の復田、堆肥の切り返しや運搬、果樹や茶樹の改植など、バックホーが**農家の土木**や農作業で活躍する場面は多い。ゴボウなど根菜類の収穫に小型のバックホーを愛用する農家もいる。

運転資格は、「車両系建設機械運転技能講習」を受講することで取得できる。

高所作業車（小倉かよ撮影）

高所作業車

こうしょさぎょうしゃ

リンゴなどの高木の果樹の手入れや収穫に便利な機械。クローラ（キャタピラ）式の本体に支えられたゴンドラに乗って作業するタイプが一般的。ゴンドラは上下・左右に動き、３６０度旋回するものもある。秋田県のリンゴ農家・佐々木厳一さんは、とにかく年間を通じてすべての作業能率が大幅に向上したという。収穫作業だけなら2倍、長期にわたる春の摘花摘果作業では、約70日の作業が50日に短縮された。

果樹では高齢化のなかで**低樹高化**の工夫が進んでいるが、樹形を変えずに栽培を続けるのに大いに役だつ。また近年は、高軒高化が進んだハウスのトマト栽培でも重宝されている。

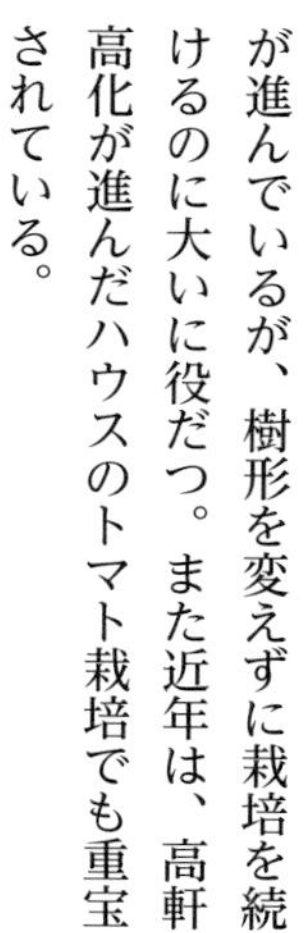

薪暖房機

まきだんぼうき

安い間伐材やタダで手に入る建築廃材、庭木のせん定枝を燃料にできるため、A重油の値上がりにつれて施設栽培の暖房機として注目を集めた。

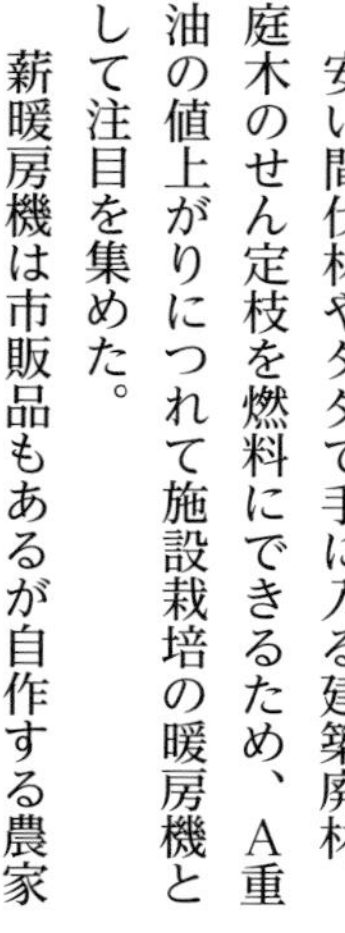

薪暖房機は市販品もあるが自作する農家

薪暖房機（赤松富仁撮影）

も多い。北海道七飯町のカーネーション産地では、1万円ほどで手作りできるドラム缶ストーブが流行している。吸気ファンやダクトを取り付けたり、ハウス内に**循環扇**を設置したりと、温度ムラも工夫しだいで克服できる。

薪を投入する手間がかかるが、ナラやクヌギなど火持ちのいい硬い樹種を選んだり、少し湿った木材を混ぜるなど、薪の種類で燃焼時間を延ばす工夫もある。重油暖房機の稼働時間を大幅に減らす補助暖房として取り入れている人が多い。

循環扇

じゅんかんせん

ハウス内の止まった空気をちょっと動かしてやるだけで、劇的な変化が起こる。今やハウス農家にとって必須の資材になりつつあるのがこの「循環扇」。記事によっては、換気扇や扇風機を循環扇として扱っている事例もある。効果はおもに次の六つ。①暑い時期に使うと蒸散を促し、作物体の温度が下がり生育が順調になる、②暖房機とセットで使うと加温の効率が上がり暖房費の節約になる、③温度ムラがなくなり作物の生育が揃う、④灰色かび病など多湿条件で出やすい病気の対策になり農薬の使用回数を減らせる、⑤風がそよぐことによって葉面境界層（葉の表面の風速のおそい層）が薄くなり、**炭酸ガス**をとり込みやすくなって光合成速度が高まる、⑥風の刺激でエチレンなどのホルモンがつくられ作物の耐病性が高まる。

ひねり雨どい噴口

ひねりあまどいふんこう

動散に付ける噴口で、雨どいにひねりを加えたもの。市販の噴口で肥料をまくと、飛距離はせいぜい15m程度だが、これを使うと20m以上届く。短辺が40mあるような大きな田んぼでも、アゼを歩くだけで肥料散布が可能となる。

作り方は簡単。雨どいを長さ1・8mに切断し、一方の端から40〜60cmの部分をガスコンロなどで熱する。軟らかくなったら、ほんの1cmほど手でひねって、管の中にらせん状の凸凹を作る。たったそれだけの加工だが、ひねりのおかげで、中を通る肥料の粒が、気流の強い中心部へ押し上げられ、より遠く、より広く飛ぶようになる。

考案者である滋賀県の森野栄太朗さんが、2014年8月号で紹介したところ、高齢農家を中心に大きな反響を呼んだ。岡山県の大森尚孝さんは、乾田**直播**の播種や肥料散布にこの噴口を使うようになったが、夏の暑い時期に泥田に入ることがなくなり、追肥にかかる負担が軽減された。ていねいな追肥で10俵以上の収量を安定確保する。

ひねり雨どい噴口と乾田直播を組み合わせれば、稲作にかかる労力を大幅に削減するとともに、その醍醐味（イネの顔色を見て追肥し、増収を狙う）を存分に味わうことも可能だ。基盤整備後の大きな田んぼで、高齢農家が今後5年、10年と元気に稲作を続ける道を開いた道具ともいえよう。

ひねりで肥料が遠くに飛ぶしくみ

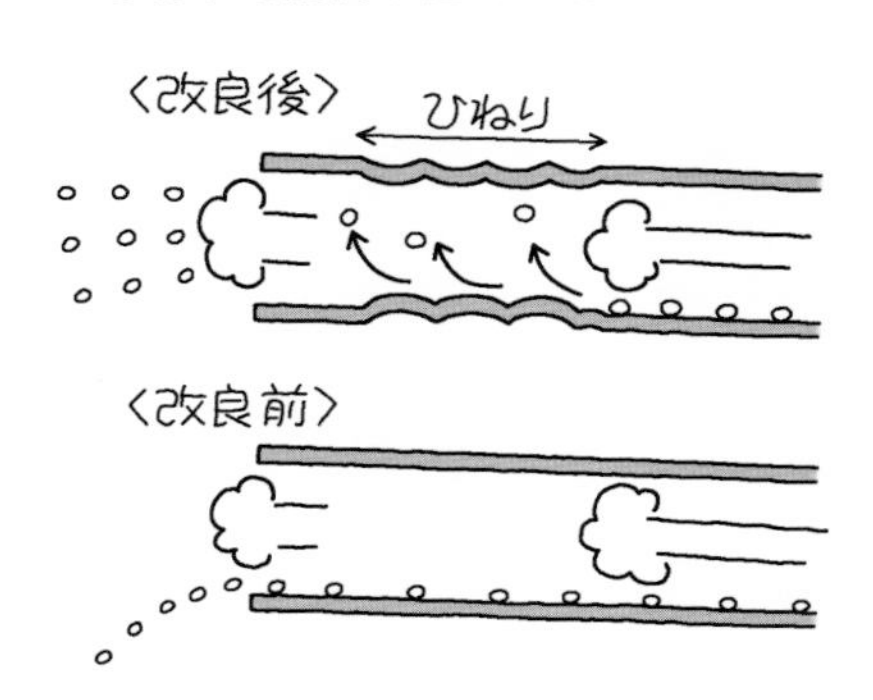

ひねりのおかげで、肥料の粒が気流の強い中心のほうへ押し上げられるため、遠くまで飛ぶ

9 暮らしと経営の用語

自給の精神、反骨の精神

ドブロク
どぶろく

辞書的にいうと「**発酵**させただけの白く濁った酒」で片付いてしまう。しかし、それは農家の暮らしに根ざした「文化」そのもの。わが家のお米を使って晩酌用のお酒を毎年仕込むことは、農家として至極当たり前の「自給」の一環である。

連綿と受け継がれてきたことであると同時に、発展進化中のものでもある。『現代農業』連載中の「ドブロク宣言」には毎回、おにぎりで集めた**土着菌**で仕込む人、レモン汁を加えて雑菌の繁殖防止をする人、砂糖を余計に入れてアルコール度数アップに挑戦する人、もち米で甘口にしたり、保温に電気毛布を使うことを思いついたり……と、いろんな農家が登場する。ドブロクづくりの要は、いかに微生物と付き合うかの発酵の技術。昔から、味噌や醤油や漬物、そして**ボカシ**や堆肥に慣れ親しんできた農家にとっては日常得意分野の話でもある。

元気モリモリ　青春がよみがえるドクダミ酒
（黒澤義教撮影）

味は家によって千差万別。むらで持ち寄り、わいわい楽しむのもいい。**酵母菌**や**乳酸菌**が生きたまま豊富に入っているドブロクは、日々の疲れを癒す健康飲料でもある。

ただ現状では、勝手に酒をつくることは酒税法で禁止されている。まったくもっておかしな話である。世界広しといえども、こんな変な法律はわが国ぐらいではなかろうか。

『現代農業』の長寿連載「ドブロク宝典」は農家の共感を得ながら174回も続き、その思いは現在連載中の「ドブロク宣言」にも引き継がれている。近年では、酒税法の規制をいくらか緩和した「どぶろく特区」も各地に誕生。世の中が少しずつではあるが「前進」しつつある。

ドクダミ酒（どくだみしゅ）

ドクダミの茎葉の搾り汁を**発酵**させて作るお酒。門外不出の家伝薬として千葉県の農家で作られてきたものを崇城大学の村上光太郎さんが本誌で紹介するやいなや、爆発的な人気を巻き起こした。

ドクダミと聞いてまっさきに浮かぶのはあの独特のニオイだが、発酵させると不思議なことにリンゴ酒のような芳しい香りに変わる。強壮剤として相当に強力で、村上さんが紹介するエピソードの「重度の要介護者がぴんぴん動き出した」や「老夫婦に青春がよみがえった」という話はおなじみだ。

開花前、できればつぼみがつく前のドクダミを使う。採取時期が遅れると水分が少なくなり汁が搾りにくくなる。1㎝程度に刻んでジューサーにかける。搾り汁にハチミツ（量は搾り汁の5～6分の1）とドライイーストを加え、布でふたをして室温で発酵。2～3カ月で飲める。毎日お猪口1杯ずつどうぞ。

柿酢（かきす）

カキからつくる果実酢。皮のまわりについている野生酵母が果実の糖分を分解してアルコールをつくり、それをやがて**酢酸菌**がゆっくり酢に変えていく。だからカキは、なるべくなら熟して糖度の高いほうがいい。

もっとも、農家なら材料に事欠かない。甘柿渋柿問わず、庭の樹に成りすぎた分を使ってもいいし、むらには**放ったら果樹**状態になっているカキの樹がいくらでもある。熟柿や虫食い、小玉など、出荷できない規格外品を有効活用するのもいい。作り方も簡単で、仕込んだら最後、あとは何もしないで、じっくりゆっくり待つだけでいい。水分は一滴も加えていないのに、半年以上経つとヒタヒタになるぐらい液体が上がってくる。**発酵**するかどうか不安な場合は、最初に**酵母菌**としてイーストを入れてもいい。あるいは、柿酢を作ったとき表面に浮いてくる「コンニャク」（酢酸菌が作った膜）を次回のタネ菌にしてもいい。

できあがった柿酢は、香りよく味もまろやか。ほのかな甘みでうまい。飲んで血圧が下がるなどの健康効果のほか、殺菌剤の代わりとして作物に葉面散布するなど、農業利用できる側面も見逃せない。

米粉（こめこ）

うるち米を挽いてつくる米粉は、昔から団子などに使われてきたものの、米はご飯として「粒」で食べるのが中心だった。それを変える可能性を秘めているのが、米粉パンや米粉麺、米粉スイーツなどへの米粉の利用だ。米粉でつくったパンやケーキはもっちり、しっとり、麺はもちもちして弾力があるなど、食感に優れている。

米の製粉技術や、どんな米粉がパンや麺に向くかの研究は日進月歩で進んでいる。パン用の米粉では、粉の粒度が細かいことと、米の粉砕時の熱で生じるデンプン損傷が少ないことが重要といわれている。とくに食パンの場合は、気流粉砕方式で製粉された粒子の細かい粉が、窯伸びのよいパンをつくるのに向いている。しかし、菓子パンや惣菜パンであれば、比較的安価な高速粉砕機や家庭用の小型製粉機（「やまびこ号」など）で挽いた少し粗い粉でも十分においしい米粉パンができる。また、米粉パン用に開発された新品種「ミズホチカラ」「ゆめふわり」「こなだもん」などなら、デンプン損傷が少ない米粉になり、あまり気を使わなくてもおいしいパンを焼けるといわれている。

いっぽう、米粉麺では、つなぎにするデンプンを減らして、原材料を米粉１００％に近づける工夫が各地で進んだ。また高アミロース品種は、ゆでるときに麺離れがよく、形が崩れないしっかりした麺になりやすい。

小麦と違ってグルテンを含まないので、熱を加えてももったりしないという長所もある。天ぷらの衣に使うとサクサク、カレーやスープのとろみづけにも使いやすい。

コメ子さん

米粉用米は、転作作物（新規需要米）として位置づけられているほか、ライスグレーダーで選別された中米やクズ米を粉にして活用する手もある。
近年、グルテンフリー食品の人気が世界的に高まっており、「ノングルテン米粉」の需要も急増中。日本でも第２次米粉ブームが到来している。

固くならないもち

かたくならないもち

もちは普通、つきたてはやわらかいが、冷めればカチカチになってしまう。ところが岩手県の川村恵子さんが販売する大福もちは、冷めても2日間は固くならない。秘密は、昔のおばあちゃんのもちつきを参考にした「水さらし・二度つき法」。ついている途中で一度もちを取り出し、水に浸けてから、再度もちつき機へ戻してつく、という方法だ。

新潟県農業総合研究所食品研究センターの有坂将美さんの解説では、決め手はもちに含まれる水分。「もちが固くなるのは一種の老化。水分が多いと老化しにくくなる」「水の中で平らにのばすことで表面積が増え、より吸水しやすくなる」とのことだ。

この方法は大きな反響を呼び、普通の白もちをはじめ、ヨモギの草もち、うるち米のしんこもちなどで「うまくいった」との声が寄せられた。

またほかに、砂糖と焼酎を混ぜる、すりおろしたサトイモを混ぜるなど、わが家の「固くならないもち自慢」が記事では大いに展開された。

ナスジャム

なすじゃむ

「えっ？ナスでジャム!?」と多くの読者を驚かせた、ナスのビックリ活用レシピ。

材料はナス、砂糖、レモン汁のみ。最初に本誌に登場したとき（２０１２年）は、皮をむいたナスを砂糖と煮て、最後に皮だけを別に煮詰めた汁で色づけするやり方だったが、２０１８年9月号ではナスの皮はむかずにいちょう切りして砂糖を加えて煮詰めるだけと、もっと簡単な方法にス

ナスの色が映えたおいしいジャム。ナスが嫌いな子どもでも喜んで食べる（依田賢吾撮影）

テップアップ。とろみはしっかりつくので、ペクチン添加は不要。最後にレモン汁を振りかけると、黒ずんだ色が酸に反応して鮮やかな赤紫色に変色する様子は「魔法みたい」に感動的。できあがったジャムは、ほんのりリンゴのような風味で、パンにつけても、ヨーグルトにのせてもよし。最盛期には使いきれないほどとれてしまうナス。その利用の幅を広げ、無駄にすることなくおいしく食べられるところが、何より農家の共感を呼び、挑戦する人が続出した。

直売所でも好評で、山口県の熊毛農産加工グループは、地域特産の千両ナスを使って糖度48度以上のジャムに仕上げ、瓶詰めにして販売。密閉状態で1年以上保存でき、見栄えのよさと珍しさでお客さんからも喜ばれている。また、緑ナスで作れば緑色のジャム、アフリカンナスで作れば独特の苦みがアクセントとして楽しめるナスジャムになる。

さんちれしぴ

産地レシピ

本誌の長期連載「これならたくさん食べられる 産地農家の食卓レシピ」の略称。世の中にはたくさんの料理レシピがあるが、産地レシピとは、その素材を知り尽くした農家だからこそ知る、素材の味が引き立つレシピ・とにかくたくさん食べられるレシピ・簡単にできる身体にいいレシピのことをいう。

野菜の神様といわれた故・江澤正平さん（元東京青果常務）が「野菜のおいしい食べ方は産地農家のふだんの食卓を見ればいちばんわかる」と言っていたが、この連載はそんな信念をもって2005年1月号からスタート。2015年12月号まで続いた。

つぼみなりょうほう

つぼみ菜療法

春先にとう立ち（抽苔）するフキノトウやハクサイ、ダイコン、ナタネ（ナバナ）、ホウレンソウなどの花が咲く前の花茎（つぼみ）を食べることで、花粉症を治す療法のこと。福島県いわき市の薄上秀男さんが紹介したところ、問い合わせが殺到。まったく症状があらわれなくなったという喜びの声も寄せられた。効果の理由は「花粉をもっている野菜を食べると免疫力がつく」「花粉をもっている野菜の**酵素**が、花粉を分解する」せいだと考えられている。

つぼみ菜は、花粉が飛び始める前からいろんな花が咲き続けている間じゅう、1日3食以上食べ続ける。ずっと食べ続けるためには、つぼみ菜を塩ゆでしたものを冷凍したり、塩漬け、乾燥粉末などにしておくといい。

こうそぶろ

酵素風呂

オガクズに**土着菌**や**米ヌカ**、糖蜜などを加えて混ぜれば、それだけでもう60～70度、微生物の力で爆発的に温度が上がる。そこに砂風呂の要領で〝入酵〟すれば、身体の芯から温まる。自然治癒力もジンワリと引き出されていく。

この酵素風呂を本誌で最初に紹介してくれたのは、千葉県のイチゴ農家・大久保義宣さん。大久保さん経営の酵素風呂屋には、連日たくさんのお客さんがやってくる。血圧が200もあったのに平常に戻った、C型肝炎が改善した、糖尿病での入院を免れた、アトピーやヘルニアがよくなった、ヒザの痛みやリウマチが消えた、お肌すべすべ、白髪も黒くなった……。

酵素風呂の原理は**発酵**だから、堆肥や**ボカシ**作りが得意な農家なら朝飯前。記事を読んで、やはり酵素風呂屋を開業した人もいるし、**えひめAI**で発酵させたり、**竹パウダー**を床に使う人が出てきたり、いろいろな応用編酵素風呂が全国に登場している。

酵素風呂
（イラスト：ヨシダ・ケン）

放ったら果樹（ほったらかじゅ）

庭先や畑で、収穫されずに放ったらかしになっているカキやユズ、ビワなどの果樹。大木化したカキの木が秋に葉っぱを落とし、たわわに実をつけた姿は農村の風物詩ともいえるが、これがサルやイノシシなどを呼び寄せ、獣害を深刻化させている。

岩手県の農事組合法人・宮守川上流生産組合では、庭先に放ったらかしになったキウイの樹に目をつけ、市内の家庭から1kg200円で買い取って冷凍保存。ジュース加工で通年販売する取り組みを続けている。これに学んで、『現代農業』では2019年12月号で「放ったら果樹」を「わが家や地域の宝」に大逆転させるための特集を組んだ。

獣害対策の専門家である井上雅央さんは、放ったら果樹をせん定する場合は主枝や亜主枝、側枝といった果樹の基本樹形などは一切気にしなくてよいという。樹とはとにかく「お日さんがほしい」もの。日当たりさえよければ、大木化せず、満足した大きさで落ち着く。したがって、①樹の中心に戻ってくる「返り枝」を切る（返り枝は樹の外側へ伸びるのを諦め、真上に伸びようと出た枝。大木化の要因となる）。②ノコギリは横に使う（混み合った枝を切る際、真上に向かう枝を見極めるコツ）。③途中切りはしない（枝を付け根から切らないと残った部分が病気の巣になる）。これら三つのポイントを守れば、樹の中心部に日が入って低い位置に実がなり、樹勢が落ち着いて大木化を防げる。

ヌカ釜（ぬかがま）

ヌカ釜とは、元祖自動炊飯器。**モミガラ**を燃料にしたかまどのこと（「ヌカ」とは

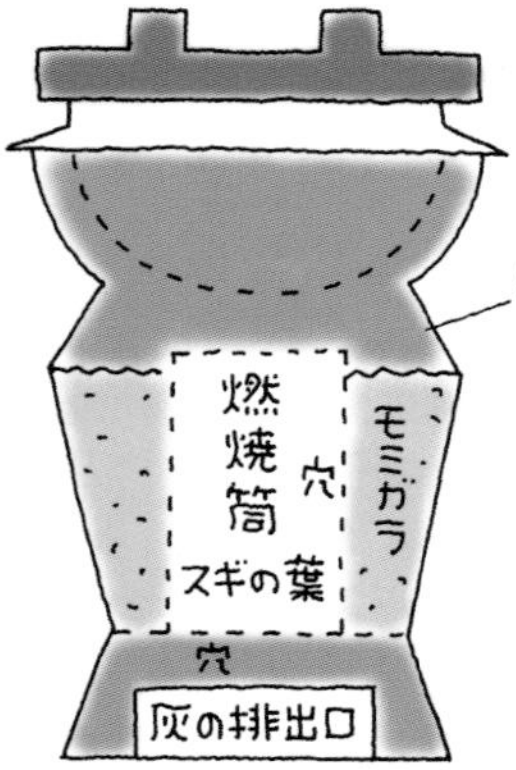

ヌカ釜のしくみ

燃焼筒の周りにモミガラを入れ、筒の中に点火したスギの葉を入れるとモミガラに燃え移る。モミガラが10分強で燃え切るとそのまま蒸らしの状態になり、20分ほどで炊きあがる

モミガラのこと）。着火剤のスギからモミガラへと火が燃え移ると一気に強火になる。炊飯の定石ともいえる「はじめチョロチョロなかパッパ」が自然と再現されるのだ。

この方法なら、燃料代もかからなければ、手もかからない。そしてなにより、炊きあがりが見事なのである。1粒1粒がふっくらと膨らみ、上を向くように立ちあがる。見ためもピカピカ。電気釜やガス釜では到底真似できない。

かつて、農家の家では当たり前であったこのヌカ釜が、今再び「懐かしい」となり、注目を集め、愛好者も増え続けている。市販品の問い合わせも多く、いっぽうではドラム缶やペール缶で手作りする動きも出てきた。また、新潟県中越地震や東日本大震災など、電気やガスも止まるといった状況のなかでも力を発揮したのである。

ろけっとすとーぶ

ロケットストーブ

大ブレイク中の燃焼効率が抜群にいい手作り薪ストーブ。ドラム缶燃焼室で薪を燃やし、ベンチ形の煙道を室内にグルリと這わせて暖房するストーブタイプと、1斗缶などでおもに煮炊き用に簡易に作るコンロタイプとがある。

少ない薪で効率よし、着火が簡単、一度火がつけばうちわも不要、白煙はほとんど出ないので街中でも安心、完全燃焼するので消し炭がほとんど残らない、などの特徴がある。燃焼室の周りが断熱されていることで、燃焼室内に強力な上昇気流が発生し、酸素も入り、効率よく燃焼する。燃え始めに「ゴーッ」とロケット発射時のような音がして火が吸い込まれることから名前がついた。

広島県の荒川純太郎さんが2005年にアメリカのオレゴン州を旅したときに、このストーブに出会い、帰国して自作したのが日本で第1号といわれている。その後、「日本ロケット・ストーブ普及協会」が発足。『現代農業』記事も手伝って、急激に全国に愛好家が広がった。

ロケットストーブの構造

（イラスト：石岡真由海）

バイオガス
ばいおがす

酸素がまったくないか、あるいはきわめて少ない条件のもとで有機物が分解したときに出てくるガス（主成分はメタンガス）。発生したガスは調理や動力用エンジンに使ったり、発電ができる。また、その際、肥効が高く、土壌改良・病害虫防除効果のある「バイオガス液肥」が生まれる。

バイオガスの施設建設には一般にお金がかかるが、バイオガスキャラバン事務局の桑原衛さんは、ポリチューブ式で家庭の生ゴミや屎尿を原料にする「経費３万円のわが家のバイオガスプラント」も考案している。地域的な取り組みでは、京都府南丹市の家畜糞尿によるバイオガス発電が有名。畜産農家が自らの農場でバイオガスを取り出しながら畜糞を液肥化する事例もある。

一株増収術
ひとかぶぞうしゅうじゅつ

「たくさん植えたらたくさんとれる」のは当たり前。１株だけ植えて、それに思いっきり手をかけたら、どこまでとれるか？　農家の腕が鳴る増収術。「ソラマメの盆栽仕立て」や「トマトの連続摘心栽培」「ダイズの新根摘心栽培」などは、野菜が潜在的に持っている一株の力を、あますことなく引き出す技術。**疎植・摘心**・捻枝・大胆なわき芽かきなどの技が光る。ビックリするのは、イモがゴロゴロつく**非常識**「ジャガイモの超高ウネ栽培」や「サツマイモの種イモ栽培」。「**ジャガ芽挿し**」や「トウモロ芽挿し」なども痛快だ。

産地農家には思いもよらない技術かもしれない。こんな夢が見られるのは直売所農家や菜園農家の特権か!?

寒だめし
かんだめし

「小寒（寒の入り）から立春までの30日間の気候に、その年1年間の気候が凝縮されている」という考え方にもとづいた天気予測法。テレビやインターネットで天気予報を気軽に見られる環境でなかった江戸時代の人たちは、この方法で1年の天気を予測し、計画を立てていたという（日本農書全集第1巻「耕作噺」に詳しい）。

今は実際に寒だめしをやる人は少なくなってしまったが、「7割は当たる」との感触で続けている農家もいる。宮城県栗原市のキク農家の白鳥文雄さんは、毎年、極寒のこの30日間、1日4回の天気・気温・風などの計測を欠かさず、自分なりの年間天気予測図を作成。今年は暑いのか寒いのか、やませや台風はいつ来るのか、などを考慮してキクを植え付け、盆の高値の時期にちょうど開花するよう仕組んでいた。

昔の人は寒だめし以外にも、**旧暦**の毎月1日（朔日）の天気がその後1カ月の天気を表わすと考えたり、干支の周期でどんな年となるかを予想したりと、今の時代からは非科学的に見えるいろいろな方法で未来を予測して暮らしを設計していた。根底には「天気はめぐるもの」というとらえ方があり、その規則性を探りながら予測の精度向上を図っていたようにも思う。――今よりずっと自然との距離が近かった人たちの知恵と科学だ。学ばないほうが愚かなのではなかろうか。

葉っぱビジネス
はっぱびじねす

「葉っぱビジネス」と聞くと、徳島県上勝町のつまもの事業を思いだすかもしれない。おじいちゃんおばあちゃんたちが「タダの葉っぱ」で稼いで、生きがいを見出す、映画にもなったあの有名な話だ。

　ただ、全国の農家に目を向けると、つまものに限らず、じつはみんなすでにいろんな葉っぱを販売している。長野県伊那市の「産直市場グリーンファーム」には、ドクダミ、カキの葉、ヤブカンゾウ、サンショウ、葉ワサビ、セリ、ヨモギ、ビワの葉、ニンジン葉、タマネギ葉、ホオ葉、セイタカアワダチソウなどがズラリ。山から採ってきたもの、野で摘んだもの、普通は食べない「野菜の葉」部分など、およそ量販店ではお目にかかれない葉っぱ商品たちだ。

　農家は思いついたら何の葉っぱでも売る。直売所の盛り上がりやインターネットの発達で、この時代、一気に花開いた農家ならではのビジネスといえる。

雑草のオオバコを、わざわざ栽培して売るグループも出現（黒澤義教撮影）

小さい流通

ちいさいりゅうつう

　農業が儲からないのは流通のせいであることが多い。ものの値段が、つくった人の都合とは関係なく、流通の都合で決まったりするからだ。

　値段を一番上手につけることができるのは、そのものの価値をよく知っている農家自身だろう。曲がったキュウリを市場に出荷したら「規格外」と買いたたかれて二束三文だが、直売所などで自分で売るときは「ごめんね」の意味で１００円袋をせいぜい10円割り引くか、多く入れるのが農家流。曲がっていてもキュウリはキュウリ。まっすぐなのと同じ値段で売らなくてもいいが、二束三文になる必要はない。お客さんの顔を思い浮かべながら、価値に見合った「適正な価格」をつける。

　「小さい流通」とは、そんなふうにつくった人の意思がちゃんと反映され、買う人に届くような流通だ。流通が流通だけで独り歩きしはじめるとおかしなことになる。直売所やインショップなど、俗にいう「顔の見える関係」はあきらかに「小さい流通」だが、それで終わってはいけないと思う。世の中の大部分は「大きい流通」なわけで、そこへ「小さい流通」の論理を持ち込みたい。何か手が届かないものが支配する「大きい流通」ではなく、「小さい流通」が集まって大きくなった流通が本流になったとき、日本は変わると思う。

農家の暮らしの醍醐味が多くの人に伝われば、
世の中は変わると思う

種苗法・種子法

しゅびょうほう・しゅしほう

種苗法とは、流通するタネや苗を取り締まる「指定種苗制度」と、新品種保護のための「品種登録制度」の二本柱からなる法律。成立は1978年、「生みの親」である元農林水産省種苗課長・松延洋平氏によれば、世界に先駆けた制度で、構想当時から各国に評価されたという。

品種登録制度は、農家育種家や公的機関の育種担当者の努力に報いるための制度。新品種として登録されれば、一定期間の「育成者権」が認められる。ただし当初は、農家に限って、すべての自家増殖が例外的に認められていた。その後、バラやカーネーションなど栄養繁殖する一部の植物については「例外の例外」として自家増殖が原則禁止、許諾制となるものの、近年まではほとんどの植物で農家の自家増殖が認められてきた。いわば「農家の特権（農民の権利）」を当然に認める法律であった。

ところが農水省は、2017年に農家が自家増殖できない「禁止品目」を289種に急拡大。トマトやナス、ニンジンなど、一般的には栄養繁殖と認められない植物にまで範囲を広げた。以降、禁止品目を毎年増やし、2020年には、すべての登録品種について、農家の自家増殖を原則禁止（許諾制）とする種苗法改定案を国会に提出。ブドウのシャインマスカットなど、日本の優良品種が海外に「流出」したことも話題となり、法案を巡っては農家のみならず、消費者や芸能人、議員らを巻き込んだ一大論争が起きた。

ちなみに、2018年に廃止された「種子法（主要農産物種子法）」は、まったく別の法律。こちらは1952年に「農産種苗法」（種苗法の前身）から分離独立、まだ食料難の時代から半世紀以上にわたって、米や麦などの優良種子の安定生産と普及を「国が果たすべき役割」と定めてきた。廃止は寝耳に水であったが、その後、全国の自治体で「種子条例」が成立、取り戻しの動きがある。

農家力

のうかりょく

『現代農業』編集部にとって一番楽しいのは、「農家のしたたかさ」に出会ったときだ。語弊があるようなら「たくましさ」と言い換えてもいい。世の中が不景気だとか、農村は高齢化だとか限界集落だとか、いくら外から言われても、農家は日々田畑を耕し、作物や自然と向き合いながら工夫を重ね、したたかに勝手に前進する存在。原油高騰だとか米価下落だとか、困難なことに当たれば当たるだけ、日本全国どこからか、それを上手に農家的に乗り越える実践が現われてきて、何度感動したかわからない。

このたくましさこそが「農家力」。「農家力」とは、ある意味「自給力」と言い換えてもいい。買わない経営・捨てないで利用する経営・つくりだして工夫する・自然力を借りる・みんなで力を合わせる……。モノを入手するのにお金を払うことしか思いつかない消費者とは違って、農家は何でも自分でやる力を持つ。そしてその自給力は、「むら」と「自然」に支えられたものであるぶん、強い。そして分厚い。

震災・原発事故・TPP・大豪雨・新型コロナ……と、最近は、襲ってくる困難も超ウルトラ級だが、乗り越える・跳ね返す力の根源はやっぱり「農家力」にある、と、これは80周年を迎える農文協の『現代農業』を貫く揺るぎない信念だ。

「地域」の用語

1 地域資源の用語

荒れ地だって、活かせば宝

カヤ（かや）

茅葺き屋根によく使われてきた草のことを、総称で「カヤ（茅・萱）」と呼ぶ。乾地に生えるススキと湿地を好むヨシとがその代表格だが、チガヤやオギ、カリヤス、スゲなどもすべて「カヤ」。かつては屋根材のほか、田畑の肥料、牛馬のエサとして、農村ではなくてはならない草たちだった。カヤ場はたいがい入会地で、草山の維持に欠かせぬ春先の野焼きは、集落総出の一大仕事だった。

だが、日本の家の屋根が茅葺きからトタンや瓦に代わり、自給していた肥料や飼料も購入が当たり前になるにつれて、カヤの活躍の場は減少。カヤ場も、昭和30年代以降次々と植林されたり、ゴルフ場やスキー場に変わって、多くが姿を消していった。

時がたって現在。事態は進み、今度はカヤ不足が深刻化しつつある。古民家や文化財など、貴重な茅葺き屋根を修復したいと思っても、茅葺き職人がまとまってカヤ束を入手できないのだ。いっぽう年々増える荒れ地や**耕作放棄地**には、カヤはいくらでも生えてくる。この実態に目を付けた福井県小浜市中名田地区の人たちは、耕作放棄されていた計4haの田でカヤの栽培を開始。といっても普段の管理は必要なく、年に1回、雪が降る直前に集落みんなでカヤ刈りするだけ。1500束ほどを積んで乾燥させ、年に120万円以上を売り上げている。

農業利用でも、「カヤを田畑に入れると作物がうまくなる」というファンの農家が意外に多い。土にすき込むと、ゆっくり分解しながら**腐植**を増やす。**ケイ酸**含有量が多いせいか、丈夫な作物ができる。暗渠材・堆肥材・マルチ材にも適する。

やせ地でも生え、生長量が大きいので、バイオマス資源としての生産性も高い。ペレット化して燃料利用、発電利用を目論む人も出てきている。

茅葺き屋根
かやぶきやね

カヤ利用の代表は、やはり茅葺き屋根だろう。農山村の風景にしっくりなじむが、日本独自のものではなく、アジア・アフリカほか世界各地にある。人類にとって「屋根とは草でつくるもの」であったということか。最近はヨーロッパで「エコでおしゃれな建築」として茅葺きブームが起きている。

日本では戦前、農村の家はほとんど茅葺きだった。**竹**や木の骨組みに幾重にもカヤを載せただけの単純な構造だが、雨水は、油分を持つ細長いカヤを伝って下へ下へと流れていく。分厚いカヤ層は空気層でもあり、通気性・断熱性・吸音性・調湿性にすぐれる。夏は涼しく雨音がせず、囲炉裏の煙もこもらない機能的な屋根だった。

表面から少しずつ腐食して薄くなっていくので、全面葺き替えしないまでも、10～20年おきに新しいカヤを足す「差し屋根」というメンテナンスが必要。傷んで取り除いたカヤは、田畑に入れて農家は土を肥やした。

「昔は屋根で肥料をつくっていたんです」と、カヤ場と屋根と農の循環を強調するのは兵庫県の若き茅葺き職人・相良育弥さん。最近は、相良さんのような20～30代の若者が茅葺き職人に続々参入する動きがあり、長らく後継者不足で悩んでいた茅葺き業界全体が盛り上がりを見せている。

竹
たけ

1日1m伸びることもあるほど生長力旺盛。地下茎で拡大し、放っておくと**山**や**畑**をどんどん侵食してくるうえ、背が高くなり、ほかの植物が生育できない鬱蒼としたエリアをつくる。竹細工材の需要が減り、タケノコが輸入に押され価格低下して以降、管理放棄される竹林が多くなり、竹が地域の厄介者になってしまった。

そうなるとしかし、「竹林をみんなでなんとか整備しよう」という動きが起こってくるのも地域である。「**山の多面的交付金**」をうまく使うグループも増えてきた。竹の伐採・搬出メニューでは1ha当たり28・5万円の交付金があり、日当等の活動費に使える。長野県飯田市の天竜川では舟下りの船頭たちが、放置竹林で暗くなった渓谷に不法投棄が増えたことに心を痛め、周辺自治会とともに交付金を使って竹林を整備。風光明媚な風景が蘇った。切り出した大量

茅葺き屋根をメンテナンスする若き茅葺き職人・相良育弥さん（高木あつ子撮影）

の竹で組んだ「竹いかだ」の川下りは迫力満点。新たなお客さんを呼び込む目玉企画にもなっている。

竹は、粉砕した竹チップや**竹パウダー**などを農業利用する方法が注目されている。そのままだと硬い竹が、粉砕すると微生物が食いつきやすくなり、すぐに**発酵**する。いい匂いの乳酸発酵**ボカシ**が簡単にできたりするほか、竹パウダー漬物や生ゴミ分解キットの材料にも使われたりする。

そのほか、竹**炭**利用なども多いが、じゃんじゃん切ってじゃんじゃん使っていくためには、これからは燃料化が有望だ。竹は燃焼温度が高く、また燃焼時にできるシリカ（二酸化ケイ素）でボイラーを傷めやすいのが欠点だったが、竹を木材チップと混焼する方法もあるし、竹用**薪ボイラー**も開発されている。

耕作放棄地（こうさくほうきち）

5年に一度の農林業センサス調査で「耕地のうち、1年以上作付けせず、しかもこの数年の間に再び作付けする考えのない耕地」として回答のあったもの。調査ごとに増加し、2015年には全国で42万3000haにも上った。似たような言葉に「遊休農地」や「荒廃農地」があるが、こちらは農業委員会の毎年の調査・判定によるもの。

耕作放棄地は、病害虫の発生源になる、景観や治安が悪化する、鳥獣害を増大させるなどのマイナスイメージがある。そもそも営農に適さないから耕作放棄されているわけで、営農再開は容易ではない。だが近年、「むらで新しくおもしろいことを始めたよ」という話を聞いていくと、たいがい耕作放棄地が舞台になっている。耕作放棄地を、地域のなかで新しく何かを作付けたり、むらの祭りや楽しみごとを仕掛けたりできる「余地」だと積極的に考えてみると、見方も変わる。耕作放棄地があるから、定年帰農者や新規就農者を受け入れることができる、みんなで特産品に挑戦することもできる……そんな潜在能力として、とらえてみたらどうだろう。

いろんなことができる。やっている人たちがいる。**地あぶら**のためにナタネやヒマワリを栽培する。荒れ地でも育ち、栽培に手間のかからない**カヤ**やキクイモを栽培する。**草刈り動物**と呼ばれる牛やヒツジ、ヤギを放牧する……。もともと荒れていた土地なのだから、ものすごく儲けようと肩肘張る必要はない。柔軟な発想でまずは挑戦。そんな気軽さでつきあえるのも、耕作放棄地のいいところだ。

山の恵みは無限大

山（やま）

農家は所有農地を「田んぼ」や「畑」と呼ぶのと同じように、所有山林を「山」と呼ぶ。しかし最近は、「どうせ山は儲から

（イラスト：キモトアユミ）

ないから」とほとんど足を踏み入れず、持ち山を見て見ぬふりしている人も多い。

日本は世界有数の森林大国で、森林面積およそ2500万haと国土の3分の2を占める。そのうち7割が民有林だ。昭和の前半までは、裏山はほとんどが広葉樹の植わる薪炭林で「エネルギー自給のための山」という位置づけだった。かまどや風呂、囲炉裏など日常の燃料用の**薪**生産のほか、炭焼きした炭は換金用にも重宝された。広葉樹は伐採しても切り株からまた萌芽し（萌芽更新）、15~30年で成木となってまた切れる。毎年使う分だけを計画的に切っていけば、山は持続し、エネルギーが足りなくなる心配はない時代だった。

やがて1955年前後から、家庭用の燃料が電気・石油・ガスへと転換（エネルギー革命）。薪炭林は急速に役目を終えていく。いっぽう戦後復興の建設用木材需要が急増。高度経済成長期へ向けて、薪炭林を伐採し、桑畑も伐採し、カヤ場や田んぼまでもつぶして針葉樹のスギ・ヒノキを植える拡大造林が各地で急速に進んだ。

住宅建設ラッシュの頃は木材が高単価で売れた。「木を植えることは銀行に貯金するより価値のあること」といわれ、現在の人工林約1000万haのうち、400万haがこの拡大造林期に植えられた。実際、スギやヒノキを子供の大学進学や嫁入り資金にしたという話は多い。ところが、1964年の木材自由化以降は輸入材がどんどん増えて、国産木材価格はじわじわと下がり始める。物価上昇の影響もあって価格ピークは1980年だったが、バブルがはじけると急落。1955年当時はスギ丸太1㎥で大卒公務員を19日雇えたものが、2010年には1日しか雇えないほど、木材の価値は落ちてしまった。

現在は、間伐などの手入れがされない針葉樹の山が全国に急拡大。光の入らない暗い山は木がヒョロヒョロで、用材として価値が低いばかりか、根が浅いためゲリラ豪雨などで土砂崩れも起きやすく、防災上も問題が大きくなっている。

だが、近年の薪ブームや**自伐型林業**は、そんな山に再度、可能性を見出せる動きだ。木材単価は昔に比べると確かに安いが、人に頼まず少しずつ自分で切れば、経費がかからない分、まるまる儲けになるのも事実。高単価がつかない細い木でも、薪にすれば売れるし、**木質バイオマス発電**の燃料として引っ張りだこの状況も生まれている。**里山林業**など、広葉樹の新たな活用事例も登場してきた。『季刊地域』では山について、「山、見て見ぬふりをやめるとき」に始まり「雑木とスギの知られざる値打ち」に至るまで何度も特集を重ねてきた。

山の境界線

やまのきょうかいせん

「山はどうせ儲からない」と先祖代々の山林を見て見ぬふりをしているうちに、隣の家の山との境界線がわからなくなってしまった……という人が増えている。今残っている年寄りたちがいなくなって、境界線がわからない世代だけになると、今後、むらで間伐しようとか、山に道をつけようという話が出ても、誰に断っていいかもわからなくなってしまう。境界線が不明なままでは森林組合などに管理委託もできないし、間伐の補助金の申請もできないので、ますます放置林が増えていく。

山の境界線には2種類ある。法務局の公図（課税台帳の付属地図）上の境界線は「筆界（ひっかい）」。地図上に一筆ごとにまっすぐ線が引かれていて、土地所有者もほぼ明確になっており、固定資産税課税根拠に使われる。だが実際の山林上ではこのまっすぐな境界線は通用しない。尾根や沢、大きな岩があったりで地形も入り組んでいるし、公図が実測とかなり違う面もあるので、隣接する山主どうしで話し合って決めてきたのが「所有権界（施業界）」。山林管理のための実際の境界線だ。

曖昧になってしまった境界を再確定するのに一番いいのは、国土交通省管轄の地籍調査で実測してもらい、隣接者立ち会いで境界杭を打つことだろう。しかしこの調査、実施主体である市町村自治体の腰が重く、1951年に始まったのに進捗率は全国で50％ほどとなかなか進まない（東北や九州は比較的進んでいる）。そこで、最近は山主グループや自治会などで、実際に山の中を歩きながら境界確認する事例が増えてきている。

筆界とは、公図に示された公的な境界線。いっぽう所有権界（施業界）は間伐などの施業がしやすいよう、隣接する山主どうしが話し合いで決めた私的な境界線で、固定資産税には影響しない（イラスト：河本徹朗）

手がかりになるのは、「子供の頃、この谷のあたりまでがうちの山だと祖父に教わった」などの昔の記憶と、実際の地形（尾根や沢筋）や林相（樹種や樹齢）、手入れの痕跡（枝打ちや間伐の跡）の違いや、積み石や境界木（アセビなど）などの目印だ。隣接山主といっしょに境界杭を打って、位置情報（緯度・経度）をGPSに記録しておけば、自分の山の位置がひと目でわかるので、安心して子孫に引き継ぐことができる。

小型の林内作業車で搬出する若者

じばつりんか・じばつがたりんぎょう
自伐林家・自伐型林業

自分の山の木を、自分で切ることを「自伐」という。わざわざそんな言い方がされるのは、日本では長年「山の仕事は、森林組合か大規模林業事業体に委託してやってもらうもの」との感覚が当たり前だったからだ。背景には、施業集約での大規模林業育成という政策誘導があった。

だが、木材価格が低迷して以来、施業を外部に委託すると山主の手取りはほとんど残らなくなった。「木を切ったら赤字になった」という事態も発生し、「山は儲からない」という意識が全国的に蔓延している。だがいっぽうで最近は「委託せず、自力で切って搬出・販売したら、施業委託費がかからないぶん意外と手元におカネが残った」と実感する人も増えている。

愛媛県西予市でミカン2ha、山28haを経営する農家林家・菊池俊一郎さんは、「今、自伐林家は儲からないわけがない」と豪語する。「祖父や親父の代が育ててくれた山の木が、だいたいどこでも切り時になってます。それを切って売るだけですもん。何の投資もなしで回収するだけ。赤字になりようがない」。菊池さんの山仕事用の所有機械はチェンソーと20年選手の林内作業車1台のみ。コストをかけず何でも自分でやり、その過程で山と木を知り尽くし、造材の技術を磨いて高単価の販売を実現する。国が進める高性能林業機械にモノをいわせた企業的な大規模経営路線とは、明らかに方向が違っている。「自伐林家」という存在は、「**小農**」に通じるものがありそうだ。

「小さい林業」ともいえる、そんな山とのつきあい方に魅力を感じる若者も増えている。だがUIターンでむらに来て、林業を仕事にしたいと思っても、彼らには持ち山がない。そこで山主に代わって手入れを請け負い、作業道づくりや間伐の補助金も活かしながら小さい林業経営を成立させる事例が出てきている。これが「自伐型林業」。高知県佐川町や島根県津和野町、岩手県陸前高田市など、自伐型林業に特化した**地域おこし協力隊**を募集する自治体も出てきた。

2013年にはNPO法人自伐型林業推進協議会が設立され、各地の小さい林業の担い手の育成やネットワーク化の動きを強めている。

薪 まき

切った木を適当な大きさに切り割って、乾燥させたもの。乾燥（含水率20％以下に）した薪ほどよく燃え、ススも出にくい。コナラやカシなど広葉樹の薪は木の密度が高く硬いぶん、ゆっくり燃えて火持ちがいい。いっぽうスギやヒノキ、マツなどの針葉樹の薪は、火持ちは劣るが、油分が多くてすぐに火がつくので焚きつけや急いで暖まりたいときに便利。

近年は薪ブーム。冬の**薪ストーブ**、夏のバーベキューともに年々人気上昇中で、燃料用の薪も需要が急増している。**山**を持たない薪ストーブユーザーたちは燃料確保に必死。薪の直売所や宅配、ネット産直まで賑わっていて、農家林家が「山を見て見ぬふりをやめる」動きを後押ししている。**薪ボイラー**を導入する「むらの温泉」が各地に誕生していること、**木の駅**があちこちに出現していることも、薪で元気になる人を増やしている。

建材用（A材・B材）に売るのと違い、薪用なら木の状態を選ばない。細い木、曲がった木、雪折れした木（C材）などでも、割って乾かせば薪になる。以前は「切り捨て間伐」（間伐しても、その場に材を放置）が当たり前だった山でも、薪でそこそこC材が売れるとなれば、搬出経費を賄える。

薪を割る

木の駅

きのえき

放置林の木は、切ってもほぼ安価なC材にしかならない。業者に伐採・搬出を委託すると山主は赤字になってしまうが、自分で切って「木の駅（土場）」に持ち込めば委託費もかからないうえに、地域通貨や地域振興券などの上乗せもついて、そこそこの小遣い稼ぎにつながる。

木の駅プロジェクトのしくみ

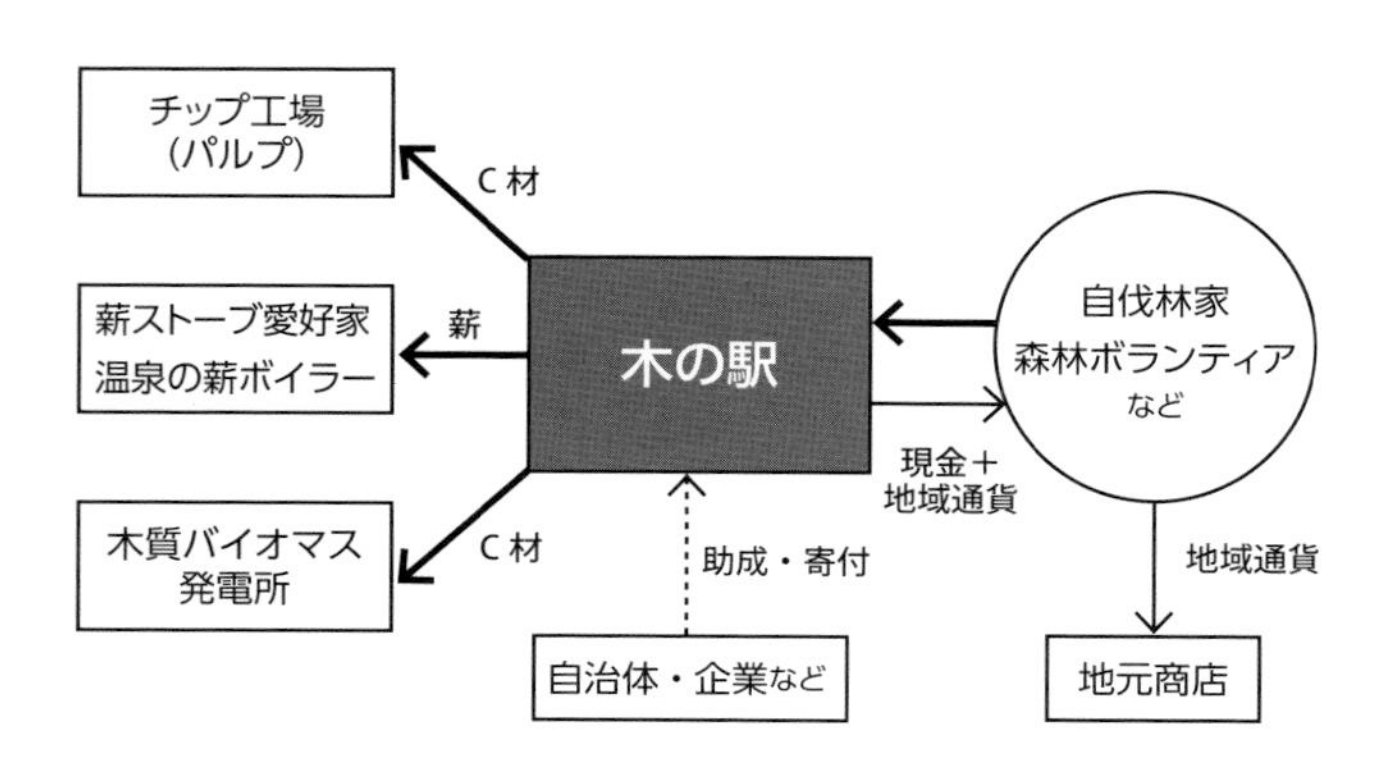

このしくみが「木の駅プロジェクト」。地元住民でつくる実行委員会が主体となって運営する。原型は「C材で晩酌を！」で有名になったNPO法人土佐の森・救援隊（高知県仁淀川町）の林地残材収集システムで、2009年、NPO法人地域再生機構（岐阜県恵那市）の丹羽健司氏がそれを一般化し、現在、全国80カ所以上に実践が広がっている。

近年、チップ向けのC材の実勢価格は1t当たり4000〜6000円程度だが、木の駅ではそこへ地域通貨や地域振興券などで2000〜3000円分ほど上乗せするケースが多い。上乗せ分の財源は自治体の補助金や企業の寄付が中心だが、昨今は高単価となる**薪**や**木質バイオマス発電**用販売が好調で、独自財源を確保するところも出てきた。

1t6000円ほどの手取りになるなら、**軽トラ**で週に2回ほど木の駅に持ち込むペースで月3万〜5万円の稼ぎになる。定年後、持ち山を少しずつ整備していこうというプランも描ける。**山**もきれいになって、地域でカネがまわるしくみ。木の駅プロジェクトには、地域自治の思想も込もっている。

山の多面的交付金

やまのためんてきこうふきん

2013年度から始まった林野庁の事業で、正式名称は「森林・山村多面的機能発揮対策交付金」。個人ではなく3人以上の集団（森林経営計画から外れる小さい山主や森林ボランティアなど）が対象となるので、まず地域で活動組織をつくる必要がある。活動メニューを選んで3カ年の活動計画を立て、都道府県単位に設置される地域協議会に申請する。

メニューによって交付単価は異なるが、森林の下草刈りや林道の補修、間伐、**薪**づくり、放置竹林整備などの日当をはじめ、重機のリース代や燃料代、傷害保険、作業委託費など、けっこう幅広く使える。チェンソーの安全講習や作業道づくりの研修会にも使えるので、森林整備の人材育成にもピッタリだ。また、資機材購入に1/2〜1/3の補助が出るのも好評で、薪割り機やポータブルウインチ、林内作業車の購入に交付金を活用した活動組織もある。

2012年度開始の「森林・林業再生プラン」によって、間伐や作業道づくりの補助金の対象が、面積を一定以上集約した大規模な経営体に限定されてしまった。この山の多面的交付金は、そこから漏れた小さ

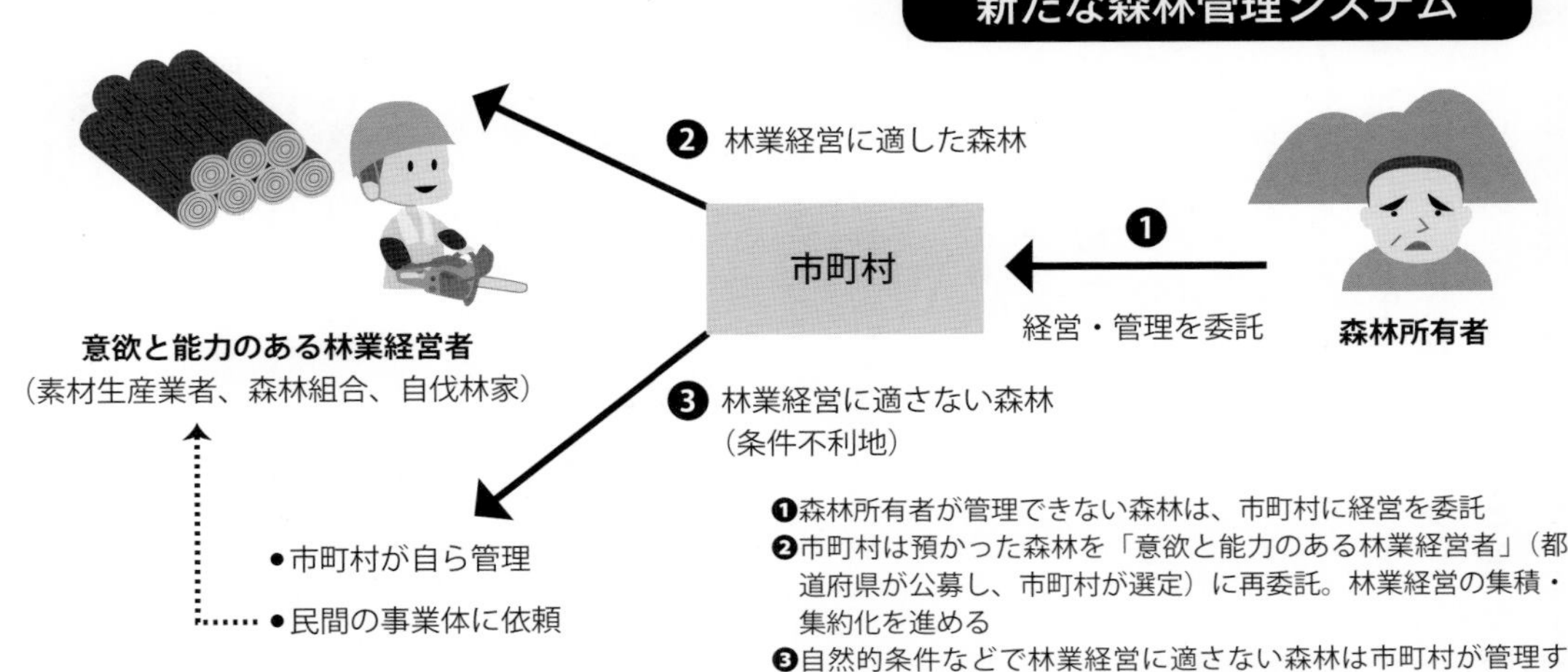

い**自伐林家**や、**山**を持たない森林ボランティアらの活動を下支えする意味もある。

交付金の対象となる森林は、森林経営計画が策定されていない0・1ha以上の森林で15年度からは森林整備のための作業道の作設・改修や鳥獣害防止柵の設置・補修などに使えるサイドメニューも加わった。近年は自伐型林業グループを中心に路網整備の取り組みが増えており、各地で小さい林業が広がっている。

森林環境税（しんりんかんきょうぜい）

手入れが行き届いていない過密人工林を整備するため、「平成30年度税制改革大綱」で導入が決まった新税。森林がある地域は限られているが、防災や水源涵養など、公益的な機能の恩恵は全国土に及ぶという考えから、市町村が個人住民税と併せて一律1000円（年額）を徴収する（約6200万人が対象で、合計620億円の税収が見込まれる）。都道府県を経由して国の特別会計に全額納められた後、私有林（人工林）の面積、林業従事者数、人口に応じて、総額の1割が都道府県、9割が市町村に按分される。実際、徴収が始まるのは2024年度からだが、2019年度からの「新たな森林管理システム」の導入に伴い、2019～2023年度は国が立て替えるかたちで、事業が先行実施されている。

いっぽう、都道府県では2003年に高知県で始まった「森林環境税」をきっかけに、森林保全などを目的とした税金（地方版の森林環境税）がすでに導入されており、37府県1市（横浜市）で森林整備や教育・広報活動の財源に使われてきた。そのため、国の森林環境税については当初、「事業が重複し『二重課税』になるのでは」という声も多かった。林業を集約して大きい民間の事業体に委託させようというのが国の方針で、都道府県版の森林環境税も多くはその方向で大型の林業経営支援に充てられている。

しかし都道府県版には、愛媛県の「**自伐林家**支援事業」や滋賀県の「**木の駅**プロジェクト推進事業」、岡山県の「森林作業道作設オペレーター育成総合対策事業」など、予算は少なくても、**自伐型林業**や森林ボランティアの小さい林業を支援するメニューもある。大小さまざまな担い手が**山**に関われるよう、国の森林環境税でもこの精神は活かしたい。

里山林業

さとやまりんぎょう

里山の雑木林はかつて薪炭用材の生産に使われていたが、**薪**や炭の需要がなくなったことから放置され、大木となった雑木が生い茂る**山**が増えている。

林業というとスギ・ヒノキなど針葉樹の植栽と利用が思い浮かぶが、広葉樹の価値も見直されている。コナラやクヌギはシイタケの原木になるし、ケヤキやクリ、ホオノキ、ヤマザクラなどは用材として売れる。樹種ごとに独特な色や木目を活かした家具や建具になる木、ミズキのように、寄木細工などの工芸品の材料になる木もある。パルプチップや**バイオマス発電**の原料にするだけではもったいない。

また、庭の植木や生け花用の枝物の需要もある。アオダモは、春の新緑や花、秋の紅葉など季節ごとの変化を楽しめることから造園業界で大ブレイク中。紅葉が美しいウリハカエデや、同じく葉の色が緑→黄→赤→茶と変化するヒイラギナンテンは枝物人気が高まっている。

里山に生えるお宝広葉樹を探し、生育を邪魔する植物を除去するなど少し手を加え、自然に近いかたちで育てることを、栃木県の元林業普及員・津布久隆さんは「里山林業」と呼んでいる。勝手に生えてくる植物の「切られても育つ力」をカネにするのが里山林業の基本。津布久さんいわく「里山林業メガネをかけると、平凡な山が宝の山に見えてくる」。

山際の遊休農地などを活かしたウルシ栽培も広まりつつある。文化庁が、国宝・重要文化財の塗装修理に使う漆は国産化を原則とする方針を掲げたことから、各地で漆の生産を増やす動きが始まっているのだ。

林間での葉ワサビ栽培や、山菜などの自生地栽培も里山林業ととらえたい。新潟県長岡市の小林保さんは、10haほどあるスギ山の一部を伐採していろいろな山菜を栽培してきた。朝日がよく当たり夕日が当たらない斜面に、フキやワラビ、タラノキなどが勝手によく生えた。管理はせいぜい**鶏糞**をまいたり草を刈ったりといった程度。スギの下で育つヒサカキと合わせ、毎年数百万円もの稼ぎを得てきた。

皮・角・肉利用

かわ・つの・にくりよう

鳥獣による農業被害額は年間約150億円。各自治体でも報奨金制度などを設けて捕獲に力を入れてきた。しかしせっかくシカやイノシシを捕まえても、食べきれない、売り先がないなどの理由で現場に埋めて捨てることも多く、食肉利用率は1割程度。肉はもちろん、皮も角も命ある獣の恵み。すみずみまで活用したい。

獣皮は解体後ほとんど即廃棄されているのが現状だが、2013年、東京の業者らが皮なめしの受託プロジェクトを始めたことなどもあり、捕獲した産地が自分たちで皮革製品に加工する動きが少しずつ始まっている。

シカの角も使いようだ。丈夫で滑りにくいのでナイフの柄にしたり、輪切りにしてアクセサリー加工する人もいる。

肉利用も、ジビエという言葉が世の中に広まり、地道に進んでいる。イノシシ肉に比べてシカ肉は「くさい、パサパサでまずい、硬い」といわれてきたが、これは処理の仕方と調理の仕方で克服できる。血に鉄分が多くて肉が酸化しやすいのがシカのくさみの原因なので、止め刺し後すぐ解体して内臓を取り出し、十分血抜きするのがポイント。高知県大豊町の猪鹿工房おおとよでは、仲間の猟師から「ワナにかかったで」と連絡をもらったらすぐに取りに行き、シカを生きたまま仕入れる。獣肉加工所で一気に止め刺し・解体・血抜きすることで肉の劣化を防いでいる。調理のコツは、火を通しすぎないこと。肉の水分を逃がさないようにタレに漬け込んでから焼くのもいい。硬い部位は燻製にしたり、犬用のジャーキーにする工夫もある。低脂肪で高タンパクでヘルシーな肉。「脂が少ない、くさい」と冬イノシシより人気がない夏イノシシも、同様の処理で十分おいしくなる。

肉を販売するには、保健所の許可を得た獣肉加工所内で解体する必要がある。山中から2時間以内で運び込めるような加工所が、**むらに1軒**あると理想的。捕獲現場近くで解体できるように、保冷庫や解体室を内蔵した移動式解体処理車（ジビエカー）も開発されて話題になっている。

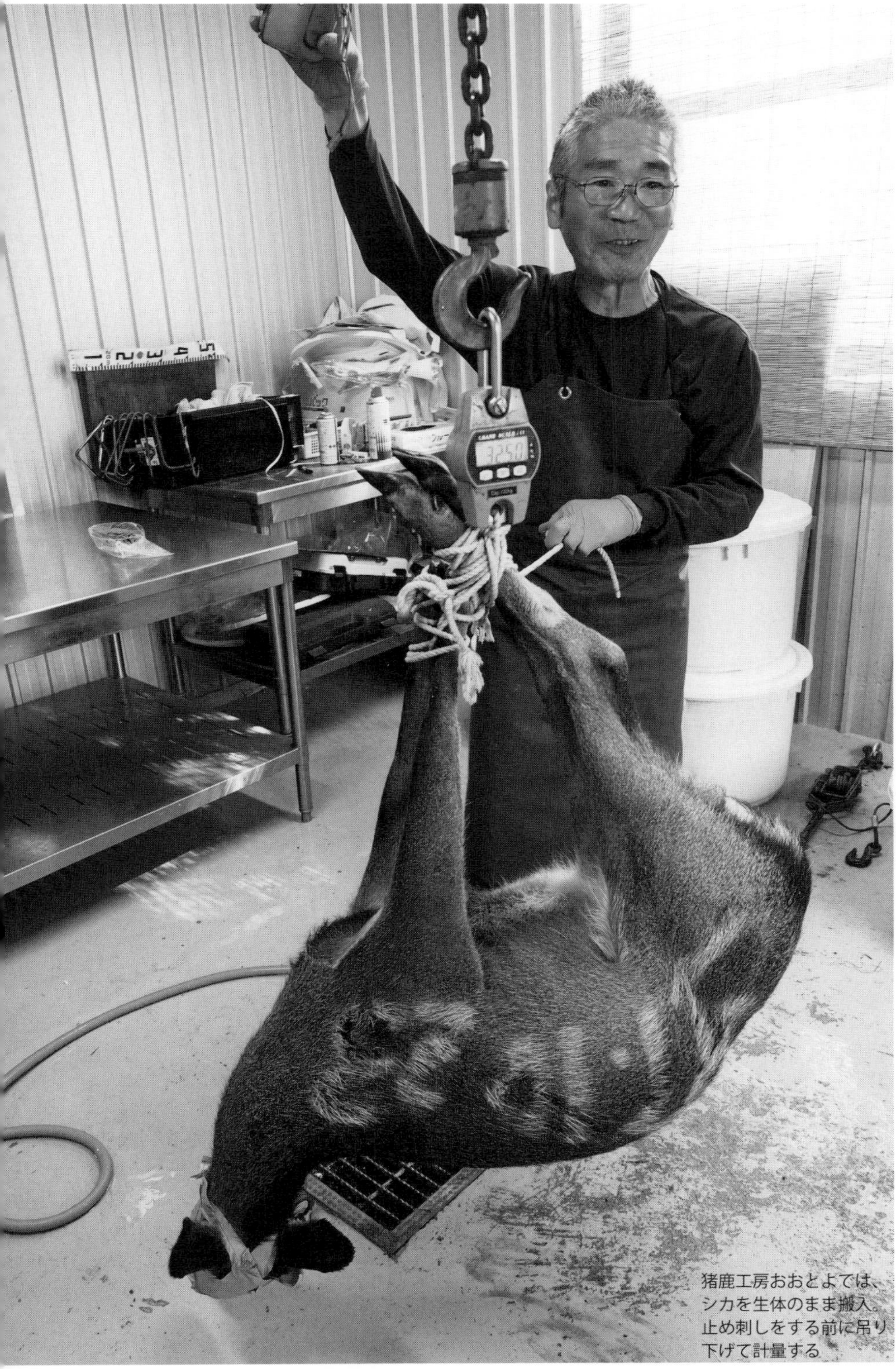

猪鹿工房おおとよでは、シカを生体のまま搬入。止め刺しをする前に吊り下げて計量する

皮なめし

かわなめし

　捕獲したイノシシやシカの「皮」をはいでも、そのままではすぐに腐ってしまう。これになめし剤を浸透させ、内部の繊維の結びつきを強固にすることで、腐りにくく熱にも強く柔らかい「革」に変わる。

　なめしの手順は、
①**前処理**：腐敗のもととなる脂や毛を表皮ごと取り除く。なるべく純粋なコラーゲン繊維（タンパク質）である真皮のみにする。
②なめし剤に浸漬：植物タンニンやクロム、ミョウバンなどが、なめし剤の働きをする。昭和40年代までは動物の脳脊髄液もなめし剤として使われていた。
③仕上げ：柔らかく手触りよくするため、油を塗ったり引っ張ったりして繊維をほぐす。
　皮なめしは技術と手間のいる専門的な仕事で、自分たちでやるのは結構大変だ。業者に頼もうにも、以前は、不定期に捕獲される獣皮を気軽に引き受けてくれるところがなかなかなかった。だが2013年、東京の㈱山口産業らが「イノシシとシカの皮、なめして産地にお返しします」とMATAGIプロジェクトをスタートさせてからは状況が変わった。産地は、獣皮をはいで塩をまぶして送れば、1枚5000円で自分たちのなめし革が手に入る（タンニンなめし）。各地で地元産のシカ皮やイノシシ皮を使った商品開発に火が付き、2016年8月時点で、獣皮活用に取り組む産地は175地域にまで増えている。

　いっぽう「なめしも自分でやりたい」と挑戦する人も増加中。ミョウバンやタンニンなど、身近なものを使って個人でもできる少量なめし技術も、今後深まっていくだろう。

じつは、活かせるインフラも豊富

皮なめしは皮から革へ

（イラスト：アサミナオ）

空き家（あきや）

空き家は年々増えており、２０１８年の総務省調査によると全国で約８４６万戸、空き家率はなんと13・6%にもなる（うち別荘などの二次的住宅を除くと８０８万戸で空き家率は12・9%）。空き家が増えると防災・防犯上よくないし、古くなれば倒壊の危険もある。２０１５年には危険な放置空き家を行政が強制的に取り壊せる「空き家対策特別措置法」も施行されて話題になった。そんな厄介者の空き家も、うまく活かせば地域に人を呼びこむきっかけにできる。

まずは、外からの移住希望者のために、集落に空き家がどのくらいあるかを調査する。そこでよく出くわすのが、「空き家はあるけど貸し家はない」という状況。家主はたいがい町場へ出た**地元出身者**。親が亡くなったり施設へ入居したりして、生まれ育った実家に誰も住まなくなったというパターンが多い。いざ貸せ、といわれると、「仏壇や荷物が置いてある」「赤の他人に貸すなんて不安だし面倒」と躊躇の気持ちが出てくる。

岡山県美作（みまさか）市梶並地区でつくる梶並地区活性化推進委員会では、増え続ける空き家を活用するためにそんな家主たちと交渉し、「開かずの間をつくって、そこへ荷物をまとめて入れておく」ことを提案。また移住希望者にも直接面談し、「人となりを判断して本当に地域に来てほしい人を選ぶ」ことで家主の不安を解消。移住希望者のためには、お試し住宅制度も設けた。地元住民である委員が、家主と移住希望者の間に立つことで、貸借がスムーズに進んでいる。

ところで空き家調査の際、「今は空き家でも、いつか帰るかもしれないし、貸したくない」という家主がいたら、その人の心はきっとまだしっかりと故郷のむらにある。無理に空き家を貸してもらう算段をするよりも、「地元出身者」として外側からのサポートを頼むほうがいいかもしれない。むらとの絆をどんどん深めておけば、やがてUターンして地域を支える人材になる可能性もある。空き家調査を「貸せる空き家の発掘」だけでなく、こういう「人材の掘り起こし」につなげることも大切だ。

廃校（はいこう）

統廃合などで閉校となった学校のこと。少子化による児童数の減少や市町村合併に伴い年々増加。近年は、小学校だけで毎年３００校前後、中学校や高校も合わせると４００~６００校もの公立学校が閉校している。２０１５年1月には文科省から通称「学校統廃合の手引き」（正式には「公立小学校・中学校の適正規模・適正配置等に関する手引」）が公表されるなど、子供の少ない過疎地域ではとくに、「適正規模化」を理由に閉校推進の動きが強い。

学校は地域を担う人材を地域で育てる場。地域と家庭をつなぎ、防災や地域行事の拠点としても重要な役割を果たしてきた。思い出のたくさん詰まった学校がなくなることは、地域全体の活力を低下させるだけでなく、子育て世代の域外流出をも招く。

過疎地の小規模校は、「非効率で費用の無駄」「少ない人数だと教育効果が落ちる」と批判されがちだが、教育は医療や福祉などと同様、効率や経済の視点だけから考えると間違う。田舎の小規模校は、地元の自然豊かな環境や、その自然とつきあう能力を持つ人材に力を借りるなど、独自の教育ができる。人数が少ない分、一人一人に存在感が出て自尊感情も育まれやすく、教育効果もじつは高い。田舎に移住したい子育て世代にとっても、そうした学校があることが、地域の魅力となる。

実際、UIターンの増加などで、休校し

岡崎市ホタル学校。小学校の廃校が、地域のホタル保全活動の拠点施設として生まれ変わった。中に入るとホタルの生態が学べる展示やクイズがある。閉校記念行事では、子供たちと先生、ホタル保存会の皆で、ホタルを車の光から守るためアジサイを植栽した

ていた学校が再開校する動きも、わずかながら出てきている。学校を閉じるか再開するかの決定権は、国や県ではなく、市町村自治体にある。再開校は住民の強い思いと首長の決定次第で実現することなのだ。

だが現実には、残念ながら閉校となってしまった学校施設が、日本中どこの地域にもある。そしてこれを、違う形の「地域の宝」につくりかえる「廃校活用」が各地で盛んだ。子供の少なくなった今の時代の地域には、また別の必要なものがある。校舎だけでなく体育館や調理室など、多様で立派な施設を持つ元学校は、加工所にも、直売所にも、農村体験できる宿泊施設にもよし。ゼロからつくるより費用も断然安くすむ。愛着のある学校だ。生まれ変わって、またみんなの拠り所となり、地域を元気にする拠点となる。

廃JA支所（はいじぇいえいししょ）

経営合理化のため、JA（農協）は合併や広域化を進めてきた。かつては小学校区に一つくらいの割合で存在したJA支所も、合理化を理由に次々と閉鎖になっている。2000年時点で全国1万2142カ所あったJA支所が、2014年には8152カ所に減少。このことはしかし、14年間で約4000カ所の「廃JA支所」というインフラが、地域に生まれたことを意味する。

金融・購買・給油所ほか、さまざまな暮らしの窓口でもあったJA支所の撤退は、過疎地域にとっては死活問題。これを機会に奮起して、住民たち自身が経営する「**むらの店**」を始める事例がじつに多い。高知県四万十市の大宮地区では一人一人が出資し、計700万円の出資金を集め、㈱大宮産業を設立。廃JA支所というインフラをそのまま活かし、店舗と**ガソリンスタンド**の事業を引き継いだ。社員には20代の若者も雇用。**地元出身者**などに地元産「**大宮米**」や野菜の宅配も始めて、高齢農家の所得も増加、地域はますます元気になっている。

長野県飯田市龍江四区では、地元有志の出資200万円で廃JA支所を買い取り、自力改修。みんなが気軽に集える赤提灯居酒屋をオープンさせて盛り上がっている。また、大分県宇佐市の企業組合百笑一喜では、地元産ブドウでつくるワインの醸造所として活用している。

見えない宝はもっとある

地元学
じもとがく

1990年代初頭に宮城県仙台市と熊本県水俣市でほぼ同時に始まり、全国に広がった地域づくりの考え方・手法。コンサルタントや補助金への依存を避け、ときには外部の人（風の人）や子供の視点も借りて、地元の人（土の人）が主体となって「ないものねだり」ではなく「あるもの探し」を行なう。

提唱者の一人、仙台市の結城登美雄氏は、「いたずらに格差を嘆き、都市とくらべて『ないものねだり』の愚痴をこぼすより、この土地を楽しく生きるための『あるもの探し』。それを私はひそかに『地元学』と呼んでいる」「性急に経済による解決を求める人間にはここには何もないと見えてしまうだろうが、自然とともにわが地域を楽しく暮らそうとする地元の人びとの目には、資源は限りなく豊かに広がっているはずである」と述べ（『地元学からの出発』2009年、農文協「シリーズ地域の再生」第1巻）、水俣市の吉本哲郎氏は「地元学とは調べ、考え、創りあげていく連続行為である。調べるだけでは単なる資料にすぎない。その意味、あり方、方法などを考え、さらに深く調べ、考え、生活文化を創造していく反復行為が地元学」と述べている（『地元学をはじめよう』2008年、岩波ジュニア新書）。

その地元学を日常のものとして具現化したのが、1990年代半ばから全国各地に設立された農産物直売所である。そこには都市の消費者が求める農産物だけではなく、ドライフラワーや工芸品など、農家が自らの暮らしを彩り、豊かにすると感じるものも並び、それに都市の消費者も魅きつけられている。

また、農家が地域の伝統食を提供する農家レストランや、地域の家庭料理を持ち寄る「食の文化祭」「家庭料理大集合」「○○地区の四季を食べる会」は、「食の地元学」といえる。コシヒカリやあきたこまちといったメジャー品種ではなく、試験場に眠っていた山間高冷地向きの「東北181号」（後の「ゆきむすび」）を発掘し、地域の旅館業者や商店主、消費者が支え手となって定着させた「鳴子の**米**プロジェクト」は、「米の地元学」である。

また、地元学における「あるもの探し」の対象は、地域資源＝足元の「宝」にとどまらない。**耕作放棄地**の再生や**空き家**の管理、**墓**掃除、**草刈り**、独居世帯の見守りといった地域の課題＝足元の「困りごと」を発掘し、寄り添い、解決することで収入を得ることもまた、「仕事の地元学」である。

地元出身者
じもとしゅっしんしゃ

その地域で生まれ育ったが、進学や就職、結婚などを機にそこを離れ、いまは別の場所に住んでいる人のことをいう。親や親戚が住んでいたり、実家（**空き家**も含む）や田畑、**墓**があったり、その地域に何らかの縁を残していることも多い。うまく地域の活動に巻き込んでむらのサポーターにしたい存在だ。

熊本大学名誉教授の徳野貞雄さんが提唱する「T型集落点検」は、普段は目につきにくい**地元出身者**の情報をみんなで共有できることが特徴だ。大きな紙に集落の地図を書き、それぞれの家のところに家族構成（家系図）を書き込んでいく。このとき、家系図には地元出身者とその家族も書く。どこに住んでいるか、帰省の頻度などの情報も書き加える。すると、「車で1時間以内の場所に住んでいる」「頻繁に帰省している」など、潜在的なむらのサポーターであることなどが見えてきて、元気がもらえる集落点検なのだ。

　むらのイベントに人を呼ぶときなどは、まず地元出身者に声をかけてみるといい。**草刈り**や用水普請などの共同作業に誘うのもいいだろう。**米**や加工品の産直に取り組むときは、まず地元出身者の名簿から当たると注文を集めやすい。親も亡くなり田んぼを所有するだけの**不在地主**であっても、彼らも心の底ではきっと「ふるさと」とつながっていたいと思っている。声がかかればきっかけとなるし、そんなつきあいを続けるうちに、Uターンする人も出てくるはずだ。

（イラスト：河野やし）

いなかのはか
田舎の墓

　地元を離れすっかり都会人になった人も、**空き家**になった実家はたたんでも、農地は所有している**不在地主**であったり、墓は今でも田舎に残している人が多い。最後に戻れる場所があることの安心感。田舎の墓は、都会とむらとを確かにつないでくれていた。

　だが近年、田舎の墓を引き払って都会の墓に遺骨を移す人も増えていて、都会の墓ビジネスは大繁盛。遺骨が入った骨壺を預かるビル内のロッカー式納骨堂や、まったく知らない他人と一緒の墓となる合祀墓など、安くて手間がかからない供養が人気で墓の商品化がどんどん進んでいる。これらの大半は永代供養で、墓守りや法要などすべて寺院や霊園にお任せのため、次第に墓参りの足も遠のいてしまう。

　いっぽう、田舎の墓は先祖からつながる「ＤＮＡ」を実感し、伝える場だ。年に1回でも2回でも田舎に帰って墓掃除をしたり、手を合わせることで先祖や両親のことを思う。連れてきた自分の子にも話す。そうやって田畑や家を受け継ぐことの価値が次の代へと伝わっていくのではないだろうか。

　そうした**地元出身者**と地域との縁こそ「見えない宝」。そして、この縁を守ろうという試みも各地にある。墓の掃除や供花を代行する「墓守り隊」が結成され、「むらの仕事」の一つになっている。

ごみ
ごみ

　古新聞15円、スチール缶20円、アルミ缶120円――、これは処理費用ではなく、資源として回収業者が買い取ってくれるキロ単価。「**葉っぱビジネス**」（つまものの生

上勝町の「ごみステーション」。資源ごみの種類ごとに分けられたコンテナには、業者の買取単価が表示されている
（小倉隆人撮影）

産販売）で有名な徳島県上勝町では、２００３年に日本初の「ゼロ・ウエイスト」（焼却・埋め立てごみをなくす）宣言をしたのを機にごみ分別を進めてきた。現在は45分別にもなる。そのうち缶やビン、古紙などを先ほどの単価で回収業者に売ることで、年間２００万円以上の収入を得ている。まさに「捨てればごみ、分ければ資源」。リサイクル率が上がるほど可燃ごみの量が減り、焼却処理の費用（外部委託）は10年前の６割ほどに減っている。

環境省のごみが少ない市町村ランキングによると、地方の小さい町村が上位を占め、リサイクル率も高い。上勝町もその一つで、２０１８年のリサイクル率は全国３位だ。地方の町村でごみが少ないのは、飲食店などの店舗や事業所が少ないという理由もあるが、建設費用が高額なごみ処理施設を持たず、外部に委託していることが大きい。委託費用を減らすために分別・リサイクルに力が入り、ごみの排出量が減っているのだ。

ただし全国的に見ると、日本のごみ処理は欧米諸国に比べて焼却処分の割合が極めて高い。１９９０年代後半にダイオキシンの問題が騒がれて以降、焼却炉の高性能化と集約化が進んだ。現在、全国に１１２０ある焼却施設の７割弱が排熱を利用した暖房や給湯、発電などに取り組んでおり、これを「サーマルリサイクル」と呼んでいる。しかし、こうした焼却偏重のごみ処理は、ごみの減量と資源化を重視する世界の潮流に逆行している。

ごみの減量・資源化の進展は、生ごみとプラスチックごみの処理にかかっている。生ごみは燃やすごみの30％以上を占めるが、堆肥化すれば田畑で使えるほか、最近は嫌気**発酵**させることでエネルギー（発電）と肥料成分を有効利用できる**バイオガス**施設を導入する自治体が増えてきた。

いっぽう、プラスチックごみは、マイクロプラスチックによる海洋汚染が世界的な問題になっている。日本では廃プラの84％（２０１８年）が再利用されているものの、その約６割は焼却によるサーマルリサイクルだ。最近では、飲料メーカーが再生ペットボトルを導入する兆しがある。今後は、こうした資源化に取り組むとともに、包装容器などに多用されるプラスチックの利用自体を減らしていくことが必要だろう。欧米には遅れたが、日本でも２０２０年７月１日から、小売店でのプラスチック製レジ袋の有料化が義務づけられた。

2 地エネの用語

農村には、エネルギーを生み出す力もある

地エネ（じえね）

3・11以降、原発事故を受け再生可能エネルギーへの関心が高まったが、電力にしろ熱エネルギーにしろ自然の力を利用して生み出そうとする限り、そのおもな舞台は農山村となる。急峻な河川の水流を利用する水力発電をはじめ、風や太陽光、温泉熱や**木質バイオマス**などでの発電や熱利用も、豊かな自然と地域資源、そして広大な土地がふんだんにある農山村ならではのエネルギー生産といえる。

2012年にFIT（電力の固定価格買取制度）が始まり、再エネ電力の高単価買い取りが保証されたことから、発電事業に参入・資本投下する企業が続出。とくに太陽光パネルを荒れ地一面敷き詰めるメガソーラーは瞬く間に日本全国に広がり、農山村の風景を一変させるほどになっている。だが、これらの企業は地元出自ではない大企業やベンチャー企業であることが多く、

手づくり水車で
小水力発電

地元にはせいぜい土地の賃料が入るだけ。FITで上げた高収益のほとんどが本社のある都会へと吸い上げられていく。

そんななか、せっかくの農山村のポテンシャルを地元でこそ活かしていこうという動きが、小さいながらも各地で起こっている。農業用水路での**小水力発電**、田んぼの法面での太陽光発電、間伐材や**モミガラ**利用のバイオマス発電などは、まさに農村力発電。**里山林業**で木を切って**薪**を生産し、地域の熱エネ供給に一肌脱ぐ動きも盛んになってきた。「地エネ」とは、地元のエネルギー、地方分散型エネルギー、地産地消エネルギー、そして「地に足のついたエネルギー」の思いを込めた『季刊地域』の造語である。

地エネの電気は、売電して地元経済に還元するのもいいが、自分たちで楽しんで使うのもいい。緊急時の電源確保にも最適だ。農山村は食料だけでなく、エネルギーも生産できる能力と技を持っている。

小水力発電
しょうすいりょくはつでん

文字どおり、小さい規模の水力発電のことで、水の落差を利用して水車（タービン）を回し、その回転を発電機に伝えて電気を起こす。一般的には最大出力1000kW以下を「小水力発電」と呼ぶ（さらに、100kW以下をマイクロ水力発電、1kW以下をピコ水力発電と細分化する場合もある）。

雨量が多く急勾配の河川が多い日本の風土に適した発電方法といえる。農村地域では無灯火地帯の電化のために戦前から増え始め、1952年に農山漁村電気導入促進法が制定されると、中国地方を中心に建設ラッシュとなり、全国で200カ所近くの小水力発電所が設立された。高度経済成長期以降は火力発電や原発が急伸したが、現在でも中国地方では50カ所以上の小水力発電所が存続している。農協が運営主体となっているところが多いのも特徴だ。

小さい水力発電は個人の農家にも人気がある。庭先をチョロチョロ流れる小川、田んぼの用水路、**山**の雪解け水など、目の前の水流を電気に変えられたら……と夢見る人が非常に多い。実際、岡山県高梁市の坂本年生さん（75歳）は、落差5mの農業用水路に自作の上掛け水車を設置。ハブダイナモ（自転車ライトの発電機）につないで、自宅のトイレや駐車場など合計10カ所のLEDライトや電気柵の電気を自給している。

小水力発電は、天気や風量に発電効率が左右される太陽光発電や風力発電と違って、水の流れさえあれば一年中・24時間発電が可能。出力が小さい装置でも、年間の発電量は意外と大きい。水車のタイプもいろいろ出てきた。落差が小さい用水路にも向く「らせん水車」や、流量が不安定な山間部向きの「クロスフロー水車」など、選ぶのも楽しい。設置場所は、かつて粉挽き水車があったところが狙い目。先人が水流を読んで選び抜いた場所に違いないからだ。

FIT（電力の固定価格買取制度）では、小水力発電の電力買取価格が以前よりグンと上がった。個人では売電するほどの発電量にはなかなか至らないが、土地改良区ではこれを機会に小水力発電を開始する例が多い。売電収入を土地改良施設の維持管理費に充てて地元農家の賦課金を軽減するなど、地域へ積極的に還元している。

小さい木質バイオマス発電
ちいさいもくしつばいおますはつでん

木質バイオマス発電は、**薪**やチップ、ペレットなど木材由来の燃料を燃やし、発生した蒸気やガスで発電機のタービンを回す。太陽光、風力、水力、地熱利用などと並ぶ再エネとして注目されるが、発電のためには燃料供給が必要な点が、ほかと異なる。

２０１２年７月のＦＩＴ（電力の固定価格買取制度）開始で、未利用材（林地残材など）を燃料とする木質バイオマス発電の買取価格が、従来の１kWh７～８円から32円（税別）に大幅アップ。新規参入企業が押し寄せる事態となった。２０２０年時点でのＦＩＴ認定件数は１３９件（うち稼働件数は77件）、出力１万kW以上規模の大規模な発電所計画も多く、日本全国で数千万㎥という膨大な木質バイオマス需要が生じつつある。

「Ｃ材の売り先ができた」「バイオマスに出すと木を高く買ってもらえる」と、発電所ができて、さっそく山仕事に力が入るようになった地域も多く出てきている。だが、いっぽうで「間伐ではなく、山を皆伐してハゲ山にしないと木が足りないのでは」「結局は、原材料を輸入に頼ることになる」と懸念する声も多い。

国がモデルとしている５０００kW規模の発電所で試算すると、１カ所で年間約10万㎥の未利用材が必要で、これは千葉県や富山県の年間木材生産量を上回る量である。本来は、周辺地域で入手可能な間伐材の量に応じて、バイオマス発電所の規模を決めるべきなのではなかろうか。

２０１４年から小さな発電を開始した宮城県の気仙沼地域エネルギー開発㈱では、最初から市内半径25㎞圏内を集材目標に設定。年間１万５０００ｔほどの間伐なら、山が元気な状態でうまく回っていきそうだと試算した。そしてその５～６割、年間８０００ｔほどの燃料チップで動かせる規模を適正規模と判断、出力８００kWの発電所を建設したのだ。売電だけでなく、発電と同時に排熱回収する熱電併給（コジェネ）で地元ホテルへの売熱も実現。**自伐林家**養成塾などの開催で、山に入って木を切る人を少しずつ増やしながら燃料材の買い取りも進めている。この地域では木質バイオマス発電所ができたおかげで、今まで見て見ぬふりをしてきた山に手が入り、小さな経済が回り始めている。

適正規模の木質バイオマス発電にもう一つ朗報。２０１５年４月、未利用材を燃料とする２０００kW未満の発電所からの買取価格が32円から40円に引き上げられた。以来、小さい発電所の認定件数も急伸中である。

そーらーしぇありんぐ

ソーラーシェアリング

ソーラーシェアリングとは、農地に立てた支柱の上に太陽光パネルを取り付けて発電する方法。文字通り太陽のエネルギーをシェアし、頭上で発電しながら下で作物を栽培することから「営農型発電」とも呼ばれる。

従来、農地法では、田畑に発電設備を設けるには農地の転用許可が必要で農振地域では困難だったが、２０１３年度末に農水省が「支柱部分のみの一時転用」を認めたことで、優良農地にも設置できるようになった。許可取得件数は２０１９年度末で１９９２件まで増加。２０１８年５月からは、担い手が営農する場合や荒廃農地を活用する場合について、農地の一時転用期間（営農に問題がなければ再許可が可能）が３年から10年に延長されている。

兵庫県宝塚市の西谷地区では、２０１５年から８基のソーラーシェアリングが順次稼働してきた。それぞれ50kW弱の太陽光発電設備で売電収入を得ながら農業を続けている。普及の中心となった古家義高さんが注目したのは、「農業を続けること」というソーラーシェアリングの設置条件だった。売電で安定収入を得ながら自分で作物をつくってもいいし、年をとったら、新規就農や定年帰農、市民農園など、農業をしたい人に農地を使ってもらえばいい。いずれにしても「ソーラーシェアリングが農地を守

ソーラーシェアリングの畑でサツマイモをつくる（大村嘉正撮影）

り、後継者を育てる手段になる」と古家さんは考えた。

ソーラーシェアリングは、営農に支障がないという条件があることから、農業委員会に対して農作物の収穫量の報告が毎年義務づけられている。単位面積当たりの収穫量が近隣の8割に満たなかった場合は指導や設備撤去の対象になる。家庭菜園や市民農園でも設置は可能だが、多品目栽培の場合は収量の報告が厄介だ。西谷地区の市民農園の設置例では、区画ごとに多品目の収量を提示するのが困難なことから、県の指導で作物を一品目（サツマイモ）に限定している。

なお、西谷地区の各ソーラーシェアリングは地域の防災を考慮し、停電時に1・5kWの範囲で電気が使える自立運転モードを備えている。停電が起きたときは、地域住民の非常用電源として携帯電話の充電などができる。

蓄電池

ちくでんち

2019年11月以降、FIT（電力の固定価格買取制度）による住宅用太陽光発電の買取期間は順次終えていく。期間終了後も買い取りをする事業者はあるが、買取価格は大幅に安くなる。そこで注目されているのが、発電した電気を販売せずに家庭用蓄電池を導入して自家利用する方法だ。

家庭用蓄電池は、ノートパソコンやスマートフォンと同じくリチウムイオン電池が使われており、充電と放電を繰り返すことができる。メーカーや販売業者は、これから太陽光発電を始めようという家庭にパネルと蓄電池のセット購入も提案している。電力会社から価格の安い夜間の電気を購入・蓄電して、朝晩など太陽光の発電量が少ない時間帯の電気代を減らす使い方を提案しているのだ。

問題は蓄電池の価格だ。しだいに下がってきてはいるが、現状では元を取るのには15年ほどかかるという。メーカーの保証期間は10年が一般的なので、現状では蓄電して使ったほうがトクになるとはいえないようだ。導入する動機としては、損得よりも災害が起きて停電になったときに電気が使える安心感だろうか。

また、停電時に最低限の電気製品を使えればいいと考えれば、高価なリチウムイオン電池ではなく一般的なバッテリー（鉛蓄電池）と出力200W程度の太陽光パネルの組み合わせでオフグリッドシステム（電力会社の配電網とつながっていないシステ

群馬県桐生市の小型電バス「MAYU」は、地元のEV会社が製造。山間部の高齢者を最寄りのバス停に送迎する
（尾崎たまき撮影）

ム）をつくる手もある。

　2018年9月に北海道で起きた全域停電（ブラックアウト）では、住宅用太陽光発電などの自立運転モードを除いて、太陽光発電の多くや風力発電、**バイオガス**発電などの**地エネ**の電気も止まってしまった。大手電力会社の配電網とつながっている限り、停電になれば目の前の地エネ施設がつくる電気も使えなくなってしまうのだ。停電に強い地エネにするためには、大手電力会社の配電網から独立した地域自立型の電力ネットワークが必要になる。その場合も蓄電池の果たす役割が大きく、リチウムイオン電池より大容量のNAS電池（電極にナトリウムと硫黄を利用）の普及などが期待されている。

でんきじどうしゃ（いーぶい）

電気自動車（EV）

　EVとはElectric Vehicle（エレクトリック ビークル）の略。ガソリン車はエンジンでガソリンを燃焼させて走るが、電気自動車はバッテリーに充電した電気でモーターを駆動させる。動力の部品数がガソリン車の10分の1で、構造がシンプルなぶん、つくるのが簡単。車といえばこれまで大手自動車会社の独壇場だった世界に、最近は地方の小さい会社が新規参入する現象が見られている。地元需要に合わせて開発した「ご当地EV」も登場した。

　地エネとの相性もバツグン。鹿児島県霧島市の竹子（たかぜ）地区では、小川の**小水力発電**を電源にして小型EVを走らせ、直売所の無料配達サービスと独居老人の見守りに力を入れている。燃料代がかからないので、頼まれればどこにでも無料配達、野菜の集荷もする。

　地方で**ガソリンスタンド**の激減が問題となっているなか、「10年後には、ここらはEVが圧倒的主流になっているかもな」という人もいる。モビリティは田舎こそ最先端。「むらの車は全部、地エネで走る電気自動車」という光景を想像すると、とても楽しい。

はいゆ

廃油

　地域で使用済みの廃油を集められれば、立派な「**地エネ燃料**」にできる。廃エンジンオイルでストーブを焚いてハウス暖房にしたり、天ぷら廃油で**トラクタ**やディーゼル車を走らせて、燃料代を上手に浮かせている人たちがいる。

ＢＤＦ（Bio Diesel Fuel）は、おもに天ぷら廃油にメチルアルコール（メタノール）と水酸化ナトリウム（苛性ソーダ）を加えることで、油脂からグリセリンを取り除いてサラサラにした軽油代替燃料。ＳＶＯ（Straight Vegetable Oil）は、薬品を使わず天ぷら廃油をコーヒーフィルターやちり紙で漉しただけで燃料にする。冬は粘性が高すぎてエンジンを始動できない欠点があるが、エンジンの排熱で温めてサラサラにしたり、始動時だけ軽油にして途中から廃油に切り替えるツータンク方式で、上手に使う人も増えてきた。

ＢＤＦやＳＶＯを燃料にした車は有害な排ガスも少なく、とってもエコ。走ると天ぷらのいい香りがする。公道を走る場合は陸運局への届け出（登録料60円）が必要で、車検証には「廃食用油燃料併用」と明記される。

薪ストーブ
まきすとーぶ

暖めた空気を送るだけのエアコンと違い、薪ストーブの発する遠赤外線は、瞬時に皮膚に届き、細胞内の分子を振動させて熱を発生させるので、体の芯まで暖まる。パチパチと**薪**のはぜる音や炎の揺らめきも何ともいえない幸福感をもたらし、天板でコトコト煮込み料理ができるのもうれしい。自分で薪をつくれば燃料代はタダ。どこか遠い国から来る石油や原発がつくる電気より、身近な**山**の木々で暖まりたい人が増えており、薪ストーブライフを楽しみたくて都会から田舎に移住する人もいるほどだ。

国産薪ストーブには、かつては「欧米のものより安価だが、燃焼効率が悪くて煙突にススがたまりやすい」というイメージがあったが、最近は2次燃焼（完全燃焼）タイプの高性能ストーブが続々登場している。

2次燃焼（完全燃焼）のしくみ

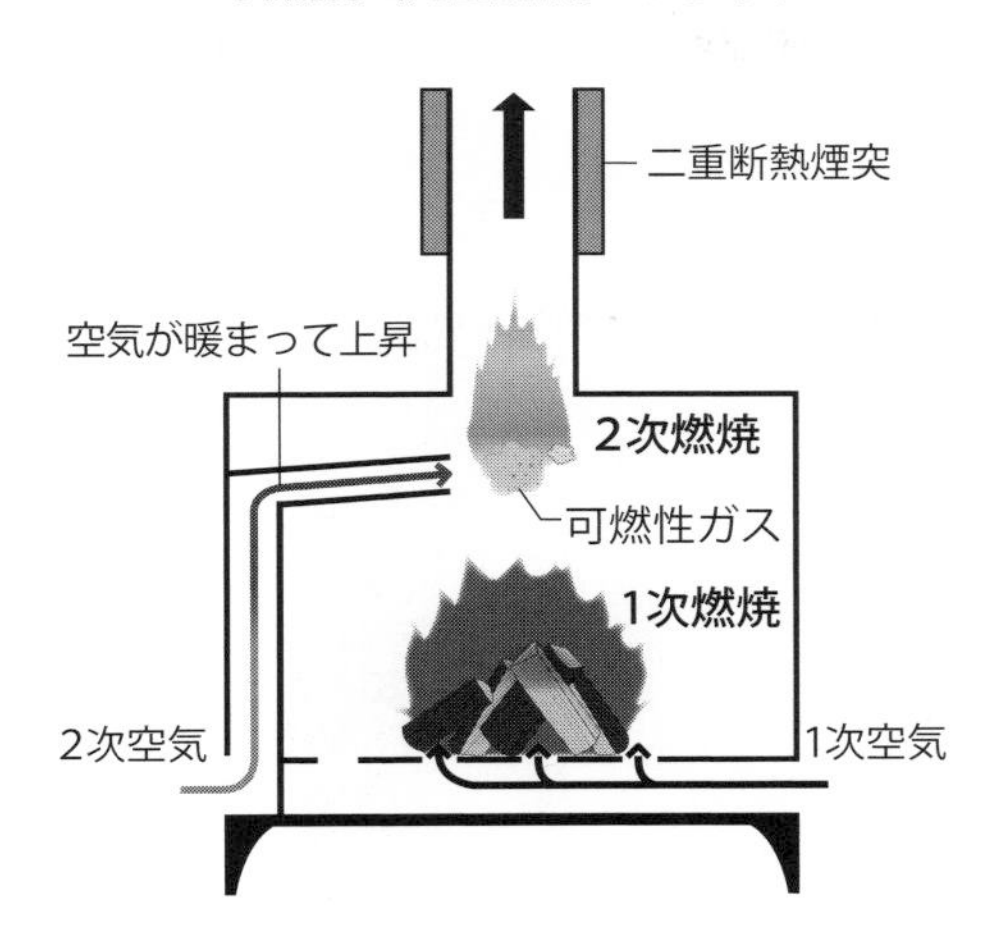

1次空気の供給で薪を燃やし（1次燃焼）、さらに炉内で暖められ高温となった2次空気の供給で可燃性ガス（一酸化炭素・水素・炭化水素）を燃やす（2次燃焼・完全燃焼）。煙突は、内部の空気が高温なほど引き込みがよく燃焼効率が上がるので、二重断熱煙突にする人もいる

手づくりロケットストーブ

なかでも、田舎の小さい鉄工所は、地元の要望を受け、針葉樹薪を燃やせるオリジナル薪ストーブ開発に力を入れている。燃焼室の鉄板を厚くしたり、耐火レンガを入れたりして、「火力が強すぎて炉が傷む」と敬遠されがちだったスギやヒノキやマツの薪もガンガン燃やせる。鋳物製の輸入薪ストーブより、明らかに日本に向いたストーブだ。

また、各地で大ブレイク中なのが、誰でも手づくりできる**ロケットストーブ**。燃焼筒（ヒートライザー）の周りをパーライトなどで断熱することで、燃焼筒内に強力なドラフト（上昇気流）が発生。その名のとおりゴーッとロケット発射時のような音がして、焚き口から空気がどんどん引き込まれ、完全燃焼する。単純だがすぐれたしくみで、京都府南丹市の美山里山舎考案「なんたん暖炉」など、ロケットストーブ内蔵型の薪ストーブも多くなってきている。

熱エネあったか自給圏

ねつえねあったかじきゅうけん

灯油代もガス代も電気代も域外流出ばかりじゃもったいない。エネルギー代の取り戻しは、**地域経済だだ漏れバケツ**修復の大本命でもある。

日本の家1軒のエネルギー支出は年間20万円ほど（車の燃料代を除く住宅関連の光熱費）で、５０００世帯の地域だと全体で年間10億円にのぼるといわれる。だが、エネルギー関連会社の本社はいずれも都市部で、この巨額の支出がもたらす地域への経済効果はじつに小さい。そうした都市部の会社の売り上げも大半は中東やオーストラリアなどの化石燃料産出国にまわることになるのだが、地域からの熱エネ代の流出を止めて、どれだけ地元で回せるおカネに換えられるかが「熱エネあったか自給圏」の醍醐味だ。

大本命は、やはり**薪**。５００世帯の山形県鶴岡市三瀬地区では、石油代だけで年間1億円が地域外に流出していることが調査でわかった。いっぽうで、かつてスギの大産地だった地元の森林には熱エネ資源量が無尽蔵だと知った住民組織の㈱フォワードさんぜは、林家と連携して、薪と**薪ストーブ**の販売に立ち上がった。石油ストーブを使っている家庭はもちろん、保育園や公共施設にも薪ストーブの設置を勧める。燃焼効率がよくて、わりと安価な「ご当地薪ストーブ」を地元の**鉄工所**で開発中で、エネルギー代はもちろん、ストーブ代も地元に還元する作戦だ。

各地で進んでいるのは、公共温泉や国民宿舎など「むらの温泉」への薪ボイラー導入。薪消費が一気に増やせて、地元の**山**を手入れする人の仕事もつくれる。石油ボイラーのときより燃料代が安くなることも多く、温泉の経営にとっても好都合だ。そのほか、北海道下川町や岩手県紫波町のように、薪ボイラーでつくった熱水を一定地域全体に配管する「地域熱供給システム」などの先進的事例も出てきている。

さらに、「熱エネあったか自給圏」実現のためには、建物自体を断熱構造にして、燃やすエネルギーを減らす方法も注目だ。日本の家は欧米に比べて断熱性が非常に弱い。これを、分厚い壁と、冷気が伝わってこない二重窓・三重窓を備えた省エネ住宅に改修できれば、ストーブの石油代もエアコンの電気代もグンと減る。断熱改修を地元の**大工**さんの仕事にできれば、これもまた大きな地域経済効果を生む。

薪ストーブロボ

薪棚のある家

3 農と農家の用語

「小さい農家がたくさん」が強い

小農（しょうのう）

小農の対義語には大農がある。字面から見れば、小農は小規模な農業、大農は大規模な農業とみえるが、ことはそれほど単純ではない。

そもそも大農か小農かという論争は明治時代からあった。明治の殖産興業政策の一環として、零細な日本農業を欧米式の畜力・機械力を使った大規模農業に改良し、企業的経営を取り入れようという「大農論」が唱えられるなか、東京農業大学の初代学長である横井時敬は日本には日本の農業の形＝小農があると唱えた。その横井にとって日本的小農とは、資本家的に利潤を追求するのではなく、家族労働を所得にかえる農業のあり方であった。そこでは小作と自作の違いはあまり問題にされない。

時代は下って1970年代、農業近代化の弊害があきらかになるなか、再び小農に光が当てられた。農家、農業、むらの本質を問い続けた守田志郎は、小農か大農かは面積の大小の問題ではなく、生活と生産が一体となった暮らしのなかに小農らしさがあると主張した。

TPPとそれに対応した経済至上主義的な農業改革が跋扈した2015年には、「農の神髄は小農に在る」とする小農学会が九州で設立された。そこでの小農のとらえ方も規模の大小を問わないという点では守田の主張に近いといえる。小農学会の共同代表で農民作家の山下惣一さんは小農とは何かという問いについて、大要こう述べている。

「経営規模の大小や投資額の多寡ではなく、農業の目的による。暮らしを目的に営まれているのが『小農』であり、規模は小さくても雇用主体で利潤追求を目的とするのは『大農』である。小農とは家族農業と同義であり、昔からいう『百姓』のことだ。日本は99％小農の国である。もっというと、世界の農業の99％は小農」

ひとつはっきりしていることは、大農的なものを追求していけば、おのずと農家減らしに手を貸すことだ。他方、小農とは「農家を減らさない農業のあり方」ともいえる。

小農の使命

しょうのうのしめい

自称「**小農**」「チマチマ百姓」の福島県いわき市・東山広幸さんの経営は、機械投資も肥料代も少なくて、生産と暮らしが一体となっているぶんリスクに強い。少量多品目生産で消費者と直接つながっているぶん政府の政策や価格変動、気象災害にも左右されにくい。小農は、「それほど儲からない代わりに、急に家計が苦しくなることもない」というのが彼の実感だ。

だが今、そんな東山さんにとっての一番の脅威は、まわりの農家の減少だという。**耕作放棄地**が増えるとイノシシが増えて畑に被害が出る。水路など、みんなで守る中山間地のインフラがダメになると**米**つくりもできなくなる……。小農が小農として生きていくには、むらがむらとして機能していなくてはならないのだ。

だから、地域で生きる小農の使命は「むらに農家を増やすこと」となる。小農を減らすような今の政策に反対していくと同時に、自分たち自身でも使命感を持って新たな仲間を農村で育てていく。近年は幸い、農業に興味関心を抱く若者や都市民が増えており、彼らの多くは生産と暮らしが一体となった小農的な生活スタイルを志している。

近年の新規就農のあり方はさまざまで、親元就農や農業委員会経由で農地を借りたりするほかに、血縁のない人から経営基盤を丸ごと引き継ぐ「**継業**」「第三者継承」が注目されている。**集落営農**などの農業法人に就職する「雇用就農」も増えてきた。

ただどんな場合でも、先輩農家が口を揃えて新規就農者に言うのは、仲間として地域に認められ、受け入れてもらうことが何より大切だということ。そのためにも、「まじめに田んぼを見回る姿をむらの人に見せろ」「ハウスは中だけでなく外もきれいにして、『あんなヤツに貸さなければよかった』と思われないようにせよ」と、金言のアドバイス。「小農は、地域とともにしか生きられない」ことを、未来の小農に伝えること。これまた小農の使命。

再小農化

さいしょうのうか

２０１９年12月、「**小農**と農村で働く人々の権利に関する国連宣言」（小農宣言）が国連で採択された。また、２０１９～２０２８年を「家族農業の10年」とすることがやはり国連で決議されている。「小農宣言」の採択決議を棄権し、決議後も「国内対応は不要」という冷淡な態度をとり続ける日本政府は、「小農（pesant）」を「小作農」や「隷属した労働状況にある人」の意味でとらえている節がある。だが、国連決議に尽力してきた人たちの間では小農と家族農業はほぼ同義。両者の国連決議の背景には、２００７～２００８年の世界食糧危機をきっかけに小農・家族農業が食料保障の要として見直されたことがある。農業の担い手は一握りの大規模経営ではなく小農・家族農業と考えられているのだ。

一方、オランダ・ワーヘニンゲン大学名誉教授のファン・デル・プルフが名づけた「再小農化（repeasantization）」という概念も注目されている。京都大学の秋津元輝教授によると、１９９０年代末～２０００年代初めにプルフらが欧州農民の調査をしたところ、多くの農家が「多角化」「高付加価値化」「地域資源の有効利用」という三つの要素で市場から自立および自律する経営を実践していたという。農業と食を取り巻く経済的・社会的環境が厳しくなるなか、農民は主体的に新しい生産様式を確立している。これをプルフは、新しい小農層を形成する「再小農化」ととらえた。

　日本で各地に農産物直売所が生まれるようになったのは1990年頃からのこと。稲作農家においては、1993年の大冷害を契機に、**米**の直売・産直、大豆や麦なども取り入れて加工販売を始めるなど経営の「多角化」「高付加価値化」が進んだ。まさにプルフの言う「再小農化」である。それは野菜や果樹農家でも、あるいは各地に生まれた**集落営農**組織にも、ますます多様化する形で広まっている。また、農作物の栽培では、**米ヌカ**や**竹パウダー**、**落ち葉**、**土着菌**、**炭**、**木酢**液などに代表される身近な「地域資源の有効利用」が進んだのもこの30年ほどのことだ。

　グローバル化する農産物市場に左右されない経営は、途上国でも先進国でも農民にとって共通の課題であり、それが「再小農化」の動きとなって現われている。

　秋津教授によると、日本の「再小農化」は毎年公表される『食料・農業・農村白書』にも反映され、新しい小農層の経営を積極的に賞賛してきたという。ところが、現在の安倍政権が進めてきた農政は、**スマート農業**の普及や規模拡大による効率化で国際競争力を強め、輸出拡大をめざすというものだ。一握りの経営が成功したとして、それで農地・農村は維持していけるのか？　それともここで、集落を基盤とした新しい小農層の暮らしを支える政策に転換するのか、「時代はまさに未来の地球と人間の生存をかけた決断の時を迎えている」（秋津教授）。

米　こめ

　米は地域経済の基本である。かつて米の概算金が2万円を超えていた頃、農家は隣の家と競うように農機を新調するという話がよく聞かれた。兼業農家が、勤め先の収入までつぎ込んでトラクタからコンバインまで買い揃えることはムダの象徴のようにもいわれたが、余計なお世話だろう。農家が地元の農機店や農協から機械を買い、地元の居酒屋に飲みに行くことで地域経済が回っていたのだ。

　生産者米価はこの25年で半分近くまで下落した。原因は米余りのようにいわれるがそうではない。米の消費が減るのに合わせて生産調整もずっと続いてきたからだ。国の米価支持政策が廃止されたことに加え、消費者の米の購入先としてスーパー（量販店）が半分を占めるようになり、その安売り競争に引きずられて下落圧力が強まったことが大きいだろう。それに、流通量の4割を担うJAグループの概算金の設定が、米の相場を引き下げる方向に働いたこともあった。

　米価が下がるにしたがって農家は減り、残った稲作農家の栽培面積が拡大している。だが、むらは大規模農家だけでは維持できないので、**集落営農**組織が生まれ、**中山間直接支払**や**多面的機能支払**も活かして、むらとむらの米づくりを守る態勢を農家は築いてきた。

　米価下落に対しては、農家の反撃も始まっている。山口県阿武町の集落営農法人・(農)福の里は、農協にいったん出荷した米を買い戻し、直営の直売所で販売したり、組合員に保有米・縁故米用として大量に売る。組合員の各家は、法人から買った米を、親戚や離れて暮らす家族に送るだけでなく、つきあいのある知人や飲食店、旅館などに販売する。米価が暴落した2014年は、こうした米が72t、2400袋もあり、概算金暴落の影響を抑えることができた。地元流通を広げることで対抗したのである。

おにぎり販売など米の加工に自ら乗り出したり、地元の業務需要を掘り起こす稲作農家もいる。

　また、米はご飯になるだけではない。**飼料米・飼料イネ（ＷＣＳ）**の助成金を活かして転作作物として栽培し、地域の畜産農家に販売することで新しい交流が生まれた例、**米粉**用米や酒米で地域の加工業者や酒蔵との結びつきを深める例も全国各地に出てきた。

　２０１８年には農水省が米の生産調整から手を引き、米の直接支払交付金も廃止された。制度変更に右往左往しないためには、進めてきた取り組みを確固としたものにしていくことだろう。農家が米で元気になれば、地方の経済も回りだす。

あかとんぼとほたるとみつばち

赤トンボとホタルとミツバチ

　赤トンボとホタルとミツバチは、田んぼの周辺や里山で農家とともに生きてきた昆虫である。そのため、農家のイネのつくり方や暮らしぶりとともに増えたり減ったりする運命にある。

　たとえば、代表的な赤トンボであるアキアカネ。卵から幼虫時代を水田で過ごす。もともとは河川の氾濫原にできた湿地を生息場所としてきたトンボで、水田がなければ今ほど個体数は増えなかっただろうといわれている。だが近年は、収穫にコンバインを使うために中干しが徹底され、基盤整備によって乾田化が進んで、田んぼはかつてのような湿地ではなくなった。赤トンボは、産卵やヤゴの羽化が以前のようにはできなくなっている。そしてヘイケボタルもまた幼虫時代を水田で過ごす生きもので、中干しや乾田化の影響を受けて減ってしまった。

　ゲンジボタルの幼虫が暮らすのは、集落の近くを流れる小川や水路。山奥の清流よりも、野菜クズなどが混じった生活排水が流れ込む川のほうが、エサのカワニナがよく増えるからだ。ミツバチは野生の日本ミツバチもいるが、昔から農家に飼われてきた昆虫であり、農家が栽培する作物がミツバチの蜜源や花粉源になってきた。じつはイネの花も、真夏に咲くほかの花が少ないなかでは貴重な花粉源である。

　近年、赤トンボとホタルとミツバチに新たな受難がふりかかっている。イネの苗箱施用剤や**斑点米**カメムシの防除に多く使われるネオニコチノイド系農薬の影響だ。従来の農薬散布でも死ぬことはあったのだが、この系統の農薬は土壌中に残留しやすいことや残効が長いことなどが原因で、アキアカネが急減したりミツバチが大量に死ぬ事故が起きている。

　赤トンボやホタルにちなんだネーミングのお**米**が、全国にはたくさんあることからもわかるとおり、これらの虫たちに愛着をもつ農家は少なくない。イネの栽培法との深い関係に気づいた農家のなかでは、中干し時期を遅らせたり、影響の少ない農薬を選んだり、農薬を使わずにすませる栽培法で、赤トンボやホタルやミツバチを増やす米づくりが始まっている。

うま

馬

草食動物ながら、小型の在来馬でも背中に２００kgの荷物を載せて運べる力持ち。歴史的には武士の軍事利用で多く飼養された馬だが、農村部ではおもに荷駄馬として力仕事を任されてきた。岩手県の南部曲がり家などにも象徴されるように、農村では人間とともに暮らし働く大切な仲間だった。また、馬糞は肥料として重宝された。

　馬で畑を耕す「馬耕」が広まったのは意外に最近で、明治時代。去勢や調教といった馬の飼養技術が西洋から伝わったことと、耕地整理で大区画化、暗渠の普及で乾田化が進んだことが大きい。「馬耕教師」と呼ばれる犂メーカーの営業マンが全国の農村を回り、犂や馬耕技術を一気に全国に広めた。昭和初期には全国に約150万頭もの馬がおり、うち7～8割が農村で働いていたという。馬耕大会などの競技会も盛んに開催され、「人馬一体」の技術を磨き合った。ワラ縄1本の手さばきで馬に自在に犂を引かせる名人もいたという。しかし戦後、耕耘機や**トラクタ**が登場・普及すると、馬は農村からあっという間に姿を消してしまった。**山**で、切った木を馬に引かせて搬出する「馬搬」も、同様の運命をたどった。

　こうして、働く馬が「過去のもの」となって久しいが、昨今、馬耕・馬搬に興味を持つ人たちが増えている。馬耕なら、畑を耕しているのにエンジン音がせず、おしゃべりしながら家族で楽しく作業ができる。馬搬なら、道のない斜面でも馬が木を曳いてくれるので、大型トラック用の大きな道を、山を傷つけてまでつける必要がない。馬との共同作業は、機械も燃料もいらない持続可能な**小農**的技術。

　また、馬とふれあうホースセラピーはアニマルセラピー界の王様といわれ、ドイツでは健康保険も適用されるほどの実績を持つ。馬というパートナーと活かし合いながらの仕事に、人は、身体も脳も心も癒されるのだという。

最高！　馬で代かき（横山紀子撮影）

ひと・のうちぷらん

人・農地プラン

　2012年度から農水省が作成を推奨している地域農業マスタープラン。「5年後10年後、地域の農地を使って誰がどのように農業をするのか」を、農家の意向調査や集落・地域での話し合いに基づいてまとめるもの。それまで横並びできた集落の農家を、「中心となる経営体（担い手）」と「それ以外の農家」とに色分け・名簿化することが求められ、「農家の選別政策だ」「集落が分断される」との批判も多かった。プラン作成のメリットとして、農地を10年間白紙委任（貸し手を指定せず貸し出すこと）すると「農地集積協力金（経営転換協力金）」が交付されることについても、「これは離農奨励金だ」「農家減らしのための政策ではないか」と批判を集めた。

　いっぽうで、同時にスタートした「青年就農給付金（現在は農業次世代人材投資資金）」は人気があった。年間150万円が5年間も給付される「経営開始型」の対象になるためには、青年就農者が「中心となる経営体」にプランで位置付けられる必要があったため、地域の十分な話し合いのないまま、市町村（自治体）が主導して「とりあえず、名簿を挙げただけプラン」を広域で作成する例が多く見られた。

そんななか、人・農地プランづくりを、むらの話し合いの機会にできた地域は強い。広島県東広島市郷曽地区の農業委員・古川みどりさんは当時、「今まで地域の農業のことをみんなで話したことはなかった。（プランのために）ひとまず話し合えてよかった」といっていたが、この話し合いをきっかけにその後、地区はゆっくりゆっくり動き始めている。

２０１４年度からは、農地の流動化を促進する目的で農地中間管理機構（農地バンク）が発足。この制度を企業への農地の解放に結びつけたかった当時の産業競争力会議・規制改革会議は、「借り受け候補者の公募、プロセスの公開」にこだわった。バンクに集まった地域の農地を今後誰が耕していくのかという重大問題に、集落の意思や農業委員が関与するのを排除したかったということだ。だが、さすがにこれは国会で問題となり、農地中間管理機構は、「人・農地プランが策定されている地域に重点を置くとともに、人・農地プランの内容を尊重して事業を行なう」という趣旨の付帯決議が織り込まれて法制化された。「人・農地プラン＝地域の意思」が盾となり、規制改革会議らのねらいから地域を守った形だ。

現在、農水省は「地域の徹底的な話し合い」により人・農地プランを「実質化」することを市町村に求めている。最初は「とりあえず」で立てたプランでも、みんなで話し合いをして何度でも見直す。そうしてだんだんプランを自分たちのものとし、集落の農業未来図を豊かにしていけばいい。『季刊地域』では、この作業を「人・農地プランに魂を入れる」と表現してきた。

不在地主（ふざいじぬし）

農家だった親が亡くなり、農地を相続する子供はみんな地元を離れて暮らしている状態が不在地主。地元を離れても故郷とつながりがあり、所有する農地を誰かに頼む関係が続けばいいのだが、**耕作放棄地**化が進んでいる。耕作放棄されれば草ぼうぼうで見栄えが悪いし、カメムシなどの害虫の発生源になる。イノシシなどの棲み家、通り道となって獣害も増える。私有地なので、地域で暮らす人が勝手に草を刈るわけにもいかない。

さらに、もう一つのタイプの「不在地主」も最近話題になっている。これは、登記上の農地の所有者が亡くなっている（いない）という意味の「不在地主」で「所有者不明農地」とか「相続未登記農地」と呼ばれている。実際にはちゃんと管理している人がいる農地でも、相続登記がされないと法律上の所有者が不明となり、農地の利用権設定など正式な貸借契約を結ぶことなどができない。

どちらのタイプの不在地主も、地域に若い農業従事者が多く、その家で耕作できなくなれば、近くの誰かが口約束程度で引き受けていた（いわゆるヤミ小作）頃は困らなかった。しかし、後継者不足で農地の受け手が簡単に見つからないことが問題を顕在化しつつある。

農水省では、所有者不明農地の活用を進めるための法改正を２０１８年に行なった。これにより、相続登記されていない農地の所有者（共有者）の探索範囲が、登記名義人の配偶者と子等に限ることが明確化されたほか、利用権・賃借権の設定期間が従来の5年から最長20年に延長された。また、所有者不明・相続未登記は農地以外の一般の土地でも問題になっていることから、法務省は２０２０年度中に相続登記の義務化などの法改正をする方針だ。

なお、地元を離れて暮らす不在地主はその土地の出身者であり、「関係人口」として応援団になってもらえる可能性が高い。

そこで**地域運営組織**や**集落営農**組織を窓口に、不在地主を味方につける取り組みも各地で始まっている。

たとえば大分県宇佐市や長野県飯田市では、市内の地区を指定して寄附できるふるさと納税を始めている。どちらも地域運営組織がその受け皿。不在地主も含む**地元出身者**の寄附金が地域の課題解決に役立っているのだ。また島根県邑南町の布施二集落では、畦畔の**草刈り**や河川の掃除など、集落の共同作業に不在地主5人が参加している。作業後の慰労と交流を兼ねた飲み会を楽しみにやって来る人が多いそうだ。

企業参入

きぎょうさんにゅう

「世界で一番企業が活躍しやすい国」をめざす首相のもと、規制改革推進会議らは企業の農業参入、究極には農地所有解禁をめざし、着々と野望を実現中だ。国家戦略特区となった兵庫県養父市では、一般株式会社の農地購入が始まった。

実際、「農業をやってみたい」という農外企業は多く、２００９年の農地法改正で農地のリースが自由になってからは、それまでの5倍のペースで参入企業が増加。農水省の発表では、「農地を利用して農業経営を行う一般法人は２０１８年12月末で３２５６法人」に達している。

だがその参入企業の様子を一つ一つ見てみると、必ずしも国や規制改革推進会議らがめざす方向とは一致していない。まず、ほとんどの参入企業が「農地はリースで十分。所有するつもりはない」との意思を示しており、純粋に農業経営を目的とした場合には農地購入の必要性は薄く、かえって経営リスクを高める要因になることがうかがわれる。また、おもな作目に土地利用型の稲作・畑作を選択する企業は少なく、野菜などの集約型の経営がほとんど。借地面積は5ha以下の企業が9割で、比較的、小規模経営。「これからは、農地中間管理機構を通じて企業に農地を集めていきたい」という国の思惑ともずれている。土地利用型でやっている企業もあるにはあるが、地元の土建業者などが立ち上げた農業生産法人が多く、外から来た一般法人には難易度が高そうだ。

参入企業に対しての地域の農家の受け止め方は、企業が地域の一員としての役割を果たそうと努力している限り、そう悪くはない。このあたり、新規就農のIターン者をむらに受け入れ、一人前にしてやろうという感覚と似ているのかもしれない。企業の持つ販売力や企画力、資金力はそれなりに魅力。むらは、新しい力を仲間として取り込みながら、次へ進んでいくようだ。

スマート農業

すまーとのうぎょう

２０１９年はスマート農業元年といってよいほど、この言葉が農業関係者の間に広まった。農水省によれば、スマート農業とは「ロボット・ＡＩ・ＩｏＴ等の先端技術を活用して、省力化・精密化や高品質生産を実現する新たな農業のこと」。農水省は、２０１９年2月の未来投資会議の場で「２０２５年度までにほぼすべての担い手のスマート農業実践を目指す」と発表し、２０１９年度から「スマート農業実証プロジェクト」を開始している。

先行したのは無人走行する**トラクタ**や田植え機の話題だが、スマート農業と呼ばれる技術の範囲は広い。農水省が公開するスマート農業技術カタログでは、①資材や売り上げ、労務などを扱う「経営データ管理」、②気象や熟練農家のノウハウなどを使う「栽培データ管理」、③水田の水管理や畑のかん水、ハウスの温度管理などをする「**環境制御**」、④農機の運転アシストな

中山間地の農家の関心が高いリモコン式草刈り機（大村嘉正撮影）

どの「自動運転・作業軽減」、⑤センシング・モニタリング、という五つに分類している。

スマート農業は、安倍内閣が掲げる「攻めの農林水産業」において、農業界と経済界の連携を深める一環と位置付けられて登場した。それが農家にとって本当に役立つ技術かどうか見極めが必要だろう。ロボット技術に関していえば、酪農に早くから導入されている搾乳ロボットの労力軽減効果は高いが、水田作業のロボット農機による省力化は、規模拡大に寄与する効果があまり期待できないという専門家の指摘もある。その理由は、ロボット搾乳機が毎日稼働するのに対して、現状の水田ロボット農機は、季節限定の特定作業の自動化にしかなっていないからだ。

ロボットやAI、IoTには専門知識が必要なことから、農家が外部の事業者に委託する形でスマート農業を導入することを提案する議論もある。だが、それがコスト削減に結びつくかどうかとともに、農作業の外部化を進めることが農業という仕事の魅力を損なうことにならないか注意が必要だろう。農業界と経済界の連携といえば聞こえはいいが、スマート農業が「世界で一番企業が活躍しやすい国」の道具にされるおそれもある。

現状、スマート農業を体験した農家は、無人で走るトラクタや田植え機よりも、自動水管理システムやリモコン式の**草刈り**機、ドローンに関心を寄せている。それは、高齢化が進む農業現場で、高齢者に長く働いてもらいながら労力不足を補う手段としてこれらが有効と考えているからだ。

茨城県龍ケ崎市で150haの水田経営をする横田修一さんはこう書いている。「スマート農業は魔法の道具ではなく、農業者の課題を解決する道具の一つに過ぎません。（中略）農業者一人一人が生産現場の課題を正しく理解し、それを深く掘り下げて、研究者・技術者などと連携し口を出しながら課題解決を図っていく。農家として自律的な意識を高めていくことが重要になってきているのです」。農家が置き去りのスマート農業にしてはならない。

助け合って続けていく

集落営農
しゅうらくえいのう

農家は、先祖から預かって次の世代へ渡す田・畑・**山**をいかに活用して自分たちの生活を続けるかを考えている。自分がいま預かっている農地や山を守ることが第一。そのために、できる限りの管理を続けている。ところが、**米**をはじめとした農産物の価格低下と高齢化でそれが難しくなった。そこで、個々の農家に代わって農地を守るしくみとして生まれたのが集落営農だ。

高額の農業機械を共同利用してコストを減らすことに始まり、機械作業の受託、農地を受託してのイネや転作作物の栽培、園芸作物の導入、農産物加工、農家レストランや直売所の経営、市民農園や福祉タクシーの運営など、集落営農は農村をとりまく環境に合わせて進化してきた。それにともなって任意組織から法人化する組織が増えている。最近では、法人経営を赤字にすることなく組合員が収入を増やせる園芸作物の導入法を考案したり、畜産（和牛放牧）を取り入れて、後継者育成と農地管理に役立てるなどの工夫も見られる。組織がいくつか集まって地域連携し、人材や大型機械を融通しあう動きも出てきた。

集落営農組織は、2007年に始まった品目横断的経営安定対策（補助金）の受け皿づくりとして増加したが、農家はその時々の政策を換骨奪胎しながら、農家と農地を守る組織として態勢を整えてきたと見ることができる。

ちいきまるっとちゅうかんかんりほうしき
地域まるっと中間管理方式

多様な展開を見せる**集落営農**だが、全戸参加型の営農組合などの「1階」組織の上に、法人化した実働組織を置く「2階建て」の組織が増えてきた。さらに1階部分も「一般社団法人」などの形で法人化する地域が出てきている。その一番の理由は、兼業農家も含め自作を続ける小さい家族農業を、政府が進めてきた「淘汰政策」から守るためだ。法人化した1階組織は**多面的機能支払**や**中山間直接支払**の受け皿にもなり、集落営農とこれらの活動を一体運営できる。また、法人格を持つ1階組織が、農地中間管理機構を利用して集積した地域の農地を一元管理することも可能になる。

いっぽう、これから集落営農を始めようという地域で注目されているのが、愛知県で始まった「地域まるっと中間管理方式」だ。これまで集落営農が進んでいなかったところは、近隣の農家から農地を受託する担い手や自作希望農家、そして農地を委託してリタイアしたい農家が混在する地域が多い。リタイア農家が出れば、個人の担い手が農地の受け皿になってきた。しかし、その担い手もこれ以上は農地を引き受けられない、あるいは担い手自身も高齢化し後継者がいない、といった事態が起きている。

「地域まるっと」では、2階建ての1階組織の法人化と同様に、全戸参加型の一般社団法人を非営利型法人として設立する。そして担い手も自作農家も、農地を預けたい農家も、所有する農地を農地中間管理機構に預けて集積し、それをまるごとこの一般社団法人に利用権設定するのだ。一般社団法人は一部直接農業経営も行なう。この方式には次の四つのメリットがある。

①担い手どうし、および自作希望農家が一つの法人のなかで共存する。言い換えればゆるい共同体。担い手や自作農家は「特定農作業受委託」によって、従来どおり自分の裁量で農産物の栽培や販売ができる。

②2階建ての1階法人組織と同様に中山間地域等直接支払、多面的機能支払等の取り組みを一体的に運営できる（農業経営とは会計を区分して運営）。

③一般社団法人は設立が簡便。

④非営利の一般社団法人は地域集積協力金が非課税になる。

地域の農地の利用権がすべてこの法人に集積されていることがポイントで、自作希望農家や担い手がリタイアするときは、他の担い手に農地を引き継いでもらったり、一般社団法人自体が耕作するなど、地域内での農地の引き継ぎをスムーズに進めることができる。

ちゅうさんかんちょくせつしはらい
中山間直接支払

　正式名称は「中山間地域等直接支払制度」。２０００年度から開始された日本の農政史上初の直接支払制度である。平地と比べて生産条件が不利な中山間地に、農地管理などについての集落協定を結ぶことを条件に補助金を支払い、農業生産を継続することで**耕作放棄地**の拡大を防ぐことを目的に始まった。この制度は、零細農家、高齢農家、自給農家も排除しない「農家非選別主義」であること、農家を支える集落を強く意識した「集落重点主義」であることが、当事者の農家からも評価されてきた。

　集落重点主義は、助成金の半額以上を共同活動に充てるとしたことに典型的に表われている。共同活動分を次年度に繰り越して使うことも認められ、棚田で使いやすい小型の**トラクタ**や水路掃除用のミニバックホー、広い法面を**草刈り**するためのモアなどの機械を共同で購入したり、加工所や集会所を建設するなど地域活性化に役立てる事例が全国で続出した。中山間直接支払は、高齢化が進むなかで集落のまとまりを強化し、農家が本来持っている「共同する力」を呼び覚ますような役割を果たしたともいえるだろう。

　制度は５年ごとに更新され、現在は第５期を迎えている。当初は、５年以内に耕作放棄地が発生すると助成金の返還義務が生じることになっていたが、やむをえない場合は免責されることや、小規模・高齢化集落を助ける広域協定を結んだ場合に助成金が加算される、集落の将来像を明確にする「集落戦略の作成」を重視、などの変更が加わりながら継続してきた。

　また、集落の共同活動に補助金を支払うという考え方は、２００７年度から始まった「農地・水・環境保全向上対策」、それを取り込む形で創設された２０１４年度からの「**多面的機能支払**」にも引き継がれた。中山間地域等直接支払、多面的機能支払、環境保全型農業直接支援の三つからなる「日本型直接支払」は２０１５年度に法制化・施行され、「猫の目農政」に左右されにくい補助金となったことも評価できる。

ためんてききのうしはらい
多面的機能支払

　そもそも「作物を栽培する」という機能は、農業・農地のほんの一面でしかない。田畑という装置、それにつながる水路やため池などの水利システム、農道やアゼや法面、獣害柵など、農地まわりのインフラは広大で、それらの機能がきちんと維持・発揮されてこそ、生産が可能となる。**草刈り**もしなくてはならないし、掃除や見回り、メンテナンスも必要だ。「農地集積して効率的な農業を」と掛け声がかかるときには忘れられているこの部分を、昔から当たり前に担ってきたのが「むら」だった。多面的機能支払は、「むらの機能」そのものを応援する交付金だ。

　２００７年度に前身の「農地・水・環境保全向上対策」が始まり、２０１４年度から「多面的機能支払交付金」に移行。２０

多面的機能支払のメニュー

農地維持支払

水路の泥上げや農地法面の草刈り、農道の砂利補充など

資源向上支払（共同活動）

機能診断・ひび割れなどの軽微な補修、植栽活動・生きもの調査、獣害柵の見回り、田んぼダム、農村文化の継承、医療・福祉との連携など

資源向上支払（施設の長寿命化）

業者発注の工事など

15年度には、「日本型直接支払」の一部として法制化・施行され、政権が変わろうが関係なく続く安定的な制度になった。

集落や小学校区、市町村のエリア（または、複数集落を束ねる広域活動組織）で活動組織をつくり、5年間の事業計画を作成して各自治体に提出すると、対象農用地の面積に応じて交付金が出る（国50％、県25％、市町村25％の負担）。

中山間直接支払と併用も可能。機械や資材などの物品購入はどちらかというと中山間直接支払向きで、多面的機能支払は「共同活動の支援」が目的なので日当などのソフト面に使うことが想定されている。また、この交付金の特徴の一つに、基本方針に沿ってさえいれば、地方裁量で支援メニューを弾力的に運用できることがある。

福島県須賀川市の活動組織「仁井田の自然環境を守る会」の我妻信幸さんは、「この制度はミニ地方分権だ。やる気があればすごい制度なんだ」と言う。予算を持ち、自分たちで使い方を決め、必要に応じて迅速に対応していく。結果、目に見える形で地域の農地が美しく整備され、維持されていく。「自分たちの地域だ」という意識が一人一人に育つのも特徴だ。

近年は、そういった多面の活動組織が母体となり、**地域運営組織**に発展していく事例も出てきている。宮城県加美町の「石母田ふる里保全会」は、「多面の活動以外の収益事業もして、地域貢献に使いたい。地区以外の人も活動に巻き込んで農村都市交流もしたい」とNPO法人化。若い人を役員に巻き込んで組織を盤石にした。三重県の「多気町勢和地域資源保全・活用協議会」は一般社団法人となり、産直市の開催、**小水力発電**や**獣害柵の見回り**、独居老人の見守りや弁当配達などもやっていく予定という。

草刈り隊（くさかりたい）

季節が巡ると毎年毎年、無限に生えてくる草。**草刈り**が行き届いているむらは美しく気持ちがいいが、高齢化が進み、個人での草刈りが難しい人も増えてきた。また、地域の田んぼをどんどん引き受けざるを得ない担い手が、アゼ草刈りまで手がまわらないという問題も表面化してきた。とくに、中山間地の法面は急傾斜なうえ、基盤整備で広大化したので大変だ。

そこで、草刈りを請け負うしくみをつくるむらが今、増えている。若者たちが自主的に集うボランティア、**多面的機能支払**の活動としての取り組み、個人で格安で草刈りを請け負ってまわる人……。

兵庫県豊岡市の**集落営農**・中谷（なかのたに）農事組合法人では、1枚1・5haの大区画水田にして作業効率は高くなったが、アゼ草刈りという仕事はどうしても残って困っていた。集落内で「草刈り隊」を募集してみたところ、意外にも兼業農家や非農家などが応募してくれた。非農家の参加者が予定を立てやすいよう、年5回の草刈りは年の初めに日程を決めてしまって告知。当日の労賃などの経費は、地域の人たちみんながメンバーの「多面的機能支払」から出すことにしている。

三重県松阪市・柚原（ゆのはら）町自治会では、市街地に住む**地元出身者**や学生に声をかけて草刈り隊を結成。集落を横断する県道の草刈りを県から受託し、年間80万円を稼ぐ「むらの仕事」とし、自治会の貴重な収入源にしている。

草刈り動物（くさかりどうぶつ）

草ボウボウでげんなりする荒れ地も、急斜面で田んぼより広い法面も、イノシシが出そうな山際も、放牧すればムシャムシャ

草刈りを進めてくれる動物のこと。人手が少なくなったむらの草刈りを担ってくれるだけでなく、動物がいる光景は癒し効果もバツグンだ。

草刈り動物は、それぞれの特性に合わせた活躍場所がある。ヤギは高いところが大好きで、急傾斜の法面の草刈りはお手のもの。灌木の新芽やササなども好み、大人のヤギ（60kg程度）は1日に青草で6～8kgほど食べる。ヒツジは平地の草刈りが得意。丈の短いやわらかい草が好物で、地際からきれいに食べるので芝刈り機のように刈り跡がきれいだ。

また、本気で広い荒廃地に挑むなら、食べる量が半端でない牛がオススメ。傾斜がきついと踏圧で法面やアゼが崩れるので注意が必要だが、棚田や林間放牧の実績も多数ある。豚は草だけでなく、強力な鼻で地面を掘って根こそぎ開墾。木が生え始めた荒廃地や遊休桑園に放すと、草刈り機というよりは耕耘機の代わりをする。ほかにも、太陽光発電のパネルの下草刈りをエミューに、果樹園の草刈りをニワトリやガチョウに任せる例もある。また、草刈りだけじゃもったいない。せっかく飼うのだから、ヤギ乳や羊毛、ラム肉など副産物で稼ぐことにも挑戦すれば、さらに楽しい。

草刈り動物はレンタルや譲渡もあるが、2011年に家畜伝染病予防法が改正され、ヤギやヒツジを飼う場合も、豚や牛と同様に都道府県の家畜衛生保健所への報告が必要になった（ただし、飼育頭数が6頭未満の場合は、頭数の報告のみでOK）。

支柱に結んだロープにヤギを繋いで法面に放牧

じゅうがいさくのみまわり

獣害柵の見回り

ワイヤーメッシュや電気柵などイノシシやシカ除けの獣害柵で、本当に大事なのは柵選びよりも、設置後のメンテや維持管理だ。見回り点検、**草刈り**、修繕費の捻出など、「柵の効果」を保つには、地域の力が不可欠だ。獣害に強いむらとは、柵のメンテ・維持管理が上手なむらでもある。

香川県さぬき市・豊田自治会の「**軽トラ道**」はユニークだ。集落をグルリと囲む全長7kmの獣害柵に沿って、「**農家の土木**」で自分たちで雑木やヤブを刈り払い、幅員3～5mの道を開設した。山のなかでも軽トラでスイスイ見回り点検ができるし、刈り払い機や補修資材の運搬もラクだからメンテも気軽で、ずっと柵の効果が落ちない。軽トラ道が見通しのいい緩衝帯の役割を果たすのと、頻繁に車が出入りしてイノシシやサルに「人圧」「車圧」がかかるのも効果的。柵は毎冬、よりよいルートに自分たちで更新工事する。財源は**中山間直接支払**の助成金。全体の6割を集落でプールし、その大半を獣害対策費に充てている。

ほかにも最近は**多面的機能支払**を財源に、獣害柵の見回りをする地域が増えてきている。

高さ1.3mの獣害柵に併設した「軽トラ道」のおかげで、今では獣害ゼロを達成（大村嘉正撮影）

4 自給力の用語

何でもつくる、みんなでつくる

農家の土木
のうかのどぼく

農家・農村は、土木だって自分たちでやる。

細い農道のコンクリート舗装、水漏れする水路のひび割れ補修、田んぼのせまち直し……むらのインフラは日々の農作業や防災に関わることなので早く整えたいが、公共工事を待っていても自治体の財政は厳しく、予算も順番もなかなか回ってこないのが現状。だったら自分たちでやってしまおう！ということで、地域住民が共同作業で整備・補修する自主施工、いわゆる現代版普請が注目されている。集落の話し合いで施工場所を決め、補助金なども活用して資材を入手。作業はみんなでやるので早いし、経費は公共事業でやる場合の3分の1程度ですむ。**多面的機能支払**や**中山間直接支払**、自治体の資材支給事業など、使い勝手のいい補助金もいろいろ出てきた。

農家の土木は、業者がやりたがらないよ

ミカン山に軽トラが上れるように、みんなで作業道をコンクリ舗装する（福岡県みやま市・伍井軒地区提供）

うな小さな仕事なので、地元土建業者と競合するようなことはない。農家自身がやるほうが、作業しやすい田んぼに仕上げたり、使い勝手のいい道にできて好都合な面もある。道具や機械も、地域にあるもので十分。生コンは近くの工場からミキサー車で運んでもらい、トンボやコテなどで均せばいい。水路の目地補修には専用のシーリング材などが開発され、簡単に充填できる。せまち直しやU字溝などを持ち上げるには**バックホー**が使える。

そして、自分たちで手がけると、断然愛着がわく。農家が「自分たちのむら」が大好きなのは、自分たちの手で「つくってきた」実感があるからだ。「他人まかせ・行政まかせ・カネを払って企業まかせ」の都会人と、そこが大きく違う。

いしづみ
石積み

傾斜地で、農地や宅地などの平らな土地を確保するために、石を積んでつくった土留め擁壁のこと。または石を積む作業そのもの。日本の農山村の棚田や段々畑で多く見られ、美しい農村景観を形成する要素の一つ。

農地の石積みは、おもに「空石積み（からいし）」という工法で行なわれてきた。モルタルやコンクリートを石の裏に充填して固める「練り石積み」と違い、使うのは石だけ。崩れても部分的な積み直しが可能で、石も再利用できるので費用が安くすむ。地域資源を循環させる持続可能な工法として、環境的な面からも見直されている。

空石積みは、何百年も前から各地で脈々と受け継がれてきた農家技術の一つ。しかし近年は崩れたところからコンクリートに代わっていき、多くの地域で技術の継承が途絶えつつある。今ならまだ技を持つ業者（職人）がいるので修理を頼むこともできるが莫大な費用がかかるし、積む人によって強度が変わる空石積みは強度計算ができず、公共工事はしてもらえない。つまり、農村の美しい石積み風景を残そうと思ったら、自分たちで石積み技術を習得・伝承していくしかないのである。

地域ごとにまるで違うようにも見える石積みだが、基本の構造はだいたい共通。使っている石が、山から切り出してきたゴツゴツしたものか、川から拾ってきた丸みを帯びたものかなどで、違って見えているだけだ。「石積みは特別な技術ではありません。たしかに美しく積むには熟練が必要ですが、いくつかのルールさえ守れば、崩れない石積みをつくることはそれほど難しいことではありません」というのは、東京工業大学大学院准教授の真田純子さん。「石積み学校」と銘打って、興味のある人が気軽に参加できる石積み修復ワークショップを開催。技術の継承に尽力している。

石積みは、修復途中で雨が降ると崩れやすくなるし、なにせ人手がいる。大人数で一気に仕上げたほうがいいので、地域みんなで楽しく取り組むのにピッタリだ。

すとろーべいるけんちく（わらのいえ）
ストローベイル建築（ワラの家）

ストローベイルとは、牧草等を圧縮する機械（ベイラー）でワラをブロック状にしたもの。このブロックを積み重ねて壁をつくり、表面に土や漆喰を塗って仕上げた家をストローベイルハウスという。19世紀にアメリカの大草原地帯で干し草を積んで家を建てたのが発祥。日本では今、田んぼの副産物であるイナワラを使った自然建築として各地に広がっている。

最大の利点はなんといっても断熱性。ストローベイルを積んだ壁の厚さは50㎝にもなり、夏は外気熱を遮断するのでエアコンなしでも快適だし、冬は室内の熱を外に逃がさないので暖かい。材料は田んぼ2ha分のワラがあれば30坪の家が建つ計算なので、地元で十分調達できる。つくるにも大型機械や特別な道具はいらないのでセルフビルドが可能。日本でストローベイルハウスのワークショップに携わっているカイル・ホルツヒューターさんは、ベイルの替わりに、放棄されがちな古畳そのものを断熱材として壁に入れることも提案している。

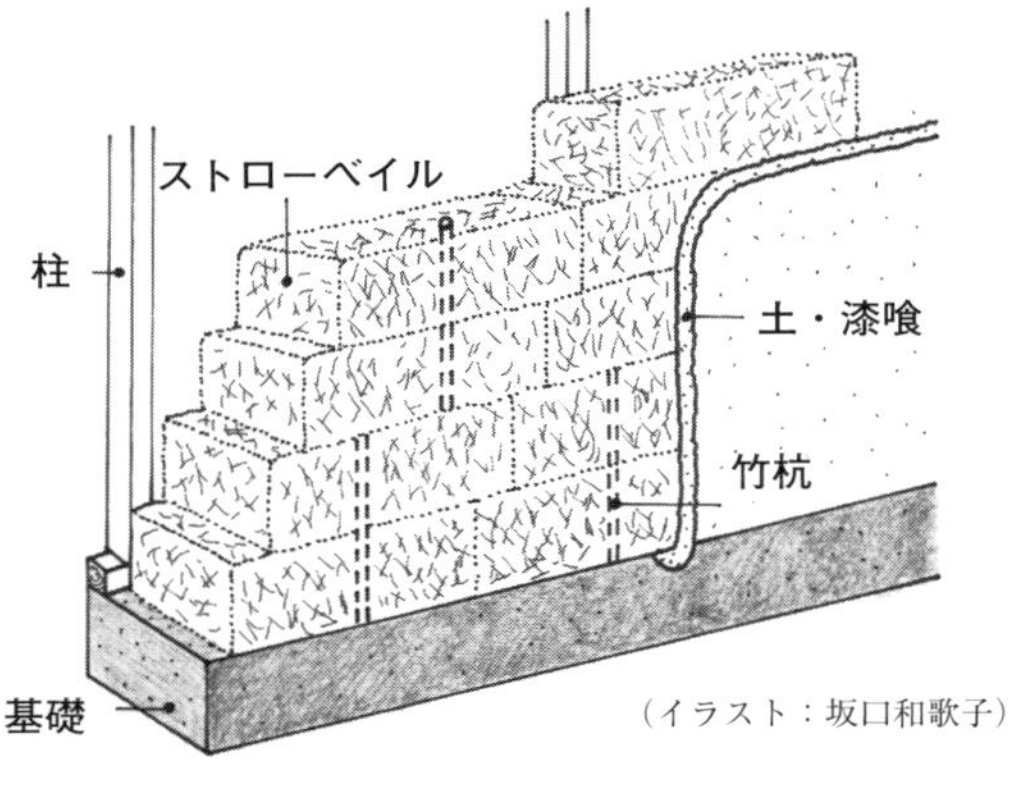

基礎の上にストローベイルを積み上げ竹杭を刺して固定し、土や漆喰を表面に塗って壁をつくる

地あぶら

じあぶら

かつての農村には菜の花が咲く風景が普通にあり、油も自給していた。ナタネのほかヒマワリ、ゴマ、エゴマ、ツバキなどからは風味豊かな油が搾れる。こうした油脂作物を地域で育てて搾った油を「地あぶら」と呼んでいる。地域の小さい搾油所で圧搾した油は、香りも味もみな個性的。精製しすぎていないので、雑味も色も抗酸化物質も残っていて酸化しにくい。また生搾りか焙煎搾りか、搾油機の違いなどによっても風味が変わる。

いっぽう市販のサラダ油は、原料はほぼ輸入品。大きな工場で、溶剤で油分を抽出してから徹底して精製、酸化防止剤や消泡剤を加えて製造している。無色でクセがなくサラッとしており、品質のバラつきがないことを価値としているので、同じ食用油でも「地あぶら」とはまったく異なる。

油脂作物は栽培に比較的手がかからないので**耕作放棄地**にも向いているし、ナタネやダイズなら経営所得安定対策の補助金もある。搾った後の油粕を畑に肥料として還元したり、天ぷら廃油を**地エネ**のバイオ燃料として使うこともできて、地あぶらはまさに地域経済を回す潤滑油だ。

日本の食用油のうち国産原料のものは4%とわずかだが、最近では油の機能性成分が注目され、ナタネやヒマワリではコレステロールを下げるオレイン酸が高い品種や、心疾患を予防するαリノレン酸（オメガ3脂肪酸）が多いエゴマの作付面積が増えている。

２０１１年の原発事故後の福島や周辺県では、地中の放射性セシウムを吸収する除染作物としてナタネやヒマワリやダイズを育て、その種子を搾油する動きが広がった。作物体がいくらセシウムを吸収しても、その種子を搾った油にはセシウムが含まれないことがわかっており、栽培・収穫、地あぶらづくりを通して農地復活と営農再開を図っている。

パンカ・ピザカ

ぱんりょく・ぴざりょく

田舎は当然ご飯でしょ、と思いきや、パンも人気。しかもパンの購入額が高いのは60代以上。そういわれてみると、田舎のばあちゃんは、おやつによく袋パンを買っている印象がある。だがそのスーパーの袋パン、それからコンビニのプライベートブランドのパンやドーナツ、焼きたてパンのチェーン店でトレイに選ぶ香ばしいパン（冷凍生地製）……どれもこれもが地元のものではなく、大手パン会社（Y社が7割のシェア）が外麦で焼いたものばかり。パン用小麦の自給率もたった3％にすぎず、パン代は「**地域経済だだ漏れバケツ**」の穴の一つといえる。

田舎でパンを手づくりできれば、その効果は絶大。焼きたてパンがある直売所には客が断然集まるし、パン屋はUIターン者の仕事にもなる。近年は高タンパクのパン用小麦品種もいろいろ開発され、国産小麦で気軽にパンが焼けるようになった。地粉を使えば、農家も嬉しい。むらの小さな製粉所の仕事も生まれる。パンの具材やパン窯の**薪**も地元のものを使える。学校や病院など地元の業務需要にも応えられる。食べれば食べるほど地域におカネが落ちるわけで、これが田舎のパンの「パン力」。

ピザも、都会のおしゃれな食べものかと思っていたら、意外に田舎でこそ実力を発揮する。地粉の生地に季節の地物をたっぷりのせて焼く「ここだけのピザ」は集客力大。ピザ窯づくりが各地でラッシュだ。ピザなら、子供も大人もみんなでワイワイ手づくりできてパンより気軽。イベントにももってこい。

地元産小麦と米で「釜戸炊きごはんパン」。三重県大紀町「ふるさと村パン工房」のパンだ

のうのてしごと

農の手仕事

農村が自給できるのは食べものだけではない。たとえば正月のしめ飾りやわらじなど、ワラ細工といえばかつては農家の冬仕事の代名詞だった。そのほかにも、畑で栽培するアイを材料にした藍染めやスゲや**竹**による工芸品づくりなど、農村にはいくつもの手仕事があり、衣料や暮らしの道具を自給していた。近年はそれらが中国やベトナムなど、海外からの輸入品に置き換わっているが、周囲を見渡せば遊休農地はたくさんあり、国産品を取り戻す条件はそろっている。

実際、国産のしめ飾りは根強い人気があり、**米**どころのJA魚沼みなみには、専用品種の青刈りイネを育てワラ細工を出荷する「ワラ工芸部会」があるほどだ。1984年に発足し、部会員は34人。主力は70～80代で、年間2000万円弱を売り上げている。3～10月は東京の酉の市で販売される飾り熊手用のしめ縄、11月からは地元Aコープで売る正月用のしめ飾りと、ほぼ一年中、ワラ細工で稼いでいる。部会の中でも「ワラ細工名人」といわれる青木喜義さんは、田んぼの管理は孫にすべて任せたが、ワラ細工一本で200万円ほど稼ぐ年もある。

また、最近は各地で藍染めが人気だ。栃木県高根沢町の桑窪藍花会は、2007年の「農地・水・環境向上対策」事業（現在の**多面的機能支払**）がきっかけでできた「タネ播きから始める藍染め」グループ。メンバー7人は、収穫したタデアイの葉を「干し葉藍」にし、染料メーカーに売って活動費にしながら、自分たちでも藍染めを楽しむ。自家製「すくも」で、手ぬぐいやハンカチをはじめ、風呂敷、ワイシャツ、ステテコまで染色。10年で作品は100点を超えるようになり、2018年には町の施設を借りて藍染めの作品展を開いた。

農の手仕事は、原料を育てることから始まる。スゲやコリヤナギ（杞柳細工の材料）は、水はけの悪い転作田に向き、獣害に強いワタやホウキモロコシは、遊休地活用にピッタリの作物。原料栽培とその収穫の先にある手仕事の楽しみが、田園回帰を志す若者たちも惹きつけている。

JA魚沼みなみワラ工芸部会の名人。専用のイネでしめ飾りをつくる（高木あつ子撮影）

むらのそうしき

むらの葬式

かつて通夜や葬式は、地域住民に食事や段取りなどを手伝ってもらいながら自宅で執り行なうものだったが、葬儀屋に一任して地域から離れた斎場で挙げることが増えてきた。たしかに高齢化・過疎化で人手不足の折、以前のようにすべて住民たちでやるのは現実的ではないが、葬式は本来故人をしのびつつ、むらの結束や地域のつながりを高めあう場でもあった。そのことに気付いた地域では、お互いの負担を減らしつつ地域で継続するための新しい葬式の形が少しずつ生み出されている。

長野県根羽村では、とくに集落の女性たちの負担が大きい葬式当日の食事づくりを、村全体の女性たちでつくる葬式料理請け負いグループが賄うことにした。経費は葬儀屋まかせにする場合の4分の1ですむし、村内の多目的ホールを会場にできるようになって地元の人間もみんな参加しやすい。また村の若い女性をグループに巻き込むことで、地域の葬式料理を伝承する場にもなっている。

島根県雲南市の槻之屋振興会でも、以前は葬式となれば住民総出で夫婦2人が丸3日間、万難を排して役割をこなしてきたが、このやり方ではもう次世代に引き継げない。そこで新しい葬式マニュアルを作成。自宅葬をやめて集落の会場を使うことにしたり、賄い食の回数を減らしたり、香典返しをなくしたりするなど、簡素化しつつも葬儀屋まかせにはしない、みんなが納得する形に改善した。

「むらの自給力」の強さとしなやかさは、葬式にも見ることができる。

むらにいっけん

むらに1軒

むらに1軒、小さい搾油所があると、地元で育てたナタネやヒマワリ、エゴマなどで地域限定の**地あぶら**をつくることができる。「1回に搾る原料50kg以下で」などの小さい単位の仕事は、1日100tもの油を搾る大手工場のプラントには無理な話。地域経済を回す潤滑油ともなる地あぶらには、むらの小さい搾油所の存在が必須なのだ。

むらに1軒、こうじ屋があると、農家は好きなときに必要なだけの自家用**米**を持ち込んで、こうじに加工してもらえる。こうじがあれば、わが家の味噌や漬物、**ドブロク**づくりだってできる。むらに1軒、酒蔵があると、地場産の米やイモ、果物などで自慢の「俺の酒」「わが地域の酒」がつくれる。むらに1軒、製粉所があると、地粉でパンが焼ける。むらに1カ所、獣肉加工所があると、駆除した害獣がおいしい肉となり無駄にならない。

むらのなかに加工の場を置けば、つくればつくるほど、食べれば食べるほど、飲めば飲むほどにむらが潤う。かつてのむらには必ずあったそういう小さい加工の場を、現代的に復活させたい。担い手には、田園回帰してきたUIターン者らも有望だ。6次産業化も農商工連携も、いい形で回り出す。

むらに1軒の豆腐屋を継いだ元地域おこし協力隊

継業
けいぎょう

搾油所、製粉所、こうじ屋、鍛冶屋、炭屋……。かつては**むらに1軒**あると便利な店が、農家の暮らしに寄り添いながら、生業として生計を立てていた。こうした店は、農産加工の産業化・企業化やエネルギー革命、後継者難などの理由で廃業に追い込まれてきたが、近年は、家族以外の第三者がこれを引き継ぐ継業が注目されている。農業の第三者継承も継業の一つだ。

継業はUIターンなど、田園回帰の移住者の仕事づくりになる。

たとえば新潟県小千谷市真人地区の坂本慎治さんは、**地域おこし協力隊**の任期終了後にむらに1軒あった豆腐屋を継業した。建物や機械設備、配達用の保冷車は無償譲渡され、顧客もそのまま引き継ぐことができたうえで、「ただ引き継ぐだけではうまくいかない」と経営改善に取り組む。若い女性客をねらった豆腐スイーツの開発・販売やオンラインショップの開設で販路を広げ、売り上げは2・2倍、年間1000万円を超えるようになった。

移住者が自己資金で新規事業を始めるのはたいへんだ。その点、継業なら設備投資や顧客開拓の負担が減る。いっぽう、地元にとっても、継業は**地域経済だだ漏れバケツ**の穴をふさぐことにもつながる。店が残り、地元の農産物の売り先ができたり、雇用が増えたりすることもある。定住増も実現できて、継業のメリットはとても大きい。

ほろ酔い自給圏
ほろよいじきゅうけん

アルコールは農村でも域外依存度が高い分野で、「**地域経済だだ漏れバケツ**」の穴の一つ。しかし近年、国産ブドウ100％で醸す日本ワインや個性的なクラフトビール人気もあり、地ワイン・地焼酎・地ビール・地酒など、自慢のわが酒をつくる動きも高まっている。

大手メーカーのものばかり飲んでいるとつい忘れがちだが、酒はそもそも農産物だ。農村部でつくるのに合っている。自分たちで育てた作物で醸す酒は唯一無二だから、地域の名刺代わりにできるし、産直のお客さんにも売れる。さらに普段の家や寄り合いでもこの酒を飲むようにすれば、アルコール代の域外流出はうんと減る。飲めば飲むほど地域のなかで経済が回るというわけだ。

ドブロクも果実酒もリキュールも、自分で酒を醸すには酒造免許が必要となり、ハードルが高いが、酒造特区（通称ドブロク特区・ワイン特区）の認定を受ける自治体も年々増加中だ。近年はとくに日本ワイ

(農)はなどうでは、生産したムギや米を、日本酒・ビール・焼酎に加工して直売所で販売。宮崎県高原町では「ほろ酔い自給圏」が動き始めている

ンが人気で、おいしいワインをつくるためにUIターン就農し、ワイナリーを開く若者も出てきた。

自分でつくらなくても、地元の酒造会社（酒蔵）に材料を持ち込み、醸造を委託する方法もある。宮崎県高原町の㈱はなどうでは、裸麦・二条大麦・酒米などの材料を生産し、焼酎・ビール・日本酒すべてを委託醸造して直売所で販売、大人気だ。いまや法人の栽培面積6割分の作物が酒の原料となり、**耕作放棄地**も解消。UIターン者の雇用にもつながった。酒をつくれば、人も田んぼも畑も元気になれる。

地域経済（ちいきけいざい）だだ漏れバケツ（だだもればけつ）

地域経済がなぜなかなか立ち行かないかを考えると、一つには、せっかく稼いだおカネが地域内で使われずに、地域の外に出ていってしまうからである。地域経済をバケツに見立てれば、給料や年金、補助金などの形でバケツに注ぎ込まれた水（おカネ）が、外食費や電気代、ガス代、灯油代、ガソリン代といった燃料費、通信費、アルコール代などの形で「だだ漏れ」しているのが現状だ。

実際に島根県の益田市、津和野町、吉賀町という地方都市圏（人口約7万人）のおカネの流れを産業連関表などから見ても、住民総所得約１５５６億円に対して、モノやサービスの域外調達額が約１４２０億円と、所得とそう大差ない額が流出していた。

この「だだ漏れバケツ」の穴をふさぎ、域内調達率を高めることで、新しい仕事を生み出すことができるはずだ。なかでも電気代、燃料費、パン代、アルコール代といった穴の大きな（域外調達率が高い）品目ほど、取り戻す余地が大きく、狙い目といえる。電気をすべて大手電力会社から買うのではなく、**小水力発電**や太陽光発電でまかなう、燃料を灯油ではなく、**薪**に置き替える、地元のブドウを使ったワイナリーを興すといった具合である。

このように地域経済の「穴」を一つ一つふさいでいくことで、地域内に循環する資源とおカネを増やし、地元に仕事を生み出していく。それは暮らしの「自給圏」をつくることにつながっていく。

（イラスト：河野やし）

5 自治力の用語

困りごとから「むらの仕事」へ

むらのみせ

むらの店

店やJA支所が撤退し、買い物不便なむらが増えている。生鮮食品や日用品を近くで入手できないのは不便だし、暮らしにくいと住民がむらから中心市街地へ出ていく要因にもなってしまう。災害でむらが孤立したときも心配だ。そんな不便や不安を解消するために、住民たち自らが経営する店を「むらの店」という。

岡山県津山市阿波（あば）地区では住民出資で合同会社を立ち上げ、店と**ガソリンスタンド**の経営を、撤退するJA支所（**廃JA支所**）から引き継いだ。日々の運営は役員が担うが、出資者は全員が経営に責任を持つしくみ。店長にはUターン者を雇用した。若き店長は住民の要望を細かく聞いて商品仕入れの無駄をなくし、灯油の配達も兼務して人件費を抑えている。JAは儲からないから店を手放したわけで、経営者が代わったからといって売り上げは簡単には

京都府南丹市美山町鶴ケ岡地区の㈲タナセンも、住民出資でできた「むらの店」

アップしないが、住民みんなが当事者の「**あば商店**」なので「買い支える」意識が高い。

むらの店は一般に、大量仕入れの大手スーパーと比べると商品の価格が高くなりがちなのが悩み。だが島根県雲南市波多地区が始めた「はたマーケット」は、全国各地の小売り店の共同仕入れ組織・全日食チェーンに加盟することで、スーパーと遜色ない品揃えと価格を実現できている。全量買い取りだが小口発注が可能で、毎日新鮮な食材が配達されるしくみだ。

一事業者では経営が難しい田舎の小さな店も、地域が受け皿となって住民が買い支えたり、ガソリンスタンドや**簡易郵便局**、直売所ほかいろんな事業を組み合わせたり、小さい店どうしの連携を活かしたりと、続ける工夫はいろいろある。今や、地域の拠点機能を持つ大事な存在だ。

地区限定で送迎サービスをする鶴ケ岡地区の電気自動車（EV）

むらの足

むらのあし

田舎の路線バスや鉄道の廃止・減便が止まらない。利用が少なくて採算がとれないことが理由だが、自分で運転できない高齢の住民にとっては、ちょっとした買い物に行くにも銀行で年金を下ろすにも、バスがなくなるととても不便だ。「むらの足」とは、こうした不便を解消するために、住民自らが運営したり運転したりして走らせる車のこと。

公共交通機関が不十分な地域では、道路運送法で「自家用有償旅客運送」が認められ、地域のＮＰＯ法人などが自家用車を使って有料で住民を送迎することができる。送迎範囲は地域限定だが登録会員なら誰でも乗れる「公共交通空白地有償運送（旧過疎地有償運送）」と、要支援・要介護者が病院や公共施設に行ける「福祉有償運送」の2種類がある。運転手は法定講習を受ければ二種免許がなくてもＯＫ。しかし利用料は「タクシー料金の半額程度に」とされていて、運営費の確保が課題。岩手県北上市・ＮＰＯ法人くちないでは、赤字補塡のためにスクールバス運営や**多面的機能支払**の事務局の仕事も行なっている。

京都府南丹市美山町鶴ケ岡地区は、住民出資で**むらの店**を運営する傍ら、無償で送迎サービスをしている。運転手の日当は自治会費から捻出。店—自宅間はもちろん、診療所や郵便局等へも送迎する。範囲はやはり地区限定。「売るにも買うにも鶴ケ岡」が合い言葉で、住民がなるべく鶴ケ岡地区内で用足しができるよう仕組むことで、外へ流出するカネが減り、地元が潤うと考えている。

足の工夫は物流にも及ぶ。愛媛県今治市・ＪＡおちいまばりが取り組むのは農産物の「ついで集荷」。管内にある三つの離島から本店近くの直売所まで農産物を運ぶのに、本店から車を出すとコストがかかりすぎる。そこで一番遠くの島在住者を雇用し、出勤ついでに各島に立ち寄りながら直売所へ運んでもらう。帰り道も直売所の商品を学校給食センターに運んだり、島の住民の注文に応じて配達もこなしてもらう。

２０１７年9月には、自動車運送事業の

「貨客混載」の自由度が拡大した。「組み合わせ輸送」の工夫がほかにもいろいろ出てきていて、物流問題に悩む日本全体の方向性を、田舎の事例がリードしそうだ。

簡易郵便局

かんいゆうびんきょく

郵便局は普通、日本郵便㈱の直営で、郵便・貯金・保険にかかわるさまざまな業務を行なっている。いっぽう簡易郵便局とは、日本郵便が個人や法人と契約して、基本的な業務のみを委託する郵便局。全国約2万4000局のうち、簡易郵便局は現在3800局ほど。直営郵便局は全国一律のサービスを行なう義務があるため、利用者の少ない地域ではコスト高になってしまう。統廃合を進めて合理化を図り、過疎地では代わりに簡易郵便局の運営者を募集するというのが日本郵便の方向性だ。

契約するには、個人（20～64歳）は300万円、法人は500万円以上の純資産が必要。開局後の収入は日本郵便からの委託手数料で、基本額（業務内容により1カ月約5万～28万円）＋取り扱い件数に応じた額となる。一定の収入が見込めるし、営業時間内は無人にできないが兼業も可なので、地域の人が運営することが増えている。

三重県松阪市柚原（ゆのはら）町自治会は撤退したJA支所（廃JA支所）を買い取り、郵便と貯金業務を行なう柚原簡易郵便局を開設。日用品を扱う**むらの店**も一緒に運営している。日本郵便からの委託手数料が毎年約200万円。店のほうは毎年30万円ほどの赤字だが、郵便局の収益があるので店も続けられている。

ガソリンスタンド

がそりんすたんど

全国のガソリンスタンドの数は、1994年の6万421カ所をピークに減少が続き、2014年には3万3510カ所と20年でほぼ半数に減った。セルフスタンド化などの価格競争や、車の燃費向上による販売量の減少が原因といわれるが、2011年施行の改正消防法により40年以上経過した地下タンクの更新が義務化され、高額な改修費用を捻出できず廃業する店も多かった。

公共交通の少ない農山村は、都会よりも車社会。地元で唯一のガソリンスタンドがなくなれば、給油のたびに遠くのまちまで行かなければならない。軽油や灯油も入手しづらくなり、農作業に必須の**トラクタ**や寒い冬をしのぐストーブにも支障が出る。ガソリンスタンドがなくなることは、高齢世帯が多いむらにとってはライフラインにかかわる問題でもある。

最近では撤退したガソリンスタンドを地元住民が引き継いで経営する事例が増えている。ガソリンスタンドだけで採算をとるのは難しいが、高知県四万十市の㈱大宮産業では、「**むらの店**」と地域ブランド**米**の販売（おもに**地元出身者**に販売）も手掛けて、合わせ技で黒字を実現。重たい灯油や肥料の無料配達は高齢世帯の見守りや生産意欲の刺激につながり、年寄りが元気に畑に出ていく地域になっている。

雪かき隊

ゆきかきたい

雪国で暮らしていくうえで、高齢化で一番困るのが除雪の問題。家の除雪ができないために地域を離れることになりかねない。また、**空き家**になった家は、雪かきしなければつぶれてしまう。そこで、夏に活躍する**草刈り隊**と同様、冬に雪かきを請け負う雪かき隊が各地に増えている。

山形県尾花沢市の細野集落では2014

年冬から、高齢者宅など除雪が困難な人や空き家を対象に「除雪作業のお手伝い」を始めた。**地域運営組織**の「ほその村」が補助金で除雪機を購入し、地元有志11人の雪かき隊が1回1000円で作業を請け負う。自営で機械修理業をしている30代から、年をとっても体はまだまだ元気という70代まで、冬は家にいることが多い男性メンバーが集まった。10月中旬になると、集落の各家にチラシを配り希望者を募る。1シーズンの出動回数は30回ほど。依頼する家は15戸ほどまで増えてきた。

　雪かきは雪国で暮らす人にはやっかいな仕事だが、積雪に困らない地域には雪かきを体験したい、雪とともにある暮らしを学び、受け継ぎたいと思う人もいる。そういうボランティアの力を借りる手もあるが、「未経験者に任せるのは危険」という声もある。そこで、長岡技術科学大学教授の上村靖司さんらが中心となり、除雪ボランティアを育成する「越後雪かき道場」が2007年に発足した。

　雪かき道場の開催は新潟県外にも広がっている（2017年2月時点で7県で延べ50回以上開催）。越後雪かき道場からのれん分けした団体による開催もある。積雪がないところから来る若者が「雪かき道場」で鍛えられ、応援先の除雪の労力になるだけでなく、地域の活気にもつながっている。

地域運営組織

ちいきうんえいそしき

　2000年3月で3232あった全国の市町村数が2016年10月時点で1718まで減少した「平成の大合併」。その結果は「『合併して良かった』という声はほとんど聞こえず、むしろ、『住民と行政との距離が遠くなり、周辺部が寂れ、地域間格差が拡大した』」（2009年、全国町村会意見書）。そうしたなか生まれた地域運営組織とは、「地域の生活や暮らしを守るため、地域で暮らす人々が中心となって形成され、地域課題の解決に向けた取り組みを持続的に実践する組織。具体的には、従来の自治・相互扶助活動から一歩踏み出した活動を行っている組織」（総務省）。なお、合併に至らなかった市町村でも、合併協議と前後して設立されたものもある。

　全国の設置数は、742市町村において5236組織となっており、地域運営組織が存在しない市町村でも83・3%が必要性を認識しているという。活動範囲はおおむね昭和の合併前の町村エリア（旧村）または小学校区。87%が任意団体で、次いで5%がNPO法人（2019年度総務省調査）。

　地域運営組織は、地域の将来ビジョンや課題の解決方法を検討する協議機能と、地域の課題解決への取り組みを実践する実行機能の両面を有している。また、協議機能と実行機能を同一の組織が併せ持つ「一体型」と、協議機能を持つ母体組織から熟度の高い実行組織を切り離した「分離型」がある。公民館、自治会、町内会を母体とすることが多く、設立当初は協議機能を主とした一体型からスタートし、事業が進展した場合は機動的な意思決定や事業リスクを切り離す等の観点から分離型を選ぶことも多いと考えられている。

　地域での名称は地区経営母体（山形県川西町）、地域自主組織（島根県雲南市）、集落活動センター（高知県）など多様で、活動内容としては、高齢者交流サービス、声かけ・見守りサービスなどの高齢者の暮らしを支える活動が多く、そのほかに体験交流事業、指定管理による公的施設の維持管理、特産品の加工・販売、資源回収など、経済活動を含む幅広い活動が行なわれている。また農協が閉鎖しようとした**ガソリンスタンド**や店舗を引き受けたり、**簡易郵便局**を開局した組織や、学童保育に取り組んでいる組織もある。

人を増やす、増えていく

地方消滅論

ちほうしょうめつろん

2014年に元岩手県知事・元総務大臣の増田寛也氏と日本創成会議が発表した「増田レポート」は、20~39歳「若年女性人口」の30年間の推移予測（2010~2040年）にもとづき、全国の市町村の約半数にあたる896について「消滅する可能性がある」と指摘した。なかでも2040年の推計人口が1万人以下の523は「消滅する市町村」と名指しされ、「地方消滅」の衝撃が全国に走った。

「地方消滅」の要因を増田氏らはこう解説する。戦後、大都市圏への人口流出が続いた地方では、大都市圏より30~50年早く高齢化が進んでいる。今後高齢者人口が減少することで人口減少が一気に進み、それとともに地方の雇用を支えてきた医療・介護サービスの需要も減り、大都市圏への若者層の人口流出が加速度的に進行する。東京圏に移った若者が子供を産んで育ててくれればまだしも、東京は出生率が1・09と全国最下位。東京に人口が吸い寄せられ、地方が消滅し、やがてその東京すらも人口が減少していく。人口のブラックホール現象が起きようとしているのだという。

「増田レポート」は人口の東京一極集中という大きな流れに歯止めをかけ、地方の人口再生力を維持するために、「若者に魅力のある地域拠点都市」を中核とする「新たな集積構造」の構築を提言した（「ストップ少子化・地方元気戦略」）。この提言は国の「地方創生」政策として取り入れられていく。

「増田レポート」がインパクトのある形で東京一極集中に警鐘を鳴らし、東京と地方の関係のあり方を見直すきっかけを与えたことはたしかである。しかし、そのセンセーショナルな打ち出し方も一因となって、レポートをめぐる報道では、ことさら「消滅都市（自治体）」「消滅可能性都市（自治体）」がクローズアップされた。いっぽうで「地方元気戦略」の本質は、東京への人口流出を防ぐ「アンカー（錨）」としての「地域拠点都市」へ、投資と施策を「選択と集中」させることにあった。この二つがあいまって、「周辺の農山漁村地域からの撤退」を強く印象づけたことは否めない。ただでさえ平成の大合併で活力をそがれ、小学校の統廃合（廃校）などで追い打ちをかけられてきた地域では、あきらめムードが加速。実際国は「地域拠点都市」でのコンパクトシティ化（都市の中心部に居住と各種機能を集約して人口を集積。高密度なまちを形成すること）を進めてきた。

小さな拠点

ちいさなきょてん

小さな拠点とは「小学校区など複数の集落が集まる基礎的な生活圏のなかで、分散しているさまざまな生活サービスや地域活動の場などを『合わせ技』でつなぎ、人やモノ、サービスの循環を図ることで、生活を支える新しい地域運営の仕組みを作ろうとする取り組み」（持続可能な地域社会総合研究所所長・藤山浩さん）のこと。もともとは国土交通省が進める政策で、中山間地域を中心にどんどん増えている（内閣府地方創生推進事務局の2018年調査では、

496市町村・1723カ所)。

名称からするとコンパクトシティ(町の中心部に居住と各種機能を集約して人口を集積する)と似ているようだが、「小さな拠点」は周辺集落からの撤退＝「農村たたみ」ではなく、周辺集落の存続を支え、「ふるさと集落生活圏」を形成するためのものとされている。

『季刊地域』では、「小さな拠点」という言葉はあまり使っていないが、小学校区やJA支所などのエリアで始まった地域再生の動きに注目してきた。たとえば、農業法人が撤退したJA支所に代わって「購買部」を運営するほか、農作業受託を行なう「農事部」、高齢者サポートを行なう「福祉部」を作って活動する京都府南丹市の㈲タナセン(27号)や、JAの**ガソリンスタンド**と生活店舗を引き継ぎ、地域ブランド**米**の販売も手がける高知県四万十市の㈱大宮産業(12・13号)、自家用有償旅客運送事業と日用品店の運営に加え、**多面的機能支払**の事務局もこなす岩手県北上市のNPO法人くちない(27・29号)などの事例を取り上げている。いずれも**地域運営組織**が核となって小さな拠点が生まれている。

生活店舗もガソリンスタンドも移送サービスも、それぞれ単独では経営が成り立たないが、住民が「合わせ技」でつなぐことが継続のポイントだ。小さな拠点をつくるということは、地域で暮らす人たちが、みんなが便利になり、力を結集できる拠り所をつくることである。

地域おこし協力隊

ちいきおこしきょうりょくたい

地方自治体が地域外の人を募集して地域おこし活動を委嘱する、2009年に開始された総務省管轄の制度。採用された隊員の任期は1~3年、報酬は一人年間200万円。2019年度は1071の自治体で5349人が活動しており、隊員は20~30代中心に年々増えている。収入が保証されることで、田舎への移住希望者や、Uターンしたい**地元出身者**の背中を押す制度となっている。

どんな仕事を任せるかは各自治体が決める。自治会の手伝いや6次産業化商品の開発・デザイン、就農に向けて農業研修をさせるなどさまざま。課題の一つは、受け入れ側の地区住民と隊員とのマッチング。自治体が住民との合意がないまま隊員を募集すると、住民の側はどう受け入れていいかわから

地域おこし協力隊の任務は自治体によってさまざま。山形県朝日町には「着ぐるみジャーナリスト」が活躍していた。その名も「桃色ウサヒ」(奥山淳志撮影)

ないし、隊員のほうも人脈をつくりにくい。新潟県上越市吉川区の場合は、「地区内に就農・定住者を増やしたいから」と市に協力隊を募集するよう自ら働きかけ、採用時の面接にも地域住民が参加。おかげで、受け入れ後の面倒もみんなで見る態勢にスムーズにつながっている。

むらの婚活

むらのこんかつ

農作業体験をはじめ、実際に何かをやってみる楽しい体験イベントに、独身男女の出会いの場を組み込んでいく試み。いっしょに農作業を楽しむ「農コン」、**軽トラ**屋台で買い物を楽しむ「軽トラ市コン」をはじめ、「間伐コン」「山焼きコン」に**ロケットストーブ**づくりを一緒に楽しむ「ロケットストーブコン」など、その地域ならではの趣向をこらしたユニークな体験型婚活は、都会の「街コン」とはかなり趣が違う。

主催者は、地域の若者の結婚問題を案じる地元愛の深い人である場合が多いので、外からの参加者は、体験や縁結びを楽しみながらも、イベントの背景に地域のことを感じ、深く知ることになる。実際に結婚や移住を想像するときは、相手となる人の魅力はもちろんだが、**山**や川、おいしい空気、地域の人たちのあたたかさなど、そこにある暮らしそのものも重要な要素。「ここで暮らしたときの自分」がリアルに想像できたほうが、縁結びはきっとうまくいく。「むらの婚活」とは、地域との縁結びも含んだ婚活のことだ。

東京は人口のブラックホール現象を起こしている。「都会の生活は便利だが、何かが違う。自分に合っていない」と感じる若者の潜在的な東京卒業願望を、「むらの婚活」でうまくキャッチし、むらの魅力全開で迎え入れたい。

東京のキャリアウーマンが高知県佐川町黒岩にやってきた。「黒岩という地域」そのものに惚れ込んだという（高木あつ子撮影）

田園回帰

でんえんかいき

欧米の先進国と違って、日本は首都圏への人口集中が依然として続いている。当初、2020年に予定されていた東京オリンピックも誘因となって、地方から東京への人の流れはいささかも揺るがないように見えた。だが新型コロナウイルスの感染拡大で、東京一極集中の危うさが露呈。東京（大都市圏）から地方への新しい人の流れが起きるのではないかと注目されている。

だが地方への「田園回帰」はすでに始まっている。島根県中山間地域の小学校区（218地域）を詳細に分析したところ、2008～2013年の5年間に、3分の1を超える地域で4歳以下の子供の人口が増加していた（島根県中山間地域研究センター調べ）。しかも「田舎の田舎」とでも

シリーズ田園回帰 全8巻

いうべき山間部や離島に、増加地域が目立った。かつて農山村への移住者には60代の「定年帰農」が多かったが、近年はこれに加えて、20代夫婦や、30代夫婦と子供といった子育て世代のIターン・Uターンも増えてきた。その結果、一見過疎化が真っ先に進みそうな山間部や離島で社会増を実現している地域も少なくない。

こうした若い移住者は「中途半端な田舎」ではなく、人・自然・伝統のつながりがまだ息づいている「本格的な田舎」に向かう傾向があるという。その背景には、暮らしのすべてを消費によってまかなう都会の暮らしから、人や自然とつながる農山村の暮らしへの価値転換がある。

田園回帰は、狭義にはこのようなIターン・Uターンで都会から農山村に移住する新しい動きを指すが、広義には、東京一極集中の成長型社会から農山村と都市が共生する脱成長型社会への価値観の転換、時代のターニングポイントを指す、と、捉えることができる（小田切徳美氏による）。

じんこういちぱーせんとせんりゃく

人口1%戦略

IターンやUターンを生かして、地域人口を安定化させ、学校を存続させるために、どれだけ定住者を増やす必要があるだろうか。藤山浩氏は、今後30年間で、地区の総人口と14歳以下の年少人口の減少が1～2割程度でおさまり、高齢化率が現状程度で安定的に推移することが条件になるという。ポイントとなるのは①20代前半の若者、②30代前半の夫婦（4歳以下の子供を同伴）、③60代前半の夫婦の3世代の移住者の動向だ。

藤山氏は実際にこの条件を島根県邑南町にあてはめて、町内全地区（12地区）の人口シナリオを作成してみた。その結果、人口220人から2285人の各地区で、毎年①②③の各世代それぞれ1～3家族程度の定住増で地域は安定的に維持できることがわかった。人口1万1680人の町全体では、各世代16家族、計48家族、112人（人口の約1%）の定住増を毎年獲得することが目標となる。

この「人口の1%取り戻し戦略」は地区ごとの目標と町（市、村）全体の目標の2階建てとすることで、住民にとって手の届く目標になる。地区ごとの目標があれば、「東京に住んでいるあの家の息子夫婦を呼び戻す」とか、「ボランティアで通ってくるあの学生を**地域おこし協力隊**員として**空き家**に住まわせる」など、次に打つべき手が具体的に見えてくる。

毎年地域人口の1%が新たに定住するためには、その人たちが食べていけるだけの仕事（所得）が地域に新たに必要となる。毎年1%人口を取り戻したいならば、地域の総所得も毎年1%ずつ地道に取り戻していくことだ。これまでの地域経済戦略はもっぱら企業誘致や観光開発、大規模な産地形成によって外からおカネを獲得することを考えてきたが、これからは入ってきたおカネをできるだけ外に出さないようにしたい。**地域経済だだ漏れバケツ**の穴をふさぎ、できるだけ地域内でモノやサービスを調達することで仕事を生み出していく。それが「所得の1%取り戻し戦略」だ。

たとえば300世帯、人口1000人の地域で1世帯平均年間3万円のパン代を使っているとすれば、そこには約1000万円分のパンの需要があることになる。地元にパン屋さんがなければ、そのおカネは域外に流れ出ていく。地元にパン屋さんを復活させ、そこからパンを買えば、1世帯が生計を立てることができる。パン屋さんが使う小麦粉や**米粉**を地域内で生産できれば、さらに地元でおカネと仕事が回るようになる。

や

ら

わ

ま

は

な

た

さくいん（あいうえお順）

・数字は、該当の用語、またはキーワードが含まれる用語解説が始まるページです。
・太字の数字は、本事典の「用語」として解説しているページです。

あ

本書は『別冊 現代農業』2020年10月号を単行本化したものです。

著者所属は、原則として執筆いただいた当時のままといたしました。

カバー・絵目次イラスト　オビカカズミ

今さら聞けない
農業・農村用語事典

2021年4月5日　第1刷発行

農文協　編

発行所　一般社団法人　農山漁村文化協会
郵便番号 107-8668 東京都港区赤坂7丁目6-1
電話 03(3585)1142(営業)　03(3585)1147(編集)
FAX 03(3585)3668　振替 00120-3-144478
URL http://www.ruralnet.or.jp/

ISBN978-4-540-21142-3　DTP製作／農文協プロダクション
〈検印廃止〉　印刷・製本／凸版印刷㈱